# Excel
# 統計学
# 超入門

角田 保 著

Ohmsha

# はじめに

## この本の特徴

本書は、Excel を利用した統計の入門書です。Excel を使って実際に手を動かしながら、確率・統計の基礎を身につけることを目的とした本で、以下の 2 点を特徴としています。

- Excel の操作説明に力を入れている
- 確率分布に関する証明が多く書かれている

もしあなたが Excel を使用したことがなくても大丈夫です。第 I 部（第 1 章～第 4 章）を読み終えれば、入力やセル移動などのごく初歩的な操作を素早く行えるようになり、データの集計や可視化もできるようになります。Excel のテクニックを紹介するコラムも多数掲載しています。

さて、Excel の説明に力を入れる一方で、この本には証明もたくさん載せています。これは、なにも考えずにツールに頼りきって分析することを避けるためです。Excel をはじめとした分析ツールでは、ボタン 1 つでさまざまな指標を算出することができます。しかし、その指標がどんな意味か理解できていないと、誤った解釈をしてしまう可能性が出てきます。それを防ぐために、この本では数学的な説明もできるだけ行うようにしています。

とはいえ証明や定理ばかりの本ではありません。視覚的にわかりやすいグラフや表を作成したり、数値シミュレーションをしたり、筆者が作成したユーザー定義関数で VBA の動かし方を学んだりと、さまざまな方法で統計学を理解できるように工夫しています。

## この本の読者対象

この本の対象読者は、以下のように幅広く考えています。

① 統計学を学びたいが数学に苦手意識のある大学 1〜2 年生、社会人
② レポートや資料づくりのためにデータ分析を行いたい大学生、社会人
③ Excel そのものの操作を学びたい大学生、社会人
④ 確率・統計と数学の関係を知りたい理工系学部の大学 1 年生
⑤ 確率や統計の講義を担当する講師、教員

統計学の本としては、③と④の人も対象にしているのが珍しいのではないでしょうか？

近年では、多くの人が高校卒業までに授業で Excel に触れるようになりました。しかし、授業で学んだものの実際にどう役立てればいいかわからない、という人も多いと聞きます。そのような人にも、確率と統計を題材にして、Excel の操作自体を学んでもらえることを意識しています。実際に、過去の私の講義の受講生は、「バイトの事務仕事に役立った」「サークルでの資料づくりが捗った」「Excel の MOS（マイクロソフト・オフィス・スペシャリスト）の試験に役立った」など、学業以外の場面にも役立ったと言ってくれました。

④の理工系の学生に対しては、本書に掲載している証明から、1 年時に座学で学ぶ微分積分学や線形代数学がどのようにこの分野につながっているか伝えたいと考えています。これらの講義はともすると無味乾燥に思えるものですが、本書内ではその応用を見ることができます。微分積分学や線形代数学をしっかり学ぶための動機づけになることでしょう。

## この本で想定する Excel のバージョン

本書で想定している Excel のバージョンは、Microsoft 365 および Excel 2019 以降です。また、PC にダウンロードする Excel を対象にしており、Web ブラウザ上で利用できるオンライン版の Excel（Excel for the web）は含みません。スマートフォンやタブレットで使用できる Excel も含まないため、気をつけてください。

## この本の構成

本書は以下の 3 部から成ります。

- 第Ⅰ部（第 1 章〜第 4 章）　：Excel と記述統計学の基礎
- 第Ⅱ部（第 5 章〜第 13 章）：確率の基礎
- 第Ⅲ部（第 14 章〜第 26 章）：推測統計学の基礎

1 章当たり最大 12 ページ、ほとんどが 10 ページ前後にまとまっています。第 I 部と第 II 部で 13 章、第 III 部で 13 章となっているのは、大学での講義（多くの大学では半期 13 回〜15 回）を考慮しているためです。講義で利用される先生で、講義回数が 13 回より多い場合は、最後の 1 回〜2 回の講義を総まとめとしてもらえれば幸いです。

このほか、最後に数学の証明をまとめた第 27 章があります。必要に応じて参照してください。

各部の内容について、簡単に述べておきましょう。

第 I 部では、記述統計量と Excel に慣れることを目的としています。高校までで学んだ記述統計量の概念を整理しつつ、Excel に関しては、セルへの入力・コピーと貼り付け・表やグラフの作成など、基本的な操作を学びます。

第 II 部では、初等的な確率論を Excel で実習しながら学びます。統計学の理解には、確率の知識が必須です。さまざまな実習によって、理解を深めることができます。

第 III 部の推測統計学は、おもに 3 つのセクションに分かれています。まずは、第 14 章〜第 20 章で推定や検定について学びます。これらの章のほとんどは、「①例題→②モデル化→③統計的推定や検定の方法→④実習やその方法の理論的背景説明」の流れになっています。まずは①〜③をしっかり読んで、最後に理論をゆっくりと読むとよいでしょう。

第 21 章と第 22 章は第 14 章〜第 20 章で省略した部分を、第 23 章〜第 26 章は回帰分析を説明しています。第 23 章以降は学んだことの総まとめとなります。適宜、必要な章に戻りつつ学んでください。

各章の冒頭には、電球のアイコン（）でその章の目標が、ファイルのアイコン（）でその章で使用する Excel ファイルが示されています。本書の実習で使うファイルは、オーム社の Web サイト（https://www.ohmsha.co.jp/）からダウンロードできます。書名で検索して本書のページに移動し、「ダウンロード」の項目から zip ファイルをダウンロードして解凍し、各章の実習ファイルを使用してください。

## 数学の前提知識

本書は Excel を使った実習本ですが、同時に数学的な背景をきちんと説明することも重視しています。第 I 部についてはできるだけハードルを下げ、高校数学を少し忘れていても飲み込めるよう、ごく初歩的な解説も行っています。一方、第 II 部以降は、理論と実習にページ数を割くために、高校数学程度の知識は前提として進めていきます。

数学が苦手な方は、初読の場合、難しい数式は読み飛ばしてもかまいません。そこで解説されている分布などの名前を覚え、Excel で実習してイメージを掴めたら、どんどん次の章に進んでください。本書は何回も繰り返し読むことで、少しずつ理解できるような構成になっています。最初からすべてを理解する必要はありません。大学の微分積分学や線形代数学を理解したのちに再読すれば、数式の意味が把握しやすくなっているはずです。腰を据えてじっくり取り組んでください。

なお、本書では基本を扱うことに絞って、正規分布を中心としたパラメトリックな分析のみとしました。ノンパラメトリックな分析については、パラメトリックでの分析を本書で理解したうえで、他書を参照してください。

この本は、対象読者の①から⑤の人ならば、どのような人でも楽しめるように書きました。本書を片手に、実際に Excel を動かしながら楽しく学んでください。

2023 年 4 月　著者記す

# 目次

## コラム一覧

# 第Ⅰ部

# Excelの基本と記述統計学

- Excel の基本操作をマスターしよう
- データの傾向を調べて集計できるようになろう

第1章

# Excelの基本操作を覚えよう

Excel の操作に慣れよう　chapter_01.xlsx

本章から第 4 章までの第 I 部では、Excel の基本操作と、**記述統計学**の基礎を学んでいきます。記述統計学とは、「データを整理して読み解く学問」のことです。たとえば、平均値を計算したり、表やグラフを作ったりするのが主な内容です。

統計が難しい、という印象のほとんどは、第 5 章以降に扱う確率や推測統計学に起因します。まずは肩の力を抜いて、Excel の操作や統計の用語に慣れるところから始めていきましょう。

本章と第 2 章はほぼ Excel の操作のみ、第 3 章からは少しずつ統計の話が入ってきます。第 4 章まで進めば、自力で簡単なデータの比較や集計表の作成ができるようになります。レポートの作成や仕事の資料作成に役立つので、焦らずしっかり身につけてください。

それでは、本章では Excel の基本的な操作方法を見ていきましょう。ファイルを開くと、下のほうに「1-1 と 1-2」シートから「1-6」シートまで 5 つのシートがあります。最初は左端の「1-1 と 1-2」シートを使います。

## 1-1　セルに入力してみよう

最初に、セルに数字や数式を入力してみましょう。A5 セルから A7 セルに、1〜3 の数字を直接入力してみます。A1 が**アクティブセル**（緑の枠が出て選択されているセルのこと）であることを確認してから、練習 1-1 の手順に進んでください。なお、以降、「A5 セルから A7 セル」のようにセルの範囲を示す場合、「A5:A7」のように表記します。

### 練習 1-1：セルへの直接入力

① ↓ を 4 回押して A5 に移動する
② A5 の 100 という数字は気にせずに、1 を入力し Enter を押す
③ A6 に 2 を入力して Enter を押す
④ A7 に 3 を入力して Enter を押す

正しく操作できていれば、A5:A7 には D5:D7 と同じ内容が入力されているはずです。A5 のように、すでに値が入っている場合でも、そのまま文字や数字を記入すればセルの値は変更されます。なお、「Enter を押す」という表現は少し長いので、今後「Enter」のみで表記します。

次に、セルに数式を入力してみましょう。E5:E7 に、それぞれ左隣の値の 3 倍の**値を返す**数式を入力します。「値を返す」とは、コンピューターが入力された情報の処理結果を表示することを指します。たとえば Excel に「=1+2」と入力して Enter を押すと、その数式の答えである「3」が表示されます。このとき、入力した数式に対して「3 という値が返された」といいます。

Excel は、最初に「=」を付けて数式を入力すると、自動的に計算を行います。日本語キーボードの場合、Shift を押しながら「=」が記載されているキーを押せば、= 記号が入力できます。

### 練習 1-2：数式の入力

① E5 に =3* と入力する
② ← を押す
③ 自動的に =3*D5 と表示されるので Enter

計算などにセルの値を利用することを、**セル参照**といいます。練習 1-2 の手順②のように、矢印キーを使って参照したいセルを選択すると、自動的にセル参照が入力されます。E6 と E7 も同様の操作で、左隣のセルの 3 倍の値を返す数式を入力してください。正しく操作できていれば、E6 には 6、E7 には 9 と表示されているはずです。

続いて、**関数**を入力してみましょう。関数とは、与えられた値（**入力**）に対して、ある決まった計算を行って値を返す（**出力**）機能のことです。Excel に

はたくさんの関数が登録されています。ここでは、E5:E7の和と平均を求めてみましょう。和を求める場合は、SUM関数を用います。

**SUM 関数**

=SUM(数値 1, [数値 2], ...)
引数の範囲（もしくは引数の値）の和を返す

引数《ひきすう》とは、関数に対して与えられる値のことです。Excelの関数の場合は、関数名（=SUMなど）のあとに続く括弧内に入力されるものを指します。SUM関数では「数値1」と「数値2」という2つの引数が定められていますが、必須なのは数値1のみです。数値2以降は、複数範囲を指定する場合にのみ必要となります。以降、必須でない引数は、上のSUM関数の説明の［数値2］のように角括弧［］で囲った状態で示します。

これからセルE9に入力する=sum(E5:E7)という関数の場合、括弧で括られたE5:E7が引数となります。この関数は、「E5からE7までのセルの値を合計した値」を返してくれます。

## 練習 1-3：関数の入力（手動での入力）

① E9 に =sum( と入力する
② ↑ を 2 回押すと数式が =sum(E7 となる
③ Shift を押しながら ↑ を 2 回押すと、 数式が =SUM(E5:E7 となる
④ Enter で閉じ括弧「)」が自動的に入力されて関数が完成する

正しく入力できていれば、E9には18と表示されます。なお、セルに入力されている数式は、当該セルを選択すると数式バーで確認できます（図1–1）。

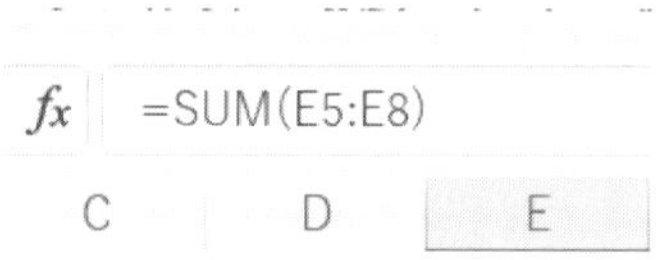


図 1–1　数式バー

数式は、小文字で入力しても、Enter後に自動的に大文字に変換されます。時間短縮のために、小文字で入力することをおすすめします。続いて、E12 に E5:E7 の平均値を AVERAGE 関数で求めましょう。

**AVERAGE 関数**

=AVERAGE(数値 1, [数値 2], ...)

引数の範囲（もしくは引数の値）の平均値を返す

それでは、E12 に=AVERAGE(E5:E7) を入力してみましょう。今回は、関数補助画面を使って入力してみます。

### 練習 1-4：関数の入力（関数補助画面の使用）

① E12 に =ave と入力する

② 図 1-2 のように補助画面が出てくるので、↓を 1 回押して AVERAGE の文字に移動しTabキーを押す

③ 数式が =AVERAGE( となる

④ ↑を押し続けて E7 に移動すると、数式が =AVERAGE(E7 となる

⑤ Shiftを押しながら↑を 2 回押して数式が =AVERAGE(E5:E7 となったらEnter

図 1–2　関数入力の補助画面

正しく入力できていれば、E12 には 6 と表示されます。

このあたりでファイルを保存してみましょう。メニュータブとリボンで、

［ファイル］→［名前をつけて保存］を選び、適切な場所にいまの名前とは別のファイル名で保存してください。メニュータブはファイル上部の「ファイル」「ホーム」などのメニューがあるエリア、リボンはメニュータブ下部のさまざまなアイコンがあるエリアを指します。

## 1-2 ショートカットキーを活用しよう

今度は、**ショートカットキー**を使ってみましょう。ショートカットキーとは、キーボードの複数のキーを組み合わせて押すことで、特定の操作を実行する機能のことです。最もよく使われるものは、コピーと貼り付けです。マウスでメニューを選択するよりも効率的なので、慣れるまで意識的に使うようにしてください。練習 1-5 では、E9 の内容を D9 にコピーしてみましょう。

### 練習 1-5：セルのコピーと貼り付け

① E9 に移動し、Ctrl キーを押しながら C を押す（コピー）
② ← で D9 に移動して Enter （貼り付け）

これでコピーと貼り付けが完了しました。「Ctrl キーを押しながら C を押す」という表現は長いので、今後はコピーのショートカットキーを Ctrl + C と書きます。貼り付けに関しては、練習 1-5 のように Enter キーを使う方法のほかに、Ctrl + V を使う方法があります。Enter での貼り付けは Excel 特有のもので、1 回かぎりの貼り付けの場合に便利です。2 回以上繰り返すなら Ctrl + V のほうが便利です。適宜使い分けるとよいでしょう。

E12 を同様にコピーして、D12 に貼り付けてください。この結果、D5:D9 の範囲の平均 2 が簡単に得られます。

続いて、**複数範囲のコピー**を練習しましょう。D4:E7 を G4:H7 にコピーしてみます。

### 練習 1-6：範囲のコピーと貼り付け

① D4 に移動する
② Shift を押しながら ↓ と → で D4:E9 を選択し、Ctrl + C
③ → を 3 回押すと G4 に移動するので、Enter

範囲のコピーと貼り付けができたら、ファイルを**上書き保存**しましょう。ファイルの上書き保存のショートカットキーは、Ctrl+Sです。これからも作業中に適宜、上書き保存しておきましょう。

## 1-3　矢印キーを活用しよう

ここまでの操作で、矢印キーでのセルの移動や、Shift+矢印キーでの複数セル選択ができるようになりました。続いて、Ctrlキーと矢印キーの組み合わせを覚えましょう。

ファイルの「1-3」シートをクリックして選んでください。A列のデータが多く、下側にどこまで続いているかわかりません。ここで、Ctrlキーと矢印キーの組み合わせを使ってみます。

### 練習 1-7：入力データの最終行への移動

① A5に移動しCtrl+↓

すると、A1005セルまで一気に移動します（図1-3）。

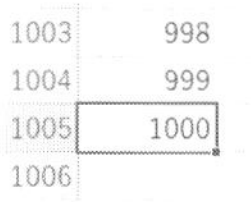


図 1-3　連続するデータの端まで一気に移動する

このように、Ctrl+矢印キーは、連続するデータの端まで一気に移動します。データがない場合だと「データがあるところ、もしくはシートの終端」まで進むので、もう1回Ctrl+↓を行うと、シートの一番下のセルに移動します。今度はCtrl+↑を繰り返して、A1セルに戻りましょう。

さて、A6:A1005は、A5セルに書かれているようにxの値を表しています。xがそれぞれのセルの値であるとき、C5の数式の答えはどうなるでしょうか。C6には、C5のxがA6に置き換えられた数式が入っており、A6の値、つまり1がxに代入された場合の答えが表示されています。ここで、Shiftキーを使って、C6セルの数式をC6:C1005の範囲にコピーしてみましょう。

### 練習 1-8：範囲の選択とコピー・貼り付け

① C6 に移動し Ctrl + C

② ← を２回押して A6 セルに移動する

③ Ctrl + ↓ で A1005 セルに移動する

④ → を２回押して C1005 セルに移動する

⑤ Ctrl と Shift を押したまま ↑ を軽く押す

⑥ C6:C1005 セルが選択されているので Enter

うまくできていれば、それぞれのセルに、同じ行の A 列の値を参照した答えが表示されています。「Ctrl と Shift を押したまま ↑ を軽く押す」という表現も長いので、今後は「Ctrl + Shift + ↑」と表記します。

ところで、練習 1-8 を実行したとき、「C6 の数式をコピーしたのなら、C6 と同じ答えになるのが正しいんじゃないの？」と感じた人がいるかもしれません。C 列の数値が各行で異なるのは、Excel のセル参照には相対参照と絶対参照があり、ここでは相対参照が行われているためです。詳しくは 1-5 節で説明するので、ここではいったん「そういうもの」と考えてください。

## 1-4　フィルハンドルを活用しよう

今度はマウスでの操作を覚えましょう。「1-4」のシートをクリックしてください。さきほど紹介した Ctrl + Shift + 矢印と同じ操作を、マウスで**フィルハンドル**を使ってやってみましょう。フィルハンドルとは、セルを選択したとき右下に出てくる小さな四角 (■) のことです。ここにマウスを近づけていくと、マウスの形が黒十字 (**+**) に変わります。これでさまざまな操作ができます。

「1-4」シートの A5:A1005 は、「1-3」シートの A5:A1005 と同じ値が入っています。違うのは C5:C6 の値が B5:B6 に入っていることです。ここで、B6 の数式を B1005 までコピーしてみましょう。

### 練習 1-9：フィルハンドルの確認

① B6 に移動する

② フィルハンドル■にマウスカーソル ( ✚ や ⇖ ) を近づける

③ マークが黒十字 (**+**) に変わったらマウスの左ボタンをダブルクリック

これだけで、B1005まで数式がコピーされました。この操作では、操作するセルの左の列の最終行（練習1-9の場合1005行）まで、フィルハンドルでダブルクリックしたセルの数式がコピーされます。ただし、「1-4」シートのように隣接している場合にしか使えないため、「1-3」シートでC列に同じ操作をすることはできません。手順②の表現は長いので、以後は「フィルハンドル■をダブルクリック」や「■で下方向コピー」と表記します。

続いて、**オートフィル**の練習をしましょう。フィルハンドルには、自動的に数値などでセルを満たすオートフィルという機能があります。

## 練習1-10：オートフィル

① D5:D6を選択する

② フィルハンドル■にマウスのカーソルを近づける

③ カーソルの形が黒十字（＋）になったら、マウスの左ボタンを押しながらD14まで移動する

④ 指をマウスの左ボタンから放す

「マウスの左ボタンを押しながら移動する」操作のことを**ドラッグ**、「ドラッグして任意の場所で放す」ことを**ドロップ**といいます。正しく操作できていると、自動的に1, 2, ･･･ , 10という**等差数列**が完成します。等差数列とは、差が常に一定である数列のことです。練習1-10の場合、上下のセルとの差が常に1です。

同様にして、F5:F6を利用して、オートフィルでF14セルまで求めてみましょう。F5:F14の値が、no10, no20, ･･･ no100になり、数字の部分が等差数列になっています。

今度は、H5:H6を見てください。数字ではなく「月」「火」と文字が入力されています。こちらもH14セルまでオートフィルで埋めてみましょう。すると、1週間の曜日が順番に出てきて、H14セルには「水」と表示されます。Excelには、あらかじめ曜日についてのオートフィルが登録されています。そのため、等差数列だけでなく曜日もオートフィルで自動入力できるのです。

## 1-5 絶対参照と相対参照を使って九九の表を作ろう

Excel で数式を作るときは、「=1+2」のように具体的な数値を使うことよりも、「=A1+A2」のようにセルを参照することがほとんどです。そして、その参照の形式には種類があります。

「1-5」シートをクリックして選択してください。A6:A11 の値をもとにして、それぞれの値の右側のセルに、$10x + b$ の値を求めるケースを考えてみましょう。このとき、$b$ の値は常に B3 に入力されている 1 だとします。B6 セルの場合、$x$ の値としては A6 を、$b$ の値としては B3 を参照したいので、数式は =10*A6+B3 と入力されています。

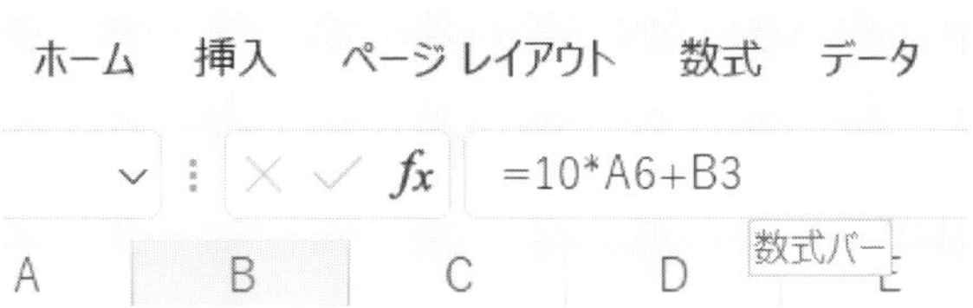


図 1-4 B6 セルを選択したときの数式バー

=10*A6+B3 は $10x + 1$ で $x = 1$ なので、セルには 11 と表示されています。

それでは、B6 を選択しフィルハンドル■をダブルクリックして、下方向に数式をコピーしてみましょう。すると、B7:B11 では思ったとおりの値が出てきません。たとえば、B11 の式は =10*A11+B8 となっています。

これは、B6 の数式にある B3 が、B11 の式では B8 に変わっていることが原因です。B6:B11 の数式は、$x$ の値としては常に左隣のセルを参照したい、つまり各セルによって参照したいセルが異なるのですが、$b$ の値としては常に B3 を参照したいので、B3 が B8 に変わってしまうのは困ります。

それでは、やり直しのショートカットキー Ctrl + Z で B6 のみ式がある状態に戻して、B6 セルを選択してください。セルの参照を固定するためには、練習 1-11 のように数式内に $ 記号を使います。

## 練習 1-11：絶対参照

① 図 1-4 の数式バーの、=10*A6+B3 の部分をクリック
② =10*A6+$B$3 と $ を 2 つ記入して、[Enter]

数式が入力できたら、再度フィルハンドル■をダブルクリックして、下方向に数式をコピーしてみましょう。今度は思ったとおりの値が出てきました。このように、$ で固定したセルの参照を**絶対参照**、固定していないものを**相対参照**といいます。

絶対参照にすると、別のセルに数式をコピーしたときも、必ず指定した同一のセルを参照します。一方、相対参照にすると、コピー先のセルの位置に応じて参照するセルも変化します。練習 1-11 の場合は「A6」が相対参照であり、フィルハンドルで埋めた B7:B11 ではそれぞれ左隣の A7:A11 を参照するように数式が変化しています。

それでは、最後の練習として九九の表を作ってみましょう。F5:F13 と G4:O4 には黄色の背景色がついています。背景色のついていない G5:O13 の範囲に、それぞれ F 列の数字と 4 行の数字との積が表示されるよう数式を入力していきます。まずは、表の外の H2 セルで相対参照と絶対参照の練習をしてみます。

## 練習 1-12：参照形式の切り換え①

① H2 に = を入力する
② [↓]を 2 回押すと数式が =H4 となる
③ この状態のまま[F4]キーをゆっくり 4 回押す

[F4]キーを押すと、1 回押すごとに数式が以下のように変化します。

H4 → $H$4 → H$4 → $H4 → H4

ノートパソコンを使っていると、**ファンクションキー**（キーボード上部の[F1]～[F12]のキー）が効かず、数式が変化しないことがあります。その場合は本章末のコラムを参照してください。さて、上に示したように、[F4]キーを押すとセル参照の形式が変化します。形式変化の順序は以下のとおりです。

① 行と列ともに相対参照（H4）
② 行と列ともに絶対参照（$H$4）
③ 行のみ絶対参照（H$4）
④ 列のみ絶対参照（$H4）

4回押すと行と列ともに相対参照に戻る、ということです。このように4種類の参照形式があると把握したうえで、G5 セルに=$F5*G$4 と入力してみましょう。

## 練習 1-13：参照形式の切り換え②

① G5 に = を入力する
② [←]を押すと数式が =F5 となる
③ [F4]を 3 回押すと数式が =$F5 となる
④ そのまま * を入力し[↑]を押すと、数式が =$F5*G4 となる
⑤ [F4]を 2 回押すと数式が =$F5*G$4 となるので、[Enter]

この数式では、F5 セルについては常に F 列を絶対参照し、G4 セルについては 4 行を絶対参照するようになっています。こうしておけば、数式をほかのセルにコピーしても常に F 列と 4 行を参照できます。入力できたら、G5 セルの数式をほかのセルにコピーしましょう。

## 練習 1-14：数式のコピーと貼り付け

① G5 に移動して[Ctrl]＋[C]
② [Shift]を押しながら[↓]や[→]を押して G5:O13 を選択し、[Enter]

正しく入力されていれば、九九の表が完成していることでしょう。

## コラム　function キーが使えないときの設定

F2キーやF4キーがうまく動かない人のほとんどは、ノートパソコンを使っている人です。この場合、ファンクションキーの設定が必要です。macOS の場合は、以下を参照してください。

https://support.apple.com/ja-jp/HT204436

Windows の場合は、F1キーでチェックしてみましょう。キーが正しく作動すれば、ヘルプ画面が表示されます。動作しない場合は、Fnキーがロックされている可能性があります。Fnキーを押しながらEscを押すとロックが解除され、F1〜F12キーが正常に動作するはずです。F1キーで確かめてください。それでもだめな場合は、次の順に試してみてください。多くの場合は①か②で解決します。

① キーボードを見て鍵マークのあるキーを探し、Fnキーを押しながらそのキーを押す
② 鍵マークのキーのみを押す
③ PC のマニュアルを読んで方法を探す

第2章

# データからグラフを作ってみよう

Excel でグラフを作れるようになろう　chapter_02.xlsx

本章では、Excel でグラフを作る方法を学びます。

どのような学問分野でも、データの様子を知るためにグラフを作ることは基本です。本章の内容を学ぶことによって、グラフを素早く作成できるようになります。

## 2-1 データ入力で気をつけるべき4つのこと

具体的な作成方法の説明に入る前に、Excel にデータを入力するときに注意するべき点を4つ挙げておきます。

① べき乗を表す記号 ^（キャレット）の使用はできるだけ避けよう
② [ホーム] → [セルを結合して中央揃え] を避けよう
③ データはほかの要素からできるだけ離そう
④ 作業の順番や手順を近くのセルに書き込むなどしてメモしよう

①は、^ 記号を使うと「$-3^2$ の答えとして $-9$ を返す」など、「− 数字^数字」という式に対して数学的に見て誤答が返されるためです（「2-1」シート例1参照）。Excel にかぎらず、表計算ソフトのほぼすべてがこの仕様となっています。本書では、正しい解答が得られるときのみ ^ 記号を利用します。

②を行うと、データ分析時に、どのセルにデータが入っているか不明となります。

③は、利便性を確保するためです。ファイルの「2-1」シートの例2を見てください。E4:G14 のデータがほかと隣接しないように入力されています。こ

うすると、E4:G14のどこかのセルに移動してCtrl+Aを押すだけで、この範囲すべてが選択されます。コピーしたいときはこのままCtrl+Cを押せばよいので便利です。

④については、Excelは自由度の高いツールなので、あとで見返したときに、なにをやっていたのかわからなくなることが多々あるからです。分析時にはメモを書く習慣をつけましょう。

## 2-2 棒グラフと折れ線グラフを作ってみよう

それでは、さっそくグラフを作ってみましょう。「2-2元データ（保護）」シートを選んでください。こちらは総務省の「統計ダッシュボード」から作成した、都道府県別人口データ*1です。このシートには、**シート保護**がかけられています。シート保護とは、当該シートに対して消去や入力などができないようにする機能のことです。

グラフ作成やデータ分析のときは、こういった元データを誤って削除したり編集したりしないように、シート保護することをおすすめします。シート保護は、メニュータブとリボンの［校閲］→［シート／保護］（もしくはシート／保護の解除）ボタンを押すことでオンとオフが切り替わります。シート保護にはパスワードが設定できますが、ここでは自分自身の誤操作を防ぐことが目的なので、設定する必要はありません。

では、このシートのデータをもとに棒グラフを作成しましょう。このシートでは操作できないので、すべてコピーしたうえで、別のシート（「2-2実行」シート）に貼り付けてグラフを作ります。

### 練習 2-1：保護シートのデータをコピーする

① Ctrl+Aを1回か2回押し、シート全体を選択する
② Ctrl+Cでコピーしたのち「2-2実行」シートのA1を選択しEnter

貼り付けできたら、C列とD列のデータを使って棒グラフを作ります。

*1 出典：総務省ホームページ
URL：https://dashboard.e-stat.go.jp/

## 練習 2-2：データから棒グラフを作る

① C6 に移動する

② Shift + → を押し、Ctrl + Shift + ↓ で C6:D53 を選択

③ メニュータブとリボンで、［挿入］ → ［棒グラフのアイコン］（図 2-1）→ ［2D 縦棒］ を選択する

図 2-1　棒グラフのアイコンを選択する

これで、図 2-2 のグラフが得られます。

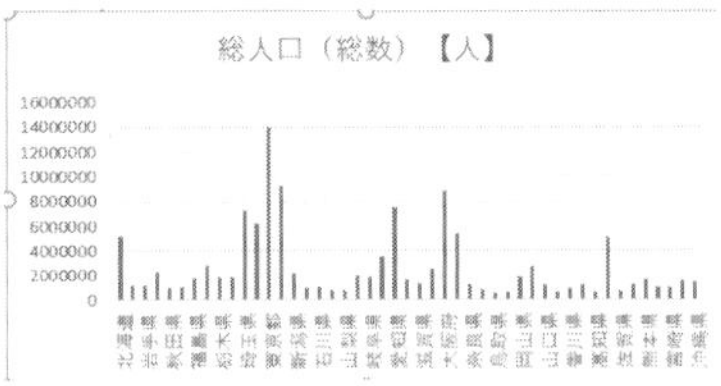


図 2-2　できあがった棒グラフ

このままだとデータにグラフが重なって見づらいので、別のシートに移動しましょう。

## 練習 2-3：グラフを別シートに移動する

① 図 2-2 のグラフの白い部分（たとえば「総人口（総数）【人】」の左側）を右クリック

② ［グラフの移動］ → ［新しいシート］ で Enter

グラフが新しいシートに移動し、都道府県名のすべてが見えることでしょう。次に、グラフのタイトルがわかりにくいので、もとのセルを修正します。

### 練習 2-4：グラフタイトルをセルから修正する

①「2-2 実行」シートを選択し D6 に移動する
② F2、もしくはマウス左クリックで D6 を編集可能にする
③「2020 年人口（人）」と入力し Enter

グラフのシートに戻って、上部中央のタイトルが修正されていることを確認してください。なんのグラフか、一目でわかるようになりました。

さて、2-1 節で述べたように、データが入力済のほかのセルと離れている場合には、もっと簡単にグラフを作成できます。さきほどグラフにした C7:D53 からも、右隣のデータからも離れている G6:H53 のデータを棒グラフにしてみます。

### 練習 2-5：離れているデータをグラフ化する

①「2-2 実行」シートの G6:H53 内の任意のセルに移動
②［挿入］→［棒グラフのアイコン］→［2D 縦棒］をクリック

このようにデータとデータを離しておくことで、グラフにしたい全範囲を選択しなくても Excel が自動的にデータの範囲を判別してくれます。

さて、いまグラフにしたデータは、「2020 年の都道県の総人口をまとめたもの」です。このような「ある 1 時点でのデータ」を**クロスセクションデータ**と呼びます。クロスセクションデータは 1 回かぎりのアンケートや実験のデータに多く、棒グラフにすると見やすいことが多いです。

次に、K 列と L 列を見てください。これは、1975 年から 2020 年までの沖縄県の人口のデータです。このように時間によって変化していくデータを、**時系列データ**と呼びます。時系列データのグラフは横軸を時間にした折れ線グラフにするとわかりやすいので、作成してみましょう。

### 練習 2-6：データから折れ線グラフを作る

① K6 に移動
② メニュータブとリボンから［挿入］→［折れ線グラフのアイコン］(図 2-3)
→［2D 折れ線の一番左上の図］を選択し左クリック

図 2–3　折れ線グラフのアイコンを選択する

図 2-4 のような折れ線グラフができるはずです。

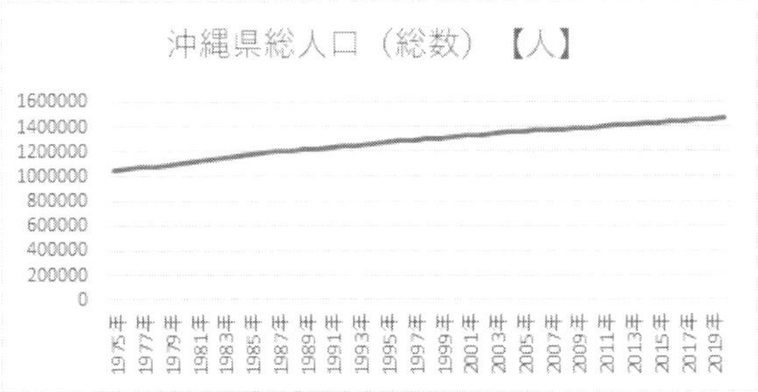


図 2–4　できあがった折れ線グラフ

さて、本節で作成した 2 種類のグラフの共通点は、一番左の列がデータの横軸に当てはまる変数となっていることです。Excel は、左側を横軸としたグラフを最初に作る仕様となっています。

また、この沖縄県のデータですが、よく見ると 5 で割りきれない年は 100 人台で四捨五入しています。実は、5 で割り切れない年は人口推計が出典で、割り切れる年は国勢調査が出典なのです。総務省統計局の HP の統計ダッシュボードや e-Stat は非常に便利なのですが、こういった厳密な出典まで理解して使うようにしましょう。

## 2-3　度数分布表とヒストグラムを作成しよう

本節では、**度数分布表**を作成します。度数分布表とは、ある範囲における数（**度数**）のばらつき（**度数分布**）を表にしたものです。狭義では**階級**（度数を集計するための区間）ごとの度数を表した表を指しますが、広義では、後述する相対度数・累積度数・累積相対度数などの表も含みます。

Excelでは、frequency関数や、[データ] → [データ分析] → [ヒストグラム] などで度数分布表を作成できますが、これらを単純に使ってはいけません。それは、Excelの区間の区分が「～より大かつ～以下」となっているためです。日本では一般的に「～以上～未満」の階級別に集計することがほとんどです*2。そのため今回は、シート上の作業で求めましょう。

「2-3」シートを選択してください。C列にある87人の英語のテストの点数をもとに、度数分布表を作成しましょう。

このデータは練習用の架空のデータです。H5:H14にあるように、階級は10点刻みとします。なお、H5:H14の数式を確認してみると、F5:F14に入力された等差数列がもととなっていることがわかります。このF5:F14の値は、右隣に示された階級において最も小さい値が入力されています。この値を**区間最小値**といいます。たとえばH6を見てみると、セルに表示されている値は「10点～20点」で、数式バーに表示されている数式は「=F6&"点～"&F7&"点"」であるため、&で文字列を結合していることがわかります。

これらの基準をもとに、C列の点数がどの階級に当たるかをD列に表示する仕組みを考えましょう。ここでは、VLOOKUP関数を使います。

**VLOOKUP関数**

=VLOOKUP(検索値, 検索範囲, 列番号, 検索の型)

縦方向の検索を行う関数

指定された条件で垂直方向にデータの検索を行い、該当する値を返す

まずは、D4の式 =VLOOKUP(C4,$F$5:$H$14,3,TRUE) を見てください。この関数には引数が4つあります。第1引数は検索値です。第2引数は、検索したいデータが入っている範囲を指定します。第3引数には1以上の整数が入り、第4引数にはTRUE（もしくは1）かFALSE（もしくは0）が入ります。

D4の式では、第2引数の一番左の列が昇順に並んで、第4引数がTRUEになっ

*2 たとえば大学でも、評価の基準を「60点以上がC評価」のように定めます。以上～未満の区分にして集計することは、かなり重要です。

ています。この場合、第1引数のC4の値が、第2引数の一番左の列（F5:F14）に応じて切り捨てた行（C4が44なので40がある行）で、列は第2引数の範囲の第3引数の列（3番目の列なのでH列）を考え、その値（この場合40点～50点）を取り出してくる、というものです。では、それぞれのデータについて所属階級を得ましょう。

### 練習 2-7：左隣の点数の所属階級を表示する

① D4に移動し、フィルハンドル■をダブルクリックして下方向にコピー

これをもとに、各階級の度数を求めます。I5の数式を見てください。ここで使われているCOUNTIF関数は、ある一定の範囲から条件を満たすものが何個あるか数える関数です。

**COUNTIF 関数**

=COUNTIF(検索範囲, 検索値)

第1引数の範囲のなかで、第2引数の条件を満たすものが何個あるかを返す

I5に入力されている=COUNTIF($D$4:$D$90,H5)は、D4:D90の範囲から、H5（0点以上10点未満の階級）と合致するものの数を返します。いまは0になっているので、この階級は1つもないようです。ほかの階級も求めてみましょう。

### 練習 2-8：各階級に属する点数の数を調べる

① I5に移動し、フィルハンドル■をダブルクリックして、下方向コピー
② I15に移動し、=SUM(I5:I14)と入力する
③ J5に移動し、=I5/$I$15と入力し、Enter
④ J5に戻り、フィルハンドル■をダブルクリックして、下方向にコピー

手順②では、I15に合計値が表示されるようSUM関数を入力しています。合計値は87となり、これを利用して、手順③と④で相対度数を求めています。**相対度数**とは、各階級の度数が全体に対して占める割合を示す指標です。相対度数が求まったら、今度は累積度数と累積相対度数を完成させましょう。

**累積度数**は最小の階級から任意の階級までの度数の総和を表す指標、**累積相対度数**とは累積度数が全体に対して占める割合を示す指標です。

## 練習 2-9：累積度数と累積相対度数を調べる

① K5 に移動し、=I5 と入力し Enter で、K6 に自動的に移動する
② K6 に K5+I6 と入力し Enter
③ ↑ で K6 に戻り、フィルハンドル■をダブルクリックで下方向コピー
④ J5 に移動し、Ctrl + Shift + ↓ で J5:J14 を選択し、Ctrl + C でコピー
⑤ → ２回で L5 に移動し Enter

これでほぼ完成です（図 2-5）。総学生数 87 では相対度数の小数点第 4 位以下にあまり意味がないので、第 4 位を四捨五入しましょう。

⑥ J5:J14 を選択し、［ホーム］→［数値］→［小数点以下の桁数を減らす］を何回かクリックして J5:J14 が小数第３位になるようにする
⑦ K5:K14 も J5:J14 と同様に処理する

| 階級 | 度数 | 相対度数 | 累積度数 | 累積相対度数 |
|---|---|---|---|---|
| 0点以上10点未満 | 0 | 0 | 0 | 0 |
| 10点~20点 | 0 | 0 | 0 | 0 |
| 20点~30点 | 3 | 0.03448 | 3 | 0.03448 |
| 30点~40点 | 7 | 0.08046 | 10 | 0.11494 |
| 40点~50点 | 18 | 0.2069 | 28 | 0.32184 |
| 50点~60点 | 26 | 0.29885 | 54 | 0.62069 |
| 60点~70点 | 15 | 0.17241 | 69 | 0.7931 |
| 70点~80点 | 10 | 0.11494 | 79 | 0.90805 |
| 80点~90点 | 6 | 0.06897 | 85 | 0.97701 |
| 90点以上 | 2 | 0.02299 | 87 | 1 |
| 合計 | 87 | | | |

図 2–5　度数分布表（完成一歩前）

この表は統計ソフトを使えば一瞬で作れるのですが、計算プロセスを理解しておくのは重要です。次は階級別度数分布表の棒グラフを作りましょう。

次ページの図 2-7 のグラフのように、累積相対度数の折れ線グラフも同じグラフに書いてみましょう。累積相対度数の折れ線グラフを含めると、どのあたりの点数で急にサンプルが増えていたのか視覚的に理解できます。

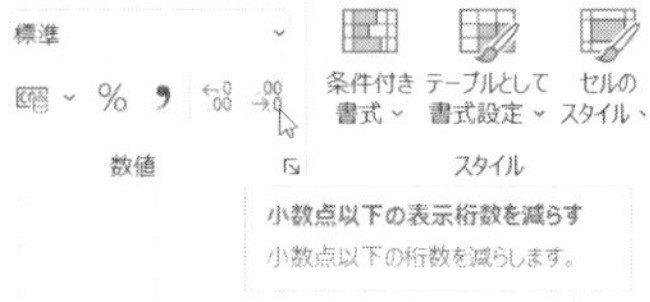


図 2–6　小数点の表示桁数の変更

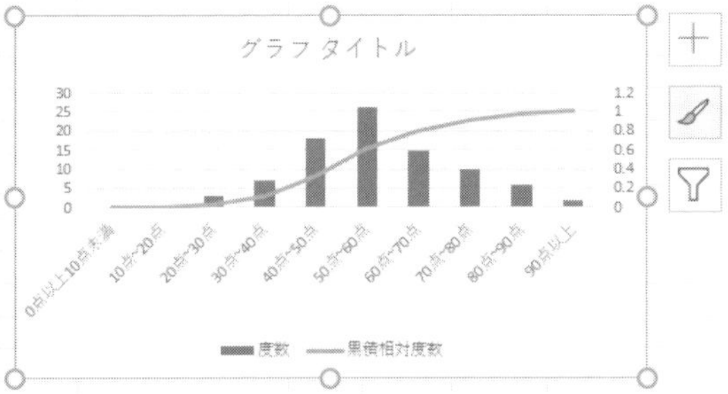


図 2–7　点数の階級別度数分布（完成一歩前）

## 練習 2–10：棒グラフと折れ線グラフを作る

① 度数部分の I4:I14（I15 は選ばない）を選択

② Ctrl を押しながら、マウスで L4:L14 を選択

③ メニュータブとリボンから［挿入］→［複合グラフの挿入のアイコン（散布図のアイコンの右上）］→ 真ん中の図（集合縦棒第 2 の折れ軸）を選択

④ できたグラフの白い部分を右クリックして、［データの選択］をクリック

⑤ 横（項目）軸ラベルの 1 行下の編集（T）ボタンを押す

⑥ H5:H14 を選択して、OK ボタン

⑦ もう一度 OK ボタン

目標の図が得られました。棒グラフは真ん中あたりが山型になった単峰型で、ほぼ左右対称の形となっています。続いて、グラフや軸のタイトルと単位を明記します。

**練習 2-11：タイトルや単位を入れる**

① 図 2-7 の[＋]の部分をクリック（ボタンが見つからない場合、マウスでグラフをクリックすると表示される）
② 軸ラベルにマウスでチェックを入れる
③ 3 つの軸ラベルやタイトルの部分をクリックして適切な名前と単位を入力する。たとえば左の縦軸に「人数」と入れる

今回の度数分布表では、階級の幅を 10 点、階級の個数を 10 個としていますが、幅や個数の決め方に明確な決まりはありません。スタージェスの公式を目安とする場合もありますが、囚われすぎず、参考程度に考えるとよいでしょう。

**スタージェスの公式**

階級の個数 $= 1 + \log_2(n)$

要は、データの様子がわかればよいのです。今回のデータならば、実際に 10 点刻みが最もわかりやすいでしょう。

なお、図 2-7 の棒グラフのことをヒストグラムと学んだ人もいるかもしれませんが、違います。ヒストグラムの定義では、各階級のそれぞれの棒の面積がその階級の相対度数を表すこととなっています。図 2-7 はそのように意識されて作られていません。階級別の棒グラフを作って他人に見せる場合には、図の題名や説明文にはヒストグラムという言葉を一切使わないことを強くおすすめします。

## 2-4 データが多い場合の工夫

最後に、データが大きい場合のちょっとした工夫を紹介します。大きなデータを扱うときは、どこになにが表示されているのかわかりづらい傾向があります。作業しやすいように、ここで紹介する工夫を参考にしてください。

「2-4」シートを選択してください。このデータも、総務省統計局「統計ダッシュボード」から作成したものです。このようなクロスセクションデータと時系列データを合成したデータセットを、**パネルデータ**といいます。パネルデータは、行数も列数も大きくなります。このような場合は、以下の工夫をしましょう。

① 1 行目に 列番号（A 列なら 1、Z 列なら 26）もしくは適切な番号（この場合、総務省の都道府県番号）を入れる
② ウィンドウ枠を固定する

番号をつけることで、横方向に何個データがあるかを示すことができます。今回は横方向のオートフィルによって、1 から 47 までの数値を入力しましょう。

### 練習 2-12：列に番号をつける

① B1 に 1、C1 に 2 を入力する
② B1:C1 を選択し、フィルハンドル■にマウスカーソルを近づける
③ 十字キーになったら右方向にドラッグし、沖縄県の上のセルで指を放す

最後に、横方向につけた番号および都道府県名と、A 列に表示されている年数が、どのセルのデータを見ていても常に表示されるようにしましょう。

### 練習 2-13：列と行を固定する

① B3 に移動する
② メニュータブとリボンから［表示］→［ウィンドウ枠の固定］→［ウィンドウ枠の固定］の順に選択

「ウィンドウ枠の固定」は、選択しているセルの「1 つ上の行まで」と「左隣の列まで」を固定する機能です。大きなデータを扱うときは、そのセルがなにを表しているかわかるようにウィンドウ枠を固定するとよいでしょう。

# 第3章

# データの特徴を調べて表にしよう

代表的な記述統計量を Excel で出せるようになろう

chapter_03.xlsx

本章からは、Excel の操作だけでなく統計学の基礎的な説明も入ってきます。分析機能を使って簡単に算出する方法を覚えてから、数式も使いつつ定義を確認し、今度は自分で数式や関数を入力して算出する方法を学びましょう。

## 3-1 ［データ分析］を利用しよう

まずは、Excel に搭載されている分析機能をオンにしましょう。この操作は 1 回行えば、それ以降ずっと有効となります。

Windows の場合は以下のように操作します。

① Alt → T → I の順に入力

② ソルバーアドイン・分析ツール・分析ツール（VBA）の 3 つにチェックを入れて OK ボタン

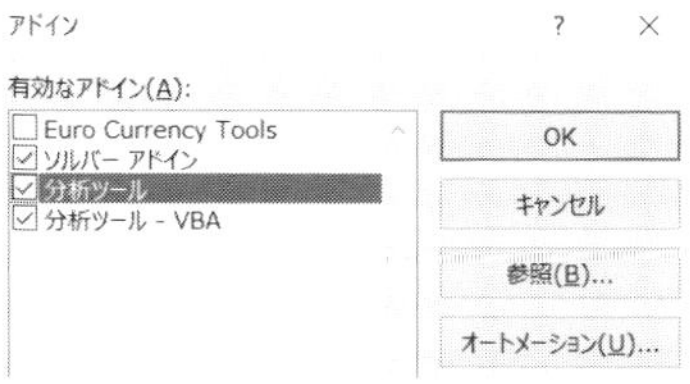


図 3–1　分析ツールの設定画面

ソルバーについては、第 14 章で解説します。macOS の場合は、メニュータブとリボンから以下のように操作します。

① [ツール] → [Excel アドイン] の順にクリック
② [有効なアドイン] の中で [ソルバーアドイン] [分析ツール] を有効にして、OKボタン

これで分析ツールが使用できるようになりました。Excel では、[データ] → [データ分析] のメニュータブからさまざまな分析機能を利用できます。

## 3-2 いろいろな記述統計量を求めよう

ここからは、「集めたデータがどんな傾向をもっているのか」を調べるための指標について学んでいきます。たとえば、テストの平均点が発表されると、「みんなどれくらいの点数がとれたのか」という傾向がわかります。本章では、平均以外にもさまざまなデータ分析のための指標を覚え、Excel で算出できるようにします。

まず、ファイルの「3-2」シートを選んでください。このデータについて、平均値や最小値などを表示させてみましょう。まずは C3 に、B7 以下にあるデータの平均を出してみます。

### 練習 3-1：平均値を求める

① C3 に移動
② =average( と入力、もしくは =aver のあとにTabを押して =AVEARAGE( を選択
③ B7 に移動し、Ctrl+Shift+↓で数式が =AVEARAGE(B7:B93 になったらEnter

平均値は、約 57.5 点です。ほかの指標も出してみましょう。メニュータブとリボンから [データ] → [データ分析] → [基本統計量] と選択すると、図 3-2 のような選択画面が出てきます。データの範囲を選択し、求めたい指標にチェックを入れます。

図 3–2　算出したい記述統計量を選ぶ

## 練習 3-2：記述統計量の表を作る

① 選択画面を表示させたまま B7 に移動し、[Ctrl]+[Shift]+[↓]

② 図の入力範囲に B7:B93 が記入される

③「統計情報」にチェックを入れて[Enter]

すると新しいシートが作られて、図 3–3 に示す表が表示されます。

| | A | B |
|---|---|---|
| 1 | 列1 | |
| 2 | | |
| 3 | 平均 | 57.51724 |
| 4 | 標準誤差 | 1.678986 |
| 5 | 中央値（メジアン） | 58 |
| 6 | 最頻値（モード） | 58 |
| 7 | 標準偏差 | 15.66054 |
| 8 | 分散 | 245.2526 |
| 9 | 尖度 | -0.17879 |
| 10 | 歪度 | 0.337315 |
| 11 | 範囲 | 72 |
| 12 | 最小 | 27 |
| 13 | 最大 | 99 |
| 14 | 合計 | 5004 |
| 15 | データの個数 | 87 |

図 3–3　完成した表

表に集約されたこれらのデータを、**記述統計量**や**基本統計量**と呼びます。

表には、A3 の「平均」、A12 の「最小」、A13 の「最大」、A14 の「合計」などのほかに、いくつか見慣れない言葉が並んでいます。A11 の「**範囲**」は Range の直訳で最大値から最小値を引いたものです。A15 の「**データの個数**」は名前のとおり当該範囲のデータの個数を表しています。統計学では**標本の大きさ**

と呼び、統計ソフトによっては単に $n$ で表すものもあります。今回は「3-2」シートの B7:B93 を選択したので、データ個数は 87 となっています。3 番目の「**中央値**（**メジアン**）」は、文字どおりデータ内の真ん中の値を表します。この場合、87 個のデータの真ん中は下から 44 番目（上からでも 44 番目）の値なので、58（点）となります。「**最頻値**（**モード**）」は、最も頻度の高い値を示すものです。今回はあまり重要ではありませんが、度数分布表で階級別にした場合や、元データでなく集計データとなっている場合には重要な指標です。

**平均**、**中央値**、**最頻値**の 3 つは、データの「真ん中」についての指標なので、**代表値**といいます。代表値のなかでは、一般に平均を指標とすることが多いですが、世帯年収や世帯資産などのデータだと「お金持ち」の影響によって平均値が中央値よりも高くなるため、中央値のほうが重要になります。このように、記述統計量はデータの傾向を知る指標となりますが、データの種類によって重要な指標は変わってくる、という点を覚えていてください。

ほかにも見慣れない単語（標準誤差、標準偏差など）がありますが、これはのちほど説明します。まずは、データを知るためには記述統計量という指標があり、データの質や分析の目的によって必要な指標が変わってくる、ということだけ覚えておいてください。

## 3-3　箱ひげ図を作ってみよう

記述統計量を視覚的に把握したいときは、**箱ひげ図**が便利です。箱ひげ図とは、統計データを表す表示形式の 1 つで、長方形と直線が組み合わさったものを指します。一般に、最小値・平均値・最大値・第 1 四分位・中央値・第 3 四分位を図示します。**第 1 四分位**と**第 3 四分位**は中央値と似ている指標で、全体の下から数えて 1/4 の場所が第 1 四分位、下から 3/4 の場所が第 3 四分位です。実際の数値の出し方には微妙な調整などが入っていますが、おおまかな理解としてはこのイメージで十分です。

それでは、「3-3」シートを開いてください。B 列は前節のデータと同じですが、A 列にその学生のクラスが記入されています。クラスは A、B、C の 3 種類です。ここで、クラス別のテストの点数について箱ひげ図を書いてみましょう。

## 練習 3-3：データから箱ひげ図を作る

① A6:B93 の任意のセルに移動し、［挿入］→［統計グラフの挿入のアイコン（下図参照）］→［箱ひげ図］

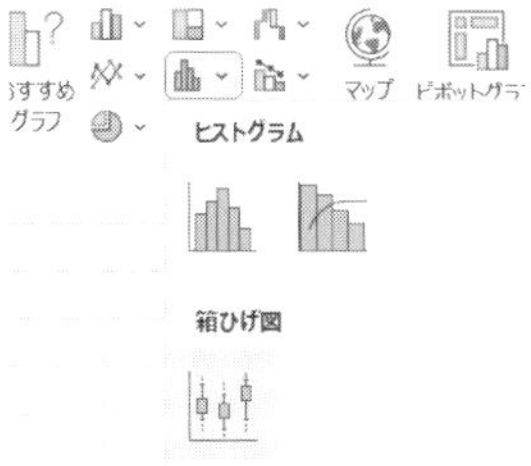


図 3–4　箱ひげ図の選択画面

第 2 章で説明したように、A6:B93 のデータはほかのデータから離れているので、範囲選択しなくても Excel が自動的に「A6:B93 は 1 つのデータだ」と判断して箱ひげ図を作ってくれます。

表示された図 3–5 を見てみましょう。箱の下側の線が第 1 四分位で、上側の線が第 3 四分位の値です。最小値は箱の下にある線で、最大値は箱の上にある線、平均値は箱の中に少し濃い線で書かれており、中央値は箱の中にある×印が書かれている場所です（簡単化のため外れ値の説明は省略しています）。

このように、箱ひげ図にすることで、データのおもな指標を目で比較できます。試しに、3-2 節で表にした部分、つまり A 列に表示されているクラスを除いた範囲で箱ひげ図を作ってみましょう。B6:B93 を選択して練習 3-3 と同様に操作すると、下図が得られます。

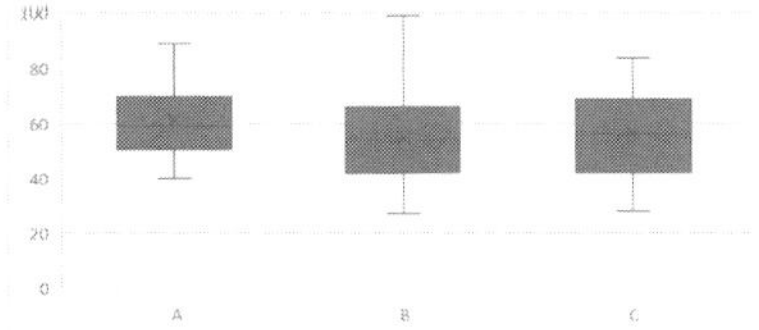


図 3–5　B6:B93 の箱ひげ図

最小値・平均値・中央値・最大値などを、前節で求めた表と見比べてみるとよいでしょう。

## 3-4 記述統計量を自分で算出できるようになろう

ここで、いったんExcelから離れて、代表的な記述統計量を数式を使って定義づけてみましょう。Excelは自動的にさまざまな分析をしてくれますが、正しい分析のためには、「各指標がどうやって求められているのか」「どんな意味をもつのか」を理解する必要があります。少し難しく感じるかもしれませんが、このあとに続くExcelの操作と合わせてじっくり取り組んでください。まずは平均から見ていきましょう。

$n$ 個のデータ $x_1, x_2, \cdots, x_n$ があるとき、そのデータの平均は $\bar{x}$（エックスバー）で表すことが一般的です。この「データの平均」のことを、統計学では**標本平均**といいます。標本平均の定義式は以下のとおりです。

$$\bar{x} = \frac{1}{n}\sum_{i=1}^{n} x_i \tag{3.1}$$

これは $x_1, \cdots, x_n$ の和を $n$ で割る、という意味です。たとえばデータAが10、データBが15、データCが40のとき、データA＋データB＋データC = 10+20+60で総和は90となります。これを $n$、つまりデータの個数で割ると $90/3 = 30$ となり、標本平均は30となります。この式をもう少し具体的に書くと、以下のように書けます。

$$\bar{x} = \frac{1}{n}(x_1 + x_2 + \cdots + x_n) \tag{3.2}$$

式(3.1)に出てくる $\sum$ は総和を求める記号で、$\sum$ の下に書かれた $i$ から上に書かれた $n$ までの回数 $x$ を足す、という意味をもっています。つまり、形は変わりましたが、式(3.2)は式(3.1)と同じ内容です。

次は、**分散**の式を見てみましょう。データの分散とは、「データの散らばり具合」のことです。たとえばあるクラスで行ったテストにおいて、ほとんどの生徒が平均点とほぼ同じだった場合は、データがばらついていないので「分散が小さい」といいます。逆に平均点から上にも下にも幅広く分布していた場合は、ばらつきが大きいので「分散が大きい」といいます。

データの分散は、たびたび $s^2$ で表されます。分散は、平均 $\bar{x}$ を利用して以下のように定義されます。

$$s^2 = \frac{1}{n-1}\{(x_1 - \bar{x})^2 + \cdots + (x_n - \bar{x})^2\} = \frac{1}{n-1}\sum_{i=1}^{n}(x_i - \bar{x})^2 \qquad (3.3)$$

括弧の中にある「$x_i - \bar{x}$」では、あるデータと平均との差を求めています。これを**偏差**と呼びます。データ A が 10 で標本平均が 30 のとき、偏差は 20 です。つまりこの式は「偏差の 2 乗和を $n-1$ で割ったもの」といえます。この分散の正式名称を、**標本不偏分散**といいます。

標本不偏分散の厳密な定義は少し難しいので、現時点では、割る数が $n$ か $n-1$ かの違いはありますが「偏差の 2 乗和の平均」というイメージで受け取ってかまいません。なお、偏差の 2 乗和のことを**変動**とも呼びます。$\sum_{i=1}^{n}(x_i - \bar{x})^2$ の場合だと、「$x$ の変動」などのいいかたをします。

続いて、**標準偏差**の定義を確認します。**標本標準偏差**とは、分散の正の平方根です。分散は $s^2$ でしたから、この正の平方根（2 乗すると $s^2$ になるプラスの数字）ということは、$s$ に当たります。よって分散や標準偏差の値が大きいことは、データが標本平均から見て散らばり具合が大きいことを意味します。

分散や偏差は、データの概要を知りたいとき、3-2 節で紹介した代表値と並んで重要な指標です。データの「真ん中」を表す代表値に対して、分散や偏差はデータの「散らばり」を表す**散布度**といいます。代表値と散布度を見るとデータの特性がわかるので、この 2 つを合わせて**特性値**といいます。

最後に、**標準誤差**の定義を確認します。ここでの標準誤差は、標準偏差 $s$ をデータの個数 $n$ の正の平方根 $\sqrt{n}$ で割った $\frac{s}{\sqrt{n}}$ です。標準誤差の意味については、第 III 部で詳しく解説します。

それでは、標準誤差以外の特性値を Excel で求めてみましょう。「3-4」シートを開いてください。まずは標本不偏分散を求めます。最初に C 列を B 列（テストの点数）の偏差の列としましょう。

### 練習 3-4：標本不偏分散の算出① 偏差を求める

① C7 に = を入力し [←] を押したのち、- を入力し=B7-と表示される
② [↑] で C2 に移動し [F4] で参照形式を変え =B7-$C$2 にして [Enter]
③ [↑] で C7 に戻りフィルハンドル■をダブルクリックして下方向コピー

続いて、D 列では偏差の 2 乗をとります。

### 練習 3-5：標本不偏分散の算出② 偏差の 2 乗を求める

① D7 に = を入力し[←]を押すと =C7 と表示される
② ^2 と入力し数式が =C7^2 となったら[Enter]
③ [↑]で D7 に戻りフィルハンドル■をダブルクリックして下方向コピー

さらに、この和を E7 に表示させます。

### 練習 3-6：標本不偏分散の算出③ 偏差の 2 乗和を求める

① E7 に =sum(を入力し[←]を押すと =sum(D7 と表示される
② [Ctrl]+[Shift]+[↓]で、数式が =sum(D7:D93 となったら[Enter]

最後に、E7 に表示させた偏差の 2 乗和を $n-1$ で割ると、標本不偏分散が得られます。

### 練習 3-7：標本不偏分散の算出④ 偏差の 2 乗和を n-1 で割る

① G5 に =E7/(C1-1) と入力して[Enter]

続いて、標本標準偏差を求めましょう。標本標準偏差は標本不偏分散の正の平方根（square root）なので、Excel で用意されている SQRT 関数を使います。

**SQRT 関数**

=SQRT(数値)
引数の平方根を求める関数

### 練習 3-8：標本標準偏差の算出

① G6 に =SQRT(G5) と入力し[Enter]

標本平均、標本不偏分散、標本標準偏差は、このように計算することができます。これらは、3-2 節で Excel の自動計算で作った記述統計量の表（図 3-3）における、B3 の平均、B8 の分散、B7 の標準偏差の値と同じものです。一致していることを確認してください。

さて、Excelでは、この標本不偏分散と標本標準偏差の値を簡単に返す関数が設定されています。

VAR.S **関数**

= VAR.S(数値 1, 数値 2)

指定された範囲の標本不偏分散の値を返す

STDEV.S **関数**

= STDEV.S (数値 1, 数値 2)

指定された範囲の標本標準偏差の値を返す

これらの関数名は、それぞれ分散（Variance）や標準偏差（Standard Deviation）の略と、標本（Sample）の頭文字からとられています。実際にG6とG8に入力し、さきほどの値と同じかどうか確認してください。

### 練習 3-9：関数による分散と偏差の算出

① G7に =VAR.S(B7:B93) と入力し Enter

② G8に =STDEV.S(B7:B93) と入力し Enter

ほかにも、以下の3つは記述統計量の関数としてよく使われます。

MEDIAM **関数**

=MEDIAM(数値 1, [数値 2], ...)

指定された範囲の中央値（Mediam）を返す

MAX **関数**

MAX(数値 1, [数値 2], ...)

指定された範囲の最大値（Maximum）を返す

MIN 関数

=MIN(数値 1, [数値 2], ...)

指定された範囲の最小値（Minimum）を返す

シート内の任意のセルに「=MEDIAM(B7:B93)」「=MAX(B7:B93)」「=MIN(B7:B93)」を 1 つずつ入力し、それぞれの結果が記述統計量の値と一致していることを確かめてください。

ここまで紹介してきたものが、広く使われている記述統計量の代表例です。本節の最後に、3-2 節で作った表のなかでまだ触れていない歪度と尖度について説明します。それぞれ「わいど」「せんど」と読みます。

**歪度**とは、データ分布について、標本平均を境目にしたときの左右の対称性を測る指標です。0 に近いとあまり歪んでおらず、正や負だとそれぞれ正の方向と負の方向が歪んでいることになります。**尖度**は、データの分布について、平均付近での尖り具合を測る指標です。0 に近いほど、標準正規分布（第 7 章参照。データの分布の形の 1 つ）の尖り方に似ていることを示します。

歪度と尖度の定義式を確認する前に、式に登場する $m_k$ を定義づけておきましょう。$m_k$ は、偏差を k 乗した値の平均を表します。偏差 2 乗和、偏差 3 乗和、偏差 4 乗和をそれぞれ n で割ったものを、$m_2$、$m_3$、$m_4$ で表すと以下の数式となります。

$$m_k = \frac{1}{n}\sum_{i=1}^{n}(x_i - \bar{x})^k \quad (k = 2, 3, 4)$$

Excel で求められる歪度と尖度は、以下の数式となります。

$$\text{Excel の歪度} = \frac{\sqrt{n(n-1)}}{n-2}\frac{m_3}{m_2^{3/2}}$$

$$\text{Excel の尖度} = \frac{(n-1)(n+1)}{(n-2)(n-3)}\frac{m_4}{m_2^2} - \frac{(n-1)^2}{(n-2)(n-3)} \cdot 3$$

歪度と尖度については、おおまかな意味を理解しておけば、式まで覚える必要はありません。なお Excel の記述統計量の表では「尖度・歪度」と普通の逆順に表記されているので、気をつけてください。

## 3-5 記述統計量を表にまとめて清書しよう

本章のまとめとして、算出した記述統計量を人に見せられる状態に清書しましょう。ファイルの「3-5」シートを開いてください。ここまで求めてきた記述統計量が順不同で表示されています。これらの記述統計量を表として見やすくするために、罫線を入れて、かつ平均と標準偏差の数値を小数第 4 位四捨五入で表してみましょう。

### 練習 3-10：表の清書

① B3:C4 を選択

② ［ホーム］→［罫線］→［外枠］を選択（図 3-6 参照）、もしくは Ctrl + Shift + & を押す

③ B5:C10 を選択し、F4 もしくは Ctrl + Y を押す

④ C6 に移動し［ホーム］→［数値］→［小数点以下の桁数を減らす］を何回かクリックして、C6 が小数第 3 位になるようにする（図 2-6 参照）

⑤ C8 に移動し F4、もしくは Ctrl + Y を押す

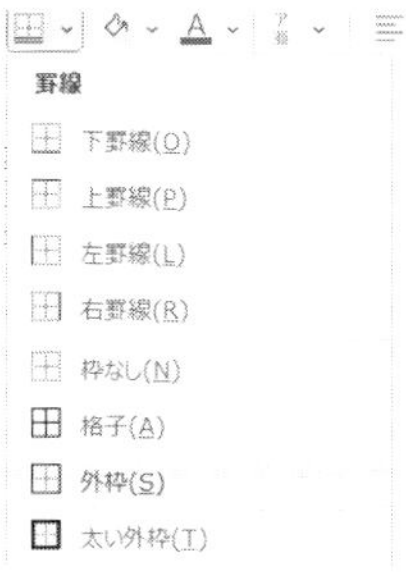


図 3-6　罫線の設定画面

このように、同じことを一気にまとめて行うと、繰り返しの F4（もしくは Ctrl + Y）によって簡単に清書できます。

本書は Excel でのデータ分析の説明がメインなので、表やグラフを作ったとき、見た目を整える作業はほとんど行いません。しかし、学校の課題提出や仕事の資料作成など、他者に見せるものを作る場合は清書する必要があります。

表には罫線を入れて見やすくし、単位が必要なら単位を記入しましょう。グラフには縦軸と横軸がなにかラベルで示し、それぞれの単位を明示しましょう。清書したグラフの例は、図 4–3 を参照してください。縦軸横軸のラベルと単位が明示されています。

## コラム　クイックアクセスツールバーを編集しよう

Excel では、よく使う機能をクイックアクセスツールバーに登録できます。本章で使った［データ］→［データ分析］機能を登録しておくと、ショートカットキーを押すだけですぐにデータ分析機能を起動できます。Windows の場合、以下の方法で登録できます。

① メニュータブとリボンから［データ］→［データ分析］を右クリック
② 図 3–7 の画面が出るので［クイックアクセスツールバーに追加］を選択

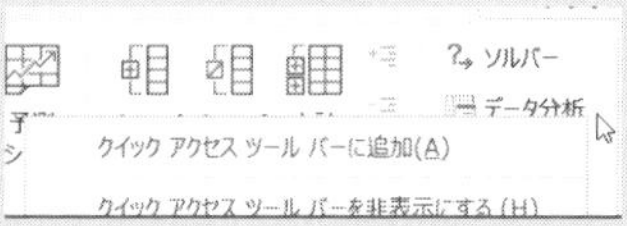


図 3–7　データ分析機能をクイックアクセスツールバーに追加する

以後、Alt→任意のキーを押すだけで、データ分析機能が利用できます。「任意のキー」は環境によって異なるので、どのキーを押せばいいか確認しておきましょう。Alt を押せば、メニュータブやリボンの上に登録状況が表示されます。

macOS の場合、Excel 画面最上段の中央やや左側のクイックアクセスツールバーボタン▽を押して、気に入ったものをチェックし、さらにその他のコマンドを選択して、そのなかで気に入ったものを選択するとよいでしょう。

第4章

# 2つのデータを集計して比較してみよう

2つのデータを比較できるようになろう

chapter_04.xlsx

データには、量的データと質的データの2種類があります。**量的データ**とは、具体的に数えられるものを扱ったデータです。たとえば「人口」や「テストの点数」など、第2章や第3章で扱ったものは量的データです。

一方、**質的データ**とは、具体的に数えられないものを扱ったデータです。「性別」「血液型」「会員番号」などは質的データです。

細かい定義づけをしている本もあるのですが、この本ではシンプルに「四則演算に意味があるものが量的データ」「四則演算に意味がないものが質的データ」とします。人口や点数はそのまま平均値の計算などができますが、性別や血液型などはできません。会員番号も、見かけは数字ではあるものの、あるサービスの会員番号1010から4000まであったときに番号自体を四則演算して平均値などを出しても意味がありません。

さて、2種類のデータの関係を調べることは、データ分析においてよくあることです。本章では、データとデータを比較する方法を、以下の3つのパターンで考えていきます。

- 2つの量的データ
- 2つの質的データ
- 一方が質的データで他方が量的データ

## 4-1 量的データの比較① 散布図を作ってみよう

量的なデータの比較には散布図が役立ちます。**散布図**とは、縦軸と横軸にそれぞれ異なる指標をとり、各データを点で示した図です。散布図を作ると、データの点の散らばり具合によって「縦軸と横軸に関係があるかどうか」がパッと見てわかるようになります。

まずは実際に散布図を作って観察してみましょう。ファイルの「4-1」シートのデータは、e-Stat から得た国民経済計算年次推計のデータです。各列に、A 列に年、C 列に GDP、D 列に民間最終消費支出、E 列に政府最終消費支出が表示されています。C 列から E 列はすべて量的データです。

散布図を作るときは、横軸には「縦軸の値を説明する（原因となっている）」と思われる変数をとります。あくまでも「思われる」なので、どちらがどちらの原因だといいきれない場合には、縦横入れ替えた両方のグラフを書くとよいでしょう。今回は GDP を横軸にとり、縦軸を民間最終消費支出にしたパターンと政府最終消費支出にしたパターンの、2 つの散布図を作ります。

## 練習 4-1：2 つのデータから散布図を作る

① C5:D31 を選択し、メニュータブとリボンから [挿入] → [散布図のアイコン] から左上のアイコンを選択（図 4-1）
② C5:C31 を選択し、Ctrl + マウスで E5:E31 も選択
③ メニュータブとリボンから [挿入] → [散布図のアイコン] から左上のアイコンを選択
④ それぞれのグラフを選択し、[ + ボタン] → [軸ラベル] を選択する
⑤ 横軸部分の軸ラベルをクリックして「GDP（10 億円)」と入力
⑥ 縦軸部分の軸ラベル部分を右クリックして削除を選択

正しく作業できていれば、図 4-2 のようになります。

できあがった散布図は、どちらも点が右上がりに分布しているように見えます。この形状からは、「GDP が上がると支出が増える」という状況がなんとなく読み取れます。

このように、散布図の点のばらつきが少なく一定の傾向が見えるとき、縦軸と横軸には関係があると考えられます。これを統計学では**相関がある**といいます。2 つのデータの相関が強いほど、点のばらつきは直線に近づきます。縦軸と横軸のデータになんの関係もないときは、点は全体にばらつきます。こちらは**相関がない**といいます。

さて、民間最終消費支出の散布図と政府最終消費支出の散布図とでは、縦軸

図 4–1　散布図を選択する

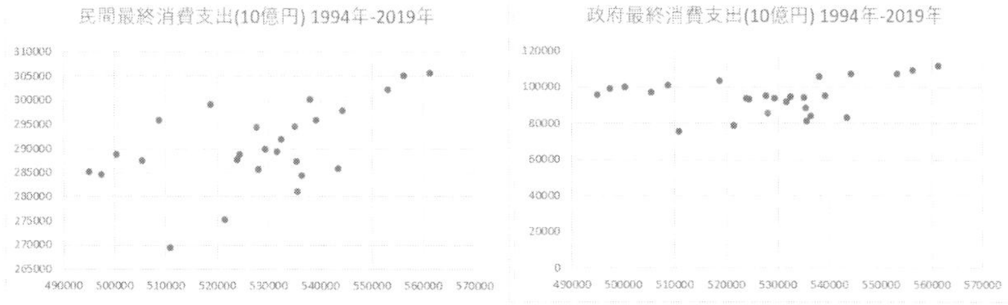


図 4–2　2 種類の散布図（完成一歩手前）

が異なるためそのまま比較することができません。2 つの散布図を同一のグラフ上に書きたい場合は、以下の手順で図 4–3 が得られます。

## 練習 4–2：2 種類の散布図を同一グラフ上に表示する

① C5:E31 の任意のセルに移動

② メニュータブとリボンから [挿入] → [散布図のアイコン] から左上のアイコンを選択

③ それぞれのグラフを選択し、[ + ボタン] → [軸ラベル] の上にマウスを移動→右側に出てくる＞をクリック→ [第 1 横軸] を選択

④ 横軸部分をクリックして「GDP（10 億円)」と入力

⑤ グラフを選択し、[ + ボタン] → [凡例] の上にマウスを移動→右側に出

てくる＞をクリック→［上］を選択

⑥ グラフタイトルをクリックして消去

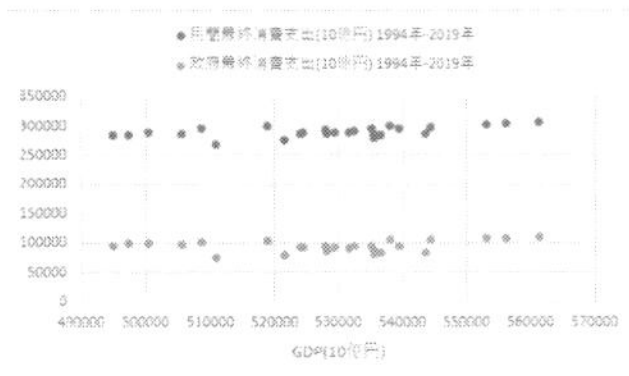


図 4–3　1 つにまとめた散布図

1 つにまとめると、縦軸の値の違いだけではなく、グラフの形状も比較できます。ほとんどの人はパッと見では気づかないかもしれませんが、図 4–3 の上側にある図と図 4–2 の左側の図は同じものです。

## 4－2　量的データの比較②　散布図に近似直線を付け加えよう

散布図をもう少し詳しく見てみましょう。ファイルの「4-2」シートを選んでください。図 4–2 左側の散布図がすでに用意されています。

一般に、家計において所得が増えると消費が増える傾向にあります。同様にこのグラフを見ると GDP が増加すると民間最終消費支出が増加しているように見えます。そこでこのデータを直線で近似してみます。「直線で近似する」とは、散布図上の点をできるだけ多く通るような直線を引く、ということです。

### 練習 4–3：散布図に近似直線を引く

① グラフをクリック

② グラフ右上に出てくる[+]ボタンを押し、［その他のオプション］を選択（図 4–4）

③ 近似曲線のオプションが表示されるので、［グラフに数式を表示する］をチェック

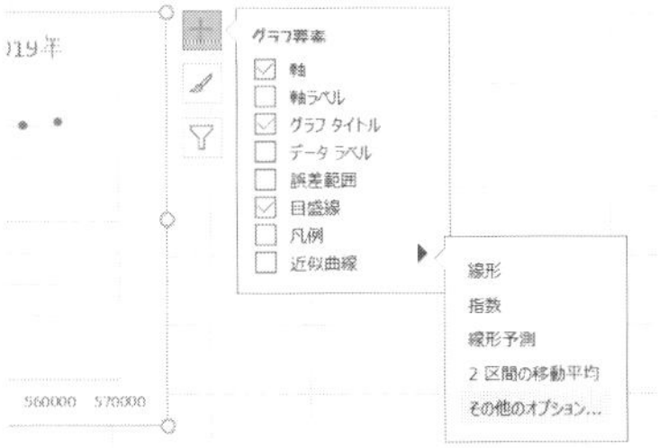


図 4–4　グラフオプションの選択

グラフ内に点線で近似直線が描かれました。この近似直線の数式は、$y = 0.269x + 148380$ と表示されています。

直線の傾きとデータの単位からこの近似直線を素直に読み取ると、GDP が 1 単位（10 億円）増えると民間最終消費が 0.269 単位（2.69 億円）増える、ととれます。実際のところはそこまでシンプルな話ではありませんが、いまは「散布図を作ると 2 つのデータの相関関係の有無がわかりやすい」ことと、「散布図に近似直線を引くと関係を具体的に考えやすい」ことだけ覚えておけば大丈夫です。この結果の細かい解釈や統計的な話題は、第 II 部で確率や統計の知識を学んだあとに、第 III 部の回帰分析の章で詳しく説明します。

## 4-3　量的データの比較③ 2 変数の特性値を知ろう

2 つのデータの相関関係は、散布図以外から数値で知ることもできます。そのための指標が、標本共分散と標本相関係数です。共分散と相関係数は 2 つのデータを見比べるための特性値、つまり **2 変数の特性値**です。前章で学んだ標本平均などは、**1 変数の特性値**です。

まずは、標本共分散の定義を確認していきましょう。**標本共分散**とは、比較する 2 つのデータの相関関係の有無を示す特性値で、「データ A の偏差×データ B の偏差」から定義されます。

数式で見てみましょう。大きさ $n$ のデータ $x_1, x_2, \cdots, x_n$ について、前章で学んだ標本不偏分散の式の 2 乗部分を書き下すと、以下のようになります。$\bar{x}$ は標本平均です。

$$\frac{1}{n\quad 1}\sum_{i=1}^{n}(x_i-\bar{x})(x_i-\bar{x})$$

この片方の $(x_i-\bar{x})$ を $(y_i-\bar{y})$ に書き換えたものが、標本共分散の形となります。つまり標本共分散は、大きさ $n$ の 2 組のデータ $(x_1,y_1),(x_2,y_2),\cdots,(x_n,y_n)$ について、次のように定義されます。

$$x \text{ と } y \text{ の標本共分散} = \frac{1}{n-1}\sum_{i=1}^{n}(x_i-\bar{x})(y_i-\bar{y}) \tag{4.1}$$

$\bar{x},\bar{y}$ は $x,y$ それぞれの標本平均です。共分散の値は、実数全体をとりえます。

続いて、**標本相関係数**を見ていきましょう。標本相関係数は、相関の強さを示す指標で、次のように求められます。

$$x \text{ と } y \text{ の標本相関係数} = \frac{x \text{ と } y \text{ の標本共分散}}{(x \text{ の標本標準偏差})\cdot(y \text{ の標本標準偏差})} \tag{4.2}$$

右辺の分母を書き換えると、$\dfrac{x \text{ と } y \text{ の標本共分散}}{\sqrt{(x \text{ の標本不偏分散})\cdot(y \text{ の標本不偏分散})}}$ とも書けます。この値は必ず $-1$ 以上 1 以下となります。

それでは、Excel で実際に値を算出してみましょう。ファイルの「4-2」シートを開いてください。B4:C11 の $x,y$ のデータについて、$x,y$ の標本相関係数の値は、CORREL 関数で導くことができます。

**CORREL 関数**

=CORREL(配列 1, 配列 2)

指定した 2 つのデータの相関係数を返す

Excel における**配列**とは、複数のセルが集まった範囲を指します。実際に入力してみましょう。

### 練習 4-4：標本相関係数の算出①

① C14 に =CORREL(B4:B11,C4:C11) と入力し Enter

B4:B11 が配列 1、C4:C11 が配列 2 です。この 2 つの相関係数は、正しく入力できていれば、約 $-0.3307$ と表示されます。この C14 の値がどのように求められているのか計算してみます。この計算には、SUMPRODUCT 関数を使います。

**SUMPRODUCT 関数**

=SUMPRODUCT(配列 1, [配列 2], ...)

指定した範囲について、配列と配列を掛け合わせた合計値を返す

これだけではわかりづらいので、実際に関数を使ってみましょう。B13:C13 には $x, y$ のそれぞれの標本平均が AVERAGE 関数によってあらかじめ入力されているので、これを利用して計算します。入力の際は、参照形式に気をつけてください。

## 練習 4-5：標本相関係数の算出②

① D4 に =B4-B$13 と入力し Enter

② D4 をコピーして D4:E11 に貼り付け

③ H3 に =SUMPRODUCT(D4:D11,E4:E11)/7 と入力し Enter

④ H6 に =H3/SQRT(H4*H5) と入力し Enter

H3 の SUMPRODUCT 関数は、「D4 と E4 の乗算」「D5 と E4 の乗算」…「D11 と E11 の乗算」を行い、それぞれの解をすべて合計した値を返しています。これが配列と配列を掛け合わせた合計値、という意味です。この SUMPRODUCT(D4:D11,E4:E11) は、$\sum_{i=1}^{8}(x_i - \bar{x})(y_i - \bar{y})$ を表しています。H6 の SQRT 関数は、第 3 章で出てきた平方根を求める関数です。正しく作業できていれば、H6 と C14 が同じ値になります。

最後に、共分散と相関係数がどのような値をとるとデータにどのような相関があるといえるのか、散布図と見比べて考えてみましょう。K3:L82 と Q4:R82 の $x, y$ について、散布図を作ります。

## 練習 4-6：散布図を作る①

① K3:L82 の任意のセルに移動

② メニュータブとリボンから［挿入］→［散布図のアイコン］→［一番左上の図］をクリック

## 練習 4-7：散布図を作る②

① Q3:R82 の任意のセルに移動

② メニュータブとリボンから［挿入］→［散布図のアイコン］→［一番左上の図］をクリック

できあがった散布図を見比べてみると、練習 4-6 のグラフは全体的に右上がりに、練習 4-7 のグラフは全体的に右下がりになっています（図 4–5）。

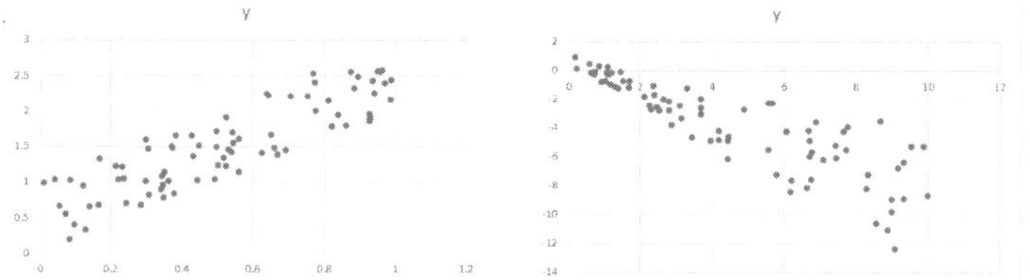


図 4–5　練習 4-6 の散布図（左）と練習 4-7 の散布図（右）

ここで、N1 と T1 に示されている相関係数を確認してください。N1 は正の数、T1 は負の数となっています。多くの場合、標本共分散や標本相関係数の符号とグラフは、このように「符号が＋だと右上がりになる」「符号が－だと右下がりになる」という関係があります。前者を**正の相関**、後者を**負の相関**といいます。

最後に、極端な例を確認します。3-1 節で「相関が強いほど点のばらつきが直線に近づく」と説明しましたが、完全に直線だった場合の相関係数はどうなるのでしょうか？

W4:X11 の散布図を見てください。X 列が $y = 2x + 1$ なので、一直線上に点が並んでいます。このように、すべてのデータが正の直線上にある場合、相関係数が 1 となります。このとき、傾きの値自体は関係ありません。傾きの値が変わって直線の角度が変わっても一直線上にあることに変わりないからです。

試しに X1 に入力されている傾き 2 を、別の数字に変えてみてください。10 に変えても 20 に変えても、X13 に示されている $x, y$ の標本相関係数には変化ありません。負の数を入れた場合だけ、$-1$ になります。

証明は省きますが、「標本データがすべて直線 $ax + bx = c$ 上 (ただし $a \neq 0, b \neq 0$) の関係ならば、標本相関係数の絶対値は 1 である」ことを覚えていてください。

## 4-4 質的データの比較 ピボットテーブルでクロス表を作ろう

今度は、質的データを比較してみましょう。2 つの質的データの関係を調べるときは、図 4-6 の右側にあるような、度数を表す 2 次元の表を作成します。この表を、一般に**クロス表**と呼びます。クロス表はアンケートの集計によく使われる手法で、マーケティングなどで役立ちます。

図 4-6 右側のクロス表は、その左側にある「支店別のお客様評価アンケート」の結果を集計したものです。Excel のピボットテーブルという機能を利用して、実際に「支店別のお客様評価アンケート」の結果をクロス表にまとめてみましょう。**ピボットテーブル**は、大量のデータを集計したり分析したりできる機能です。数式や関数を考える必要がなく便利なので、使い方を覚えておきましょう。

**元データ**

| 支店 | 評価値 |
|---|---|
| 大阪支店 | D評価 |
| 東京支店 | B評価 |
| 大阪支店 | A評価 |
| (以下略) | (以下略) |

**集計データ**

| 個数 / 評価値 | 列ラベル | | | | |
|---|---|---|---|---|---|
| 行ラベル | A評価 | B評価 | C評価 | D評価 | 総計 |
| 東京支店 | 13 | 12 | 10 | 6 | 41 |
| 大阪支店 | 4 | 4 | 3 | 2 | 13 |
| 名古屋支店 | 1 | 3 | 6 | 4 | 14 |
| 福岡支店 | 8 | 9 | 6 | 9 | 32 |
| 総計 | 26 | 28 | 25 | 21 | 100 |

図 4–6　元データとクロス表

「4-4」シートを開いてください。C1:D101 に、図 4–6 左側のデータがあります。このデータから、図 4–6 右側のようなクロス表を作成します。まず、新しいシートにデータを読み込ませます。

## 練習 4-8：クロス表の作成① 新しいシートにデータを読み込む

① C1:D101 の任意のセルに移動
② [挿入] →[ピボットテーブル]→[テーブルまたは範囲から] を選択
③ テーブル範囲が C1:D101 となっているのを確認したのち Enter

正しく操作できていれば、右側に「ピボットテーブルのフィールド」という画面が表示されている新しいシートができます。ここで引き続き作業を行いましょう。

## 練習 4-9：クロス表の作成② ピボットテーブルのフィールド設定

① [支店] と [評価値] をマウスでチェック
② 下部の [行] フィールドに [支店] と [評価値] が表示されたのを確認する（図 4-7 参照）

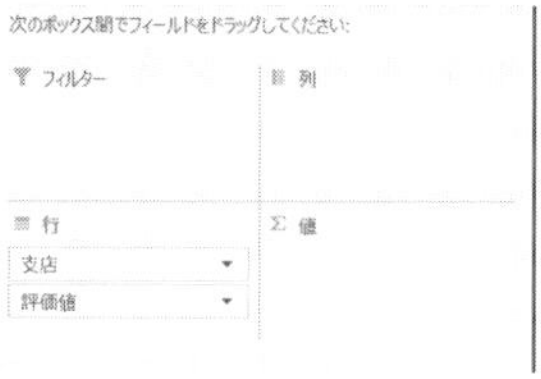


図 4-7　[行] フィールドの様子

③ [行] フィールドの [評価値] をドラッグし [列] フィールドにドロップ
④ 最初にチェックしたほうの [評価値] を [値フィールド] にドラッグ&ドロップ

簡単な表ができました。C1:D101 の並びを見るだけではどの支店にどの評価が多いかわかりませんでしたが、こうやってクロス表にするだけで、情報が整理できます。これで完成としてもよいのですが、実際に資料を作るときは、往々にして順序の入れ替えが必要となります。練習として、大阪支店を東京支店の下に移動してみましょう。

### 練習 4-10：クロス表の作成③ 順序の入れ替え

① A5 セルの「大阪支店」を選択し、セルの下の線付近にカーソルを移動
② 図 4-8 左のように、小さい 4 方向の矢印マークが出たら下方向にドラッグ
③ 東京支店の下に移動させる
④ 図 4-8 右のように「東京支店」の下に線が出たらドロップ

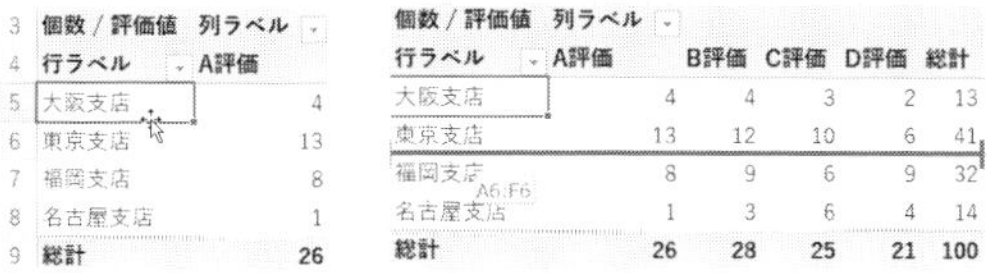

| | | |
|---|---|---|
| 3 | 個数 / 評価値 | 列ラベル |
| 4 | 行ラベル | A評価 |
| 5 | 大阪支店 | 4 |
| 6 | 東京支店 | 13 |
| 7 | 福岡支店 | 8 |
| 8 | 名古屋支店 | 1 |
| 9 | 総計 | 26 |

| 個数 / 評価値 | 列ラベル | | | | |
|---|---|---|---|---|---|
| 行ラベル | A評価 | B評価 | C評価 | D評価 | 総計 |
| 大阪支店 | 4 | 4 | 3 | 2 | 13 |
| 東京支店 | 13 | 12 | 10 | 6 | 41 |
| 福岡支店 | 8 | 9 | 6 | 9 | 32 |
| 名古屋支店 | 1 | 3 | 6 | 4 | 14 |
| 総計 | 26 | 28 | 25 | 21 | 100 |



図 4-8　順序の入れ替え

列方向も同様の方法でドラッグで移動可能です。

## 4-5　質的データと量的データの比較 グループごとに記述統計量を表そう

最後に、質的データと量的データを比較する方法を説明します。「都道府県別の人数」や「男女別の人数」など、カテゴリー（質的）別で数値を集計することは、よくあります。こういった場合に、グラフで表すなら棒グラフにするのが一般的です。棒グラフは前章でも作成したので、ここでは省略します。表の場合は、質的データごとに量的データの記述統計量をとるのが一般的です。

図 4-9 左側のように、列ごとに質的データ別のデータが記録されている場合は、メニュータブとリボンから［データ］→［データ分析］→［基本統計量］を選択し、そのデータ範囲全体を選択すれば列ごとに記述統計量が得られます。表 4-9 の右側のように 2 列にグループ名と量的データが記入されていれば、ピボットテーブルでも集計可能です。

では、両方やってみましょう。

「4-5」シートの C:F 列には、図 4-9 の左側のデータがあります。データ分析機能を使って、記述統計量を求めてみましょう。

| A~Dグループ別，量的データ | | | |
|---|---|---|---|
| A | B | C | D |
| 1473 | 643 | 648 | 1418 |
| 1198 | 738 | 170 | 1018 |
| (以下略) | (以下略) | (以下略) | (以下略) |

| グループ | 量的データ |
|---|---|
| A | 1473 |
| B | 643 |
| B | 738 |
| | (以下略) |

図 4–9　2 通りのデータ形式

## 練習 4-11：データ分析機能から記述統計量を求める

① データ→［データ分析］→［基本統計量］をクリック
② 入力範囲に $C$2:$F$14 を入力
③ 統計情報にチェックを入れて Enter

「4-5」シートの J:K 列には、図 4–9 の右側のデータがあります。こちらはピボットテーブルで記述統計量を求めてみましょう。

## 練習 4-12：ピボットテーブルから記述統計量を求める

① J1:K46 の任意のセルに移動
② ［挿入］→［ピボットテーブル］→［テーブルまたは範囲から］を選択して Enter
③ 新シートの［ピボットテーブルのフィールド］で［質的データ］と［量的データ］をチェック
④［質的データ］が［行］フィールドに、［量的データ］が［値］フィールドに記入されたことを確認
⑤ 最初にチェックした［量的データ］を［値］フィールドに 3 回ドラッグ＆ドロップ
⑥［値］フィールドが図 4–10 のようになったことを確認
⑦ 1 番上の［量的データ］をクリックし［値フィールド内の設定］を選択
⑧ 図 4–11 画面で［個数］を選択
⑨ 2 番目以降の［量的データ］にも同様の操作を行い、それぞれ［合計］［平均］［標準偏差］を選択
⑩［値］フィールドが図 4–11 のようになったことを確認

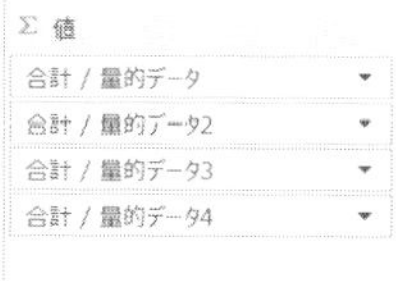


図 4–10　[値] フィールドの様子

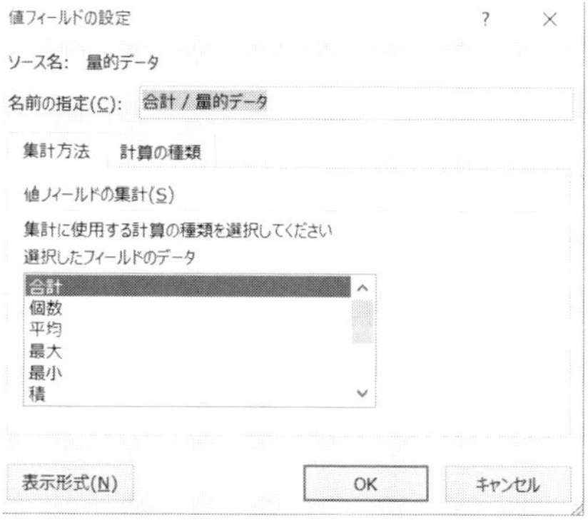


図 4–11　値フィールドの設定画面

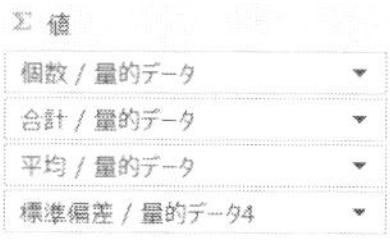


図 4–12　[値] フィールドの様子

これで図 4–13 のようなピボットテーブルが完成しました。なお、3 行目の各ラベルすべてに「/量的データ n」とついているのが煩わしければ、[値] フィールドの設定画面から名前を変えておきましょう。

ピボットテーブルを使う長所の 1 つとして、[データ分析] → [基本統計量] と違い、総計の部分にデータ全体の様子が自動集計される点が挙げられます。

| 行ラベル | 個数 / 量的データ | 合計 / 量的データ | 平均 / 量的データ | 標準偏差 / 量的データ4 |
|---|---|---|---|---|
| A | 10 | 7344 | 734.4 | 495.4285418 |
| B | 10 | 10776 | 1077.6 | 527.1753408 |
| C | 10 | 9419 | 941.9 | 551.2446734 |
| D | 15 | 16560 | 1104 | 481.7196972 |
| **総計** | **45** | **44099** | **979.9777778** | **531.1780404** |

図 4–13　完成したピボットテーブル

### コラム　ピボットテーブルの注意点

ピボットテーブルは便利ですが、いくつか注意するべき点があります。

① 一度ピボットテーブルに入ったデータは、元データを変えても基本的に更新されない
② 元データを書き換えて新しくピボットテーブルを作成しても、変更前のデータのピボットテーブルが作られることがある

とくに、この②に注意してください。時間が経ってから行うときは問題ないのですが、即座にやり直しをすると起こりがちです。「異なるデータは異なるセル範囲から」をモットーに利用してください。

ピボットテーブルは、本章で紹介した「2つのデータの集計や比較」だけでなく、「質的データ×質的データ×量的データ」など3つ以上のデータの集計や比較においても便利です。手順が増えるだけで考え方は変わらないので、3つ以上のデータを集計するときも本章を参照して表にまとめてみてください。

# 第 II 部

# さまざまな分布と確率の基本

- さまざまな分布や特性値を学ぼう
- 確率のシミュレーションができるようになろう

# 第5章

# 確率と分布の基本

確率の基礎を理解しよう　　chapter_05.xlsx

本章から第13章までの第II部では、**確率**について学習していきます。第III部で学ぶ**推測統計学**は、確率と密接に関係しているからです。

記述統計学が「いまここに存在するデータの性質を調べる」ものであるのに対して、推測統計学は「いまここに存在しないデータを推測し傾向を考える」ものです。たとえば、ニュースでよく見かける内閣支持率について、直接アンケートに回答したことがある人はあまり多くないでしょう。しかし有権者のひとりであるあなたが答えていなくても、有権者の何%が内閣を支持しているか、という発表がされています。これは「対象となるものすべてを調査するのではなく、一部のデータから全体を類推する」という推測統計学の方法がとられているからです。この類推の方法を理解するためには、確率の知識が必要です。

ここからは数学的な話が増えて、定義や定理の表現を用いることがあります。本書内では、定義や定理の部分のみ「である」調で書きます。数学は少しづつ拡張して発展してきた技術なので、それを意識して、簡単なモデルから少しずつ拡張して説明していきます。

## 5-1 確率変数と確率分布を理解しよう

まず、確率に関する用語と定義を確認していきましょう。

確率を学ぶときたびたび例に出されるのは、「コイン投げで表が出るか裏が出るか」という問題です。ここでも、あるフェアなコイン（コイン自体の歪みや投げ手の癖などによりどちらかの面のほうが出やすい、などの偏りが一切ないコイン）が1枚あり、そのコインを投げることを考えてみましょう。ここで、ある数字 $X$ を「コインの表が出たら 1、裏が出たら 0」とすることにしましょう。

コイン投げの結果の全事象を「$\Omega =$ 表が出る, 裏が出る」としたとき、$\Omega$ の成分 $\omega$ が「表が出る」と「裏が出る」のどちらであるかによって、$X$ の値は変わります。つまり $X$ は $\omega$ の関数で、$X(\omega)$ だといえます。$X($表が出る$) = 1$、$X($裏が出る$) = 0$、ということです。

このとき、$X(\omega)$ のような確率的に起きる事柄を実数と結びつけた変数のことを、**確率変数**と呼びます。ただし、いちいち $X(\omega)$ のように $\omega$ をつけるのは煩わしいですし、本書では事象についても「$X$ がある値より大きくなるか、ある値より小さくなるか」など数字で表現できるもののみを扱うので、$\omega$ は省略します。

つまり本書では、確率変数を $X, Y, Z, W$ などアルファベットの大文字のみで表します。なお、これに対応した小文字 $x, y, z, w$ は実数を表します。混同しやすいので注意してください。確率変数 $X$ が $x$（任意の実数）となる確率 $\mathrm{Pr}$ は、$\mathrm{Pr}(X = x), \mathrm{Pr}[X = x]$ で表します。

以上を踏まえて、確率変数を以下のように定義します。なお、③と④にある lim とは極限を意味し、「lim 下部左の値を右の値にかぎりなく近づける」という意味をもちます。③は「$x$ がかぎりなく $-\infty$ に近づくとき」、④は「$x$ がかぎりなく $\infty$ に近づくとき」という意味です。

**定義 5-1**

1 変数実数値確率変数 $X$ とは、

① 任意の $x$ について、$\mathrm{Pr}(X \leqslant x) \geqslant 0$

② 任意の実数 $x_0, x_1$ について、

$$x_0 < x_1 \Longrightarrow \mathrm{Pr}(X \leqslant x_0) \leqslant \mathrm{Pr}(X \leqslant x_1)$$

③ $\displaystyle\lim_{x \to -\infty} \mathrm{Pr}(X \leqslant x) = 0$

④ $\displaystyle\lim_{x \to \infty} \mathrm{Pr}(X \leqslant x) = 1$

が成り立つものとする。この $\mathrm{Pr}(X \leqslant x)$ を表す $x$ の関数を $X$ の**分布関数**、もしくは**累積分布関数**と呼ぶ。

**分布関数**とは、要するに「確率変数 $X$ がある値 $x$ 以下になる確率」を表す関数のことです。たとえば、一般的な六面サイコロを振ったときのことを考えてみましょう。サイコロの出目を例にすると、出目と確率は以下のような表にまとめることができます。

| $x$ | 1 | 2 | 3 | 4 | 5 | 6 |
|---|---|---|---|---|---|---|
| $\Pr(X = x)$ | 1/6 | 1/6 | 1/6 | 1/6 | 1/6 | 1/6 |
| $\Pr(X \leqslant x)$ | 1/6 | 2/6 | 3/6 | 4/6 | 5/6 | 6/6 |

表 5–1　確率分布表の例

$x$ は 1 から 6 までの値をとります。$x = 6$ のとき、確率変数 $X$ が $x$ である確率、つまり 6 である確率は 1/6 です。そして、確率変数 $X$ が $x$ 以下である確率、つまりサイコロの値が 6 以下である確率は 6/6 です。この「確率変数がある値以下である確率」を求めるものが分布関数です。なお、こういった情報をまとめた表のことを、**確率分布表**といいます。一番下の分布関数の部分は書かないこともあります。

このサイコロの例のようにとりうる値が有限個か、あるいは**可算無限個**（1, 2, ⋯ のように数えられて、それが無限にある場合）のときの確率変数を、**離散型確率変数**と呼びます。以下のように定義します。

**定義 5-2**

確率変数 $X$ と、可算無限個の実数値 $x_1, x_2, \cdots$ について、

$$
\begin{cases}
\Pr(X = x) = f(x) \\
f(x_i) \geqslant 0 \quad (i = 1, 2, \cdots) \\
\sum_{i=1}^{\infty} f(x_i) = 1
\end{cases}
$$

が成り立つとき、$X$ は確率関数 $f(x)$ をもつ**離散型確率変数**と定義する。

確率関数と呼ばずに**密度関数**と呼ぶ場合もあります。確率変数には、このような離散形確率変数のほかに連続型確率変数があります。連続型については第 7 章で詳しく述べます。

例として、表裏が均等に出るコインを投げたとき、表が出たら1で裏が出たら0となる確率変数を X として書いてみましょう。$x = 0, 1$ 以外の $f(x), F(x)$ も書くと、以下になります。

$$f(x) = \begin{cases} 1/2 & (x = 0, 1 \text{ のとき}) \\ 0 & (\text{その他の場合}) \end{cases}$$

$$F(x) = \begin{cases} 0 & (x < 0 \text{ のとき}) \\ 1/2 & (0 \leqslant x < 1 \text{ のとき}) \\ 1 & (x \geqslant 1 \text{ のとき}) \end{cases}$$

ただし、$f(x)$ が 0 になる場合は表記しないことがほとんどです。

## 5-2 「2種類の結果が得られる試行」の分布

前節で考えた表裏均等に出るコイン投げを少し拡張して、表が出る確率が p となるコインを投げた場合を考えましょう。

表が出る確率が変わるということは、確率分布の形状が変わるということです。「ある条件でなにかが起こる確率」を表した分布には、いくつか典型的な例があります。そういった特徴的な分布には名前がついており、確率や統計の計算において大きく役立ちます。

本節以降、さまざまな名前の分布とその定義が出てきます。分布を理解することで、第II部ラストの第13章で学ぶような、確率のシミュレーションなどができるようになります。実際の社会においては、欠陥部品が発生する数を予測したり、機械が誤作動する確率を予測したりと、とくに製造・管理の分野で確率分布の知識が活用されています。

### 5-2-1 ベルヌーイ分布の定義

では、表が出る確率が p となるコイン投げについて考えてみましょう。

コイン投げの結果は、常に「表」か「裏」の2種類です。こういった「2種類の結果が得られる試行（**ベルヌーイ試行**）」について考えるときに役立つものが、**ベルヌーイ分布**です。

**定義 5-3**

$p$ を所与とし (ただし $0 < p < 1$)、確率関数 $f(x)$ が $f(0) = 1-p, f(1) = p$ となる確率変数 $X$ を、パラメータ $p$ の**ベルヌーイ分布**とする。

「$p$ を所与とし」とは、「ある値 $p$ を与えたとき」という意味です。**パラメータ**とは、確率分布を特徴づける数のことです。日本語では**母数**と呼びます。

ベルヌーイ分布の定義はとてもシンプルで、コイン投げで例えるなら「表が出る確率が $p$ のとき、裏が出る確率は $1 - p$」ということです。

## 5-2-2　二項分布の定義

さて、今度はベルヌーイ試行を $n$ 回繰り返すことを考えてみましょう。コイン投げでいえば、「コインを 10 回投げたとき表が 3 回出る確率」などを表す分布です。これを**二項分布**といいます。

まず、高校数学で習う二項定理を復習しましょう。正整数 $n$ を所与とした二項定理は、以下のように書けます。${}_nC_i$ は組み合わせを表す記号です。

$$\sum_{i=0}^{n} {}_nC_i a^{n-i} b^i = (a + b)^n$$

この式について、$a = q, b = p$ （ただし $p, q$ は上の定義のベルヌーイ分布の $p, q$ の条件と同じ）を代入し、添字 $i$ も $x$ に変更すると、以下のようになります。

$$\sum_{x=0}^{n} {}_nC_x q^{n-x} p^x = 1$$

左辺を展開すると $n + 1$ 項あって、それはすべて正であり、その和が 1 となっています。その展開したそれぞれの項から確率関数を定義したものが、二項分布です。二項分布は以下のように定義できます。

**定義 5-4**

$p$( ただし $0 < p < 1$) を所与とし、$q = 1 - p$ とする。
確率関数 $f(x)$ が、

$$f(x) = {}_nC_x q^{n-x} p^x \quad (x = 0, 1, \cdots, n)$$

となる確率変数 $X$ を、パラメータ $(n, p)$ の**二項分布**（binomial distribution）とする。また $X$ がパラメータ $(n,p)$ の二項分布に従うことを $X \sim Bin(n,p)$ で表す。

パラメータ $p$ のベルヌーイ分布は $Bin(1,p)$ と一致します。コイン投げで表現すると、「表が出る確率が $p$ となるコインを独立に $n$ 回投げた場合の表が出た数」と考えられます。

### 5-2-3　Excel を使った演習

では、ファイルの「5-2」シートで実習しましょう。B3:B4 を変更することによって、自動的にパラメータ $(n,p)$ の二項分布の確率分布表が得られます。$n$ や $p$ をいろいろな値に変えてみて、確率関数 $f(x)$ の値がどう変化するか観察しましょう。$p = 0.5$ なら $n$ が変わっても左右対称となっていることや、$p < 0.5$ なら左側 ($x$ が小) に値が偏ること、$p > 0.5$ ならその逆になることを試してください。

## 5-3　確率変数の平均・分散・標準偏差と期待値

### 5-3-1　平均・分散・標準偏差の定義

続いて、**期待値**について説明します。期待値という言葉を聞いたことがあるものの、数学的な定義はあやふやだ、という人は多いと思います。ここで期待値を定義するために、いくつかの指標を定義づけていきましょう。

まずは、確率変数 $X$ の平均について整理しておきます。均等に出目が出るサイコロを 1 回振ったとき、以下の式から、出目の平均は 3.5 となります。

$$\frac{1+2+3+4+5+6}{6} = 3.5$$

この式の左辺を展開すると、次のようになります。

$$1 \cdot \frac{1}{6} + 2 \cdot \frac{1}{6} + 3 \cdot \frac{1}{6} + 4 \cdot \frac{1}{6} + 5 \cdot \frac{1}{6} + 6 \cdot \frac{1}{6}$$

この式をよく見ると、「値×確率」の和（値と確率の積和）となっていることがわかります。ここで、**確率変数 $X$ の平均**を以下のように定義します。

**定義 5-5**

$x_1, \cdots, x_n$ と有限個の値をとる離散型確率変数 X の確率関数を $f(x)$ とするとき、X の平均を $\sum_{i=1}^{n} x_i f(x_i)$ と定義する。

確率変数 X の平均は、一般に、$\mu$（ギリシャ文字のミュー）や添字をつけた $\mu_x$ などで表します。

次に、**確率変数の分散**や**確率変数の標準偏差**を定義します。

**定義 5-6**

$X, f(x)$ は前定義と同じとする。平均を $\mu$ とするとき、X の分散を $\sum_{i=1}^{n} (x_i - \mu)^2 f(x_i)$ と定義し、標準偏差はその正の平方根と定義する。

確率変数 X の標準偏差は一般に、$\sigma$（ギリシャ文字の小文字のシグマ）や、添字をつけて $\sigma_x$ などと表します。よって X の分散は $\sigma^2$ や $\sigma_x^2$ などと表します。分散や標準偏差が大きいことは、平均からの散らばりが大きいことを意味します。

### 5-3-2 Excel を使った演習

ここまでの内容を、Excel で確かめてみましょう。ファイルの「5-3」シートに、表 5-2 に示す X, Y の 2 つの確率分布表があります。まず、X の平均・分散・標準偏差を求めてみましょう。

| $x$ | $-9$ | 5 | 15 |
|---|---|---|---|
| $Pr(X = x)$ | 0.5 | 0.2 | 0.3 |

| $y$ | $-1000$ | 2 | 1252 |
|---|---|---|---|
| $Pr(Y = y)$ | 0.5 | 0.1 | 0.4 |

表 5-2　X と Y の確率分布表

**練習 5-1：確率変数の平均・分散・標準偏差を求める①**

① F6 に =SUMPRODUCT(B4:D4,B5:D5) と入力

② F7 に =SUMPRODUCT(B4:D4-F6,B4:D4-F6,B5:D5) と入力

③ F8 に =SQRT(F7) と入力

正しく入力できていたら、平均 1、分散 112、標準偏差は約 10.583 と表示されます。

F6 の SUMPRODUCT 関数は、指定した範囲について配列と配列を掛け合わせた合計値を返す関数でした。これは平均を求めています。

注目は F7 の式です。これは分散を求めるもので、平均からの差の 2 乗の値を、第 1 引数と第 2 引数ともに B4:D4-F6 として、第 3 引数を確率の部分にすることによって表現しています。この式をよく見て、分散の定義式 $\sum_{i=1}^{n}(x_i-\mu)^2 f(x_i)$ を理解してください。

F8 ではシンプルに SQRT 関数で標準偏差を求めています。

Y については、練習 5-2 のようにコピー・貼り付けで得られます。

#### 練習 5-2：確率変数の平均・分散・標準偏差を求める②

① F6:F8 を選択して Ctrl + C でコピー

② F13 に移動して Enter

平均 1、分散 1127001、標準偏差は約 1062 となります。

さて、X, Y ともに平均が 1 です。表を見てみると、X よりも Y のほうが平均 1 からの散らばり具合大きくなっていますし、分散の値も大きくなっています。

### 5-3-3　期待値の定義

続いて、「X の平均」という考え方を拡張しましょう。X の平均とは、「$x$ の値と $f(x)$ の値の積和」ということができます。ここで、確率変数 X をもとにした実数値関数 $g(X)$ があるなら、$g(X)$ も確率変数となります。すると、

$g(X)$ の平均は、$g(x)$ の値と $f(x)$ の値の積和

と書けるのは自然でしょう。これを「平均」とは別の表現として、「$g(X)$ の期待される値」、つまり**期待値**（Expected Value）と呼びます。期待値は、頭文字 E をとって次のように定義されます。

**定義 5-7**

$X, f(x)$ は定義 5-6 と同じとし、1 変数実数値関数 $g(x)$ を考える。このとき $g(X)$ は確率変数であり、$\sum_{i=1}^{n} g(x_i)f(x_i)$ を、$g(X)$ の**期待値**と定義して $E[g(X)]$ で表す。つまり、

$$E[g(X)] = \sum_{i=1}^{n} g(x_i)f(x_i)$$

さらに、分散と標準偏差を再定義しましょう。それぞれ英語で Variance と Standard Deviation と書くので、これらの頭文字を使って定義します。

**定義 5-8**

$X, f(x)$ は定義 5-6 と同じとする。
$X$ の**分散**を $V[X]$、**標準偏差**を $SD[X]$ で表す。

この表現から、$\mu$ や $\sigma$ を用いずに、以下が成り立ちます。

$$V[X] = E[(X - E[X])^2], \quad SD[X] = \sqrt{V[X]}$$

**定理 5-9**

$Bin(n, p)$ の平均は $np$、分散は $npq$

$n = 1$ のときを示せば、あとは後述の定理 10-4 と定理 10-8 ②から成り立ちます。

$$E[X] = 0 \cdot q + 1 \cdot p = p$$

$$\begin{aligned} V[X] &= (0 - p)^2 \cdot q + (1 - p)^2 \cdot p \\ &= p^2q + q^2p = (p + q)pq = pq \end{aligned}$$

（証明終）

コイン投げをイメージすると、平均が $np$ になるのはイメージどおりでしょう。

## 5-4　1次式の平均・分散・標準偏差

### 5-4-1　定理の確認

中学校で学んだ1次式 $ax+b$ の形は、関数のなかでも最も基本的な形です。確率変数をこのように変換したものを考えることにより、確率変数の様子を表すような、さまざまな定義ができます。最後に、ここまで説明してきた確率変数の平均・分散・標準偏差に実数を与えたときの定理を紹介します。

**定理 5-10**

とりうる値が有限個数の離散型確率変数 $X$ は、平均 $E[X]$、分散 $V[X]$、標準偏差 $SD[X]$ をもつ。実数 $a, b$ について以下の式も成り立つ。

① $E[aX+b] = aE[X]+b$

② $V[aX+b] = a^2V[X]$

③ $SD[aX+b] = |a| \cdot SD[X]$

①と②は以下の式で証明できます。なお、③は②からいえます。

有限回数の加減乗除から、$E[X]$、$V[X]$、$SD[X]$ が実数として存在することは明らかです。とりうる値の個数を $n$ とすると、以下が成り立ちます。

$$E[aX+b] = \sum_{i=1}^{n}(ax_i+b)f(x_i) = a\sum_{i=1}^{n}x_i f(x_i) + b = aE[X]+b$$

$$\begin{aligned} V[aX+b] &= \sum_{i=1}^{n}\{ax_i+b-(aE[X]+b)\}^2 f(x_i) \\ &= a^2\sum_{i=1}^{n}(x_i-E[X])^2 f(x_i) = a^2V[X] \end{aligned}$$

（証明終）

この定理のポイントは分散の $a^2$ です。この2乗を避けるために標準偏差を定義した、ともいえます。実際、

$$a>0 \Longrightarrow E[aX] = a\cdot E[X], \quad SD[aX] = a\cdot SD[X]$$

と $a>0$ なら同じ形で書けるわけです。

## 5-4-2 Excel を使った演習

Excel で確認してみましょう。「5-4」シートを開いてください。A3:G4 に、表 5-3 の歪んだサイコロの出目をイメージした確率分布表があります。

| $x$ | 1 | 2 | 3 | 4 | 5 | 6 |
|---|---|---|---|---|---|---|
| $\Pr(X = x)$ | 0.1 | 0.2 | 0.4 | 0.1 | 0.1 | 0.1 |

表 5–3　歪んだサイコロの出目 X の確率分布表

X のそれぞれの平均・分散・標準偏差は、ファイルの「5-3」シートの SUMPRODUCT 関数をもとに、I6:I8 にすでに数式が入力されています（それぞれ 3.2・1.96・1.4）。

$a, b$ が B8:B9 セルであるとき（いまは $a = 3, b = 1$）、$Y = aX + b$ とした確率変数 Y の確率分布表が、表 5–4 となります。これはシートの A14:G15 にあります。

| $y$ | 4 | 7 | 10 | 13 | 16 | 19 |
|---|---|---|---|---|---|---|
| $\Pr(Y = y)$ | 0.1 | 0.2 | 0.4 | 0.1 | 0.1 | 0.1 |

表 5–4　$Y = 3X + 1$ の確率分布表

ここで、Y の平均・分散・標準偏差を求めましょう。X の式を利用して、練習 5-3 の手順で得られます。

### 練習 5-3：確率変数の平均・分散・標準偏差を求める

① I6:I8 を選択して Ctrl + C

② I17 に移動して Enter

L17:L19 には、$a \cdot E[X] + b, a^2V[X], |a| \cdot SD[X]$ を表す式がすでに入っています。I17:I19 とこれらが、それぞれ一致することを確認してください。I21:I23 も、B8:B9 と I6:I8 から計算しています。B8:B9 の値をどのように変化させても、I17:I19 と L17:L19 が一致することを試してください。さらに、B3:G4 の値を「B4:G4 はすべて 0 以上で和が 1 になる」という条件の範囲内でどのように変更しても、I17:I19 と L17:L19 が一致することを試してください。

以上の作業によって、定理 5-10 が正しいだろう、と感覚的に理解できるはずです。

### コラム　「IF・VLOOKUP・COUNTIF」と「XLOOKUP」

ファイルの「5-2」シートの B9:AZ9 では、IF 関数を駆使した式をあらかじめ入力していました。Excel の IF 関数は IF(条件式, 真の場合, 偽の場合) のように、引数を 3 つとります。第 1 引数の条件が真の場合に第 2 引数を返し、第 1 引数の条件が偽の場合に第 3 引数を返すというものになります。ぜひマスターしてください。

VLOOKUP 関数と COUNTIF 関数は、第 2 章で紹介しました。「コラム」シートを開いてください。A1:B101 は、100 人の学生のテストの点数（架空のもの）となっています。G1:H6 は大学でおなじみの評価で、0 点以上 60 点未満は D、60 点以上 70 点未満は C、…、90 点以上は S です。C 列に各学生の評価をつけて、I 列に各評価の人数の内訳を書きたいわけです。C2 と I2 に正しい数式を入力しているので、以下の手順を試してください。

**練習 5-4：評価表から評価を自動的に作成する**

① C3 に移動しフィルハンドル■をダブルクリックして下方向コピー
② I2 に移動し■で下方向コピー（上と同じ操作）

正しく作業すれば、D〜S 評価の学生数が、それぞれ 18、34、30、15、3 人となります。このように、これらの関数は使いこなせると非常に便利です。

XLOOKUP 関数は、VLOOKUP 関数を更に拡張したもので、Excel365 などに導入されています。少しづつ移行されつつあるので、ここで紹介しておきます。

**XLOOKUP 関数**

=XLOOKUP（検索値，検索範囲，戻り配列，[見つからない場合]，[一致モード]，[検索モード]）

範囲または配列を検索し、最初に一致するものに対応する項目を返す（一致するものがない場合は近似するものを返す）

D3 に XLOOKUP 関数の式が入力されています。エラー表記ではなく「C」と表記されていれば、以下を行って C3 以下が D3 以下と一致することを確かめてください。

### 練習 5-5：vlookup 関数と xlookup 関数

① D2 に移動しフィルハンドル■をダブルクリックして下方向コピー

第6章

# 「無限に値をとる」とはどういうこと？

「無限」について理解しよう

chapter_06.xlsx

本章では、無限に関する2つの例をとりあげます。等確率のコイン投げで、「表が出るまで投げ続けたとき、何回目で表が出るか」を考えてみましょう。その回数は有限個では収まらず、無限を考えなければなりません。無限を扱うことによって、確率についてより深く学ぶことができます。

## 6-1　等比数列の和の公式とネイピア数 e の定義

### 6-1-1　定理の確認

高校数学の教科書を見てみると、$r \neq 1$ と正整数 $n$ について、

$$\sum_{k=0}^{n-1} r^k = 1 + r + r^2 + \cdots + r^{n-1} = \frac{1 - r^n}{1 - r}$$

が成り立つと書いてあります。これは、等比数列の和の公式の、初項1・公比 $r$・項数 $n$ の場合です。

さらに進んだ学年の教科書では、$|r| < 1$ として $n$ を無限に大きくした、

$$\sum_{k=0}^{\infty} r^k = \frac{1}{1 - r} \quad (\text{if } |r| < 1) \tag{6.1}$$

が成り立つことも書いてあり、大学では**等比級数**や**幾何級数**と呼びます。

続いて、**ネイピア数**について確認します。ネイピア数とは「複利の計算」という考え方から発見された定数で、$e$ で表されます。円周率 $\pi$ のような**無理数**（整数比で書けない、つまり分数で書けない数）で、約 2.72 です。ネイピア数 $e$ は、高校数学の後半の教科書で以下のように定義されています。

$$e = \lim_{n \to \infty} \left(1 + \frac{1}{n}\right)^n \tag{6.2}$$

$n = 1$ のときは $1 + 1 = 2$、$n = 2$ のときは $(1 + \frac{1}{2})^2 = 2.25$ となり、$n$ の値を大きくしていくと最終的に $e$（約 2.72）に収束していきます。これは練習 6-1 で確かめるので、まずは「ネイピア数は計算に便利な数なので統計学にたびたび出てくる」と思ってもらえれば大丈夫です。

さて、ネイピア数の $x$ 乗について、以下が成り立ちます。

$$e^x = \lim_{n \to \infty} \left(1 + \frac{x}{n}\right)^n \tag{6.3}$$

また、大学における微分積分学では、

$$\exp(x) = \sum_{k=0}^{\infty} \frac{x^k}{k!}$$

を定義し、そこから以下の 2 式を導きます。

$$e = \exp(1) = \sum_{k=0}^{\infty} \frac{1}{k!}$$

$$\exp(x) = e^x$$

よって、以下が成り立ちます。

$$e^x = \sum_{k=0}^{\infty} \frac{x^k}{k!} \tag{6.4}$$

なお、$k!$ は 1 から $k$ までの数をすべてかけた数で、$k$ の**階乗**といいます。0 以上の整数 $n$ について、$n!$ は以下で定義されます。

$$n! = \begin{cases} n(n-1)\cdots 1 & (\text{if } n \geqslant 1) \\ 1 & (\text{if } n = 0) \end{cases}$$

### 6-1-2 Excel を使った演習

Excel を使って、ネイピア数 $e$ の動きを見てみましょう。「6-1」シートを開いてください。B2 に $-1$ 超 1 未満の数字を入れて、$n = 100$ について、

$\sum_{k=0}^{n} r^k$ がほぼ $\frac{1}{1-r}$ と同じになることを確認していきます。$n$ が増えるにつれて、2.71828… に近似される様子を見ていきましょう。

### 練習 6-1：幾何級数の収束を確かめる

① C9 に =C8+B9 と入力して[Enter]

② C9 に戻って■で下方向コピー

いま、B2 には 0.5 が入っています。C 列は $n$ が変化したときの $\sum_{k=0}^{n} r^k$ の値です。B2 の値を 0.1 や 0.25 などに変更して、E2 と E3 を比較してください。

次は、I2 に実数を入れて、やはり $n - 100$ について $e^x$ と $\sum_{k=0}^{n} \frac{x^k}{k!}$ と $(1 + 1/n)^n$ を比較します。

### 練習 6-2：$e$ への収束を確かめる

① I9 に =I8+H9 と入力して[Enter]

② I9 に戻って■で下方向コピー

いま、I2 には 1 が入っています。I 列は $n$ が変化したときの $\sum_{k=0}^{n} \frac{x^k}{k!}$ の値です。I2 セルをさまざまな値に変更して、L2:L4 の値を比較してください。

なお、H 列や J 列では、以下の関数が使われています。数式と表示されている値を確認しておいてください。

**POWER 関数**

=POWER(数値 1, 数値 2)

数値 1 の数値 2 べき乗の値を返す

**FACT 関数**

=FACT(数値)

引数の階乗（factorial）の値を返す

## 6-2 ポアソン分布と幾何分布

前節の内容を利用して、新しい分布を紹介します。**ポアソン分布**は、統計学や計量経済学において上級の分析を行う場合に用いられます。二項分布と深い関係にあり、「ある一定の期間に平均 $\mu$ 回起こることが、その期間に X 回起こる確率」を示すものです。

まず、e について考えます。(6.4) 式の $x$ に $\lambda$（ギリシャ文字ラムダ）を代入します。両辺を $e^{-\lambda}$ 倍して入れ替えると、次のようになります。

$$\sum_{k=0}^{\infty} \frac{e^{-\lambda}\lambda^k}{k!} = 1$$

正数の和が 1 なので、左辺から確率分布を考えることができます。この k を $x$ に変更して、左辺の $k = 0, 1, \cdots$ を考えることによって、次の定義ができます。

**定義 6-1**

$\lambda > 0$ を所与とする確率関数

$$f(x) = \frac{e^{-\lambda}\lambda^x}{x!} \quad (x = 0, 1, \cdots)$$

をもつ確率変数 X を、パラメータ $\lambda$ の**ポアソン分布**という。

次に、ベルヌーイ分布や二項分布での $0 < p < 1$ と $q = 1 - p$ を考えます。(6.1) 式の r に q を代入すると、以下のようになります。

$$\sum_{k=0}^{\infty} q^k = \frac{1}{p}$$

この両辺に p を掛けて、$k = x - 1$ と変換すると、

$$\sum_{x=1}^{\infty} q^{x-1}p = 1$$

となります。こちらも正数の和が 1 なので確率分布の形になっており、次のように定義できます。

**定義 6-2**

$0 < p < 1$ を満たす $p$ を所与とし $q = 1 - p$ とする。確率関数

$$f(x) = q^{x-1}p \quad (x = 1, 2, \cdots)$$

をもつ確率変数 $X$ を、パラメータ $p$ の**幾何分布**という。

$q^{x-1}p$ という形から、この分布は、表が出る確率 $p$ のコイン投げを独立に投げ続けたときに、$X$ 回目に初めて表が出たときの確率を意味します。「独立に」の細かな定義は、第 9 章を参照してください。幾何分布は、このあとの章で少しだけ触れます。

ほかには、幾何分布を拡張して正整数 $n$ を所与としたときに、「$n$ 回目の表が出たときに、それまでに裏が何回出たのか」を数えた負の二項分布というものもあります。本書では詳しく説明しないので、名前のみ紹介しておきます。

## 6-3 二項分布とポアソン分布の関係

### 6-3-1 分布を使って自動車事故のデータを分析してみよう

それでは、「分布を学ぶことがいったいどう役に立つのか」について、ここで例題を通して確認しておきましょう。ある交通量の多い交差点での自動車事故において、走行不能になる車の台数を二項分布で考えてみます。

1 日に通る車の台数を $n$、走行不能になる確率を $p$ とすると、$X \sim \mathrm{Bin}(n, p)$ とおけます。$\mathrm{Bin}(n, p)$ は二項分布を表します。このとき、1 日 1 万台が通り、毎日平均して 1 台走行不能になる交通事故があるとすれば、$p = 0.0001$ となります。

実際には $n$ の数を数えることはなく、事故車の台数は観測可能（警察が出動して記録するため）です。このように、$n$ が十分大きく $p$ が十分に小さい場合の二項分布は、平均 $np$ の値を $\lambda$ として、パラメータ $\lambda$ のポアソン分布で近似できます。これを**ポアソンの少数の法則**といいます。

**定理 6-3**

X がパラメータ $(n, p)$ の二項分布に従い、Y はパラメータ $\lambda$ のポアソン分布に従うとする。$np = \lambda$ として、$\lambda$ を固定したまま $n \to \infty$ を取ると、

$$\Pr(X = x) = {}_nC_x q^{n-x} p^x \to \frac{e^{-x}\lambda^x}{x!} = \Pr(Y = x)$$

工学や製品管理の分野などでは、工場などでの生産物の生産量 $n$ が多く、事故率や故障率 $p$ が非常に小さいもの（おおむね $p < 1/10000$）を扱うことがほとんどです。そのため、これらの分野ではポアソン分布や少数の法則は必須の知識となっています。

## 6-3-2　Excel を使った演習

それでは実習してみましょう。ファイルの「6-3」シートを開いてください。B2 セルに $n$、B3 セルに $p$ を入力したときに、$\mathrm{Bin}(n, p)$ について $x = 0$ から 20 まで $\Pr(X = x)$ を表した値を C8:C28 に表します。また、その $n, p$ の積をパラメータとするポアソン分布に Y が従うとして、$y = 0$ から 20 まで $\Pr(Y = y)$ を表した値を D8:D28 に表します。いまは、B2 に 10000、B3 に 0.0005 が入力されています。

### 練習 6-3：ポアソンの少数の法則の確認

① B4 に =B2*B3 と入力して Enter

② C8 に =BINOM.DIST(B8,$B$2,$B$3,FALSE) と入力して Enter

③ D8 に =POISSON.DIST(B8,$B$4,FALSE) と入力して Enter

④ C8:D8 を選択して■で下方向コピー

BINOM.DIST 関数と POISSON.DIST 関数は、それぞれ二項分布とポアソン分布に関する関数です。Excel において**離散型確率分布名.DIST(中略,FALSE)** という形の関数は、離散型確率分布の確率関数を返します。

**BINOM.DIST 関数**

BINOM.DIST(成功数, 試行回数, 成功率, 関数形式)
指定した条件において二項分布の関数を返す
関数形式は TRUE なら累積分布関数、FALSE なら確率関数が返される

**POISSON.DIST 関数**

POISSON.DIST(イベント数, 平均, 関数形式)
指定した条件においてポアソン分布の関数を返す
関数形式は TRUE なら累積分布関数、FALSE なら確率関数が返される

たとえば $i = 0, \cdots, n$ であり、$X$ がパラメータ $(n, p)$ の二項分布に従うとき、BINOM.DIST(i,n,p,FALSE) は、確率 $Pr(X = i)$ を表します。同様に $j = 0, 1, \cdots$ として、$Y$ がパラメータ $r$ のポアソン分布に従うとき、POISSON.DIST(j,r,FALSE) は確率 $Pr(Y = j)$ を表します。

練習 6-3 の式が正しく入力されていると、四捨五入のケタ数によって表記が異なりますが、$x = 1, 2, 3$ あたりまでは下図のような値となることでしょう。

| | | 二項分布 | ポアソン分布 |
|---|---|---|---|
| 6 | | 二項分布 | ポアソン分布 |
| 7 | x | Pr(X=x) | Pr(X=x) |
| 8 | 0 | 0.00673 | 0.006738 |
| 9 | 1 | 0.033664 | 0.03369 |
| 10 | 2 | 0.084195 | 0.084224 |
| 11 | 3 | 0.140367 | 0.140374 |

図 6–1　二項分布とポアソン分布の比較

$n$ と $p$ をいろいろと変えてみてください。そして、$n$ が大きく $p$ が小さい場合に、両方の値がかなり似ていることを確かめてください。

分布の学習がデータ分析に役立つことが、実感できたのではないでしょうか。

## 6-4 期待値を拡張してみよう

前章で定義した期待値 E[ ] の計算を無限個の値をとる場合に拡張したいとき、数学的な取り扱いが少し面倒になります。それは、有限個の値をとる確率変数の期待値は必ず実数となって存在しますが、無限個の場合ではそうとはかぎらないためです。初学のときは以下の 2 つの定義は軽く読み飛ばして、すぐに定理 6-6 の結果を読んで、Excel 実習を行うのがよいでしょう。

**定義 6-4**

離散型確率変数 X と、X の関数 $g(X)$ について、$\sum_{i=1}^{\infty}|g(x_i)|f(x_i) < \infty$ のとき、$E[g(X)] = \sum_{i=1}^{\infty} g(x_i)f(x_i)$ と定義する。

定義 5-7 を見てください。n を ∞ に変更しただけなので、期待値の意味は定義 5-7 とまったく同様です。ただし、無限個の場合まで考えたこの定義の場合には、微分積分学の絶対収束級数の理論より、$\sum_{i=1}^{\infty}|g(x_i)|f(x_i) = \infty$ の場合を除外しなければならないのです。

**定義 6-5**

離散型確率変数 X について、

① $E[|X|] < \infty$ ならば、E[X] を X の平均と呼ぶ。

② $E[(X - E[X])^2] < \infty$ ならば、$E[(X - E[X])^2]$ を X の分散と呼ぶ。

∞ の場合を除外するのは、前定義と同様です。また、平均と分散については、定義 5-8 の自然な拡張となり、定理 5-10 も拡張されて成り立ちます。前節の 2 つの分布の平均と分散は、以下で得られます。

**定理 6-6**

① パラメータ λ のポアソン分布の平均と分散はともに λ。

② パラメータ p の幾何分布の平均は 1/p で分散は $q/p^2$。

証明ではなく直感で説明しましょう。まずポアソン分布の平均・分散ともに $\lambda$ であることは、ポアソンの少数の法則の考え方と一致します。実際 $X \sim \mathrm{Bin}(n, p)$ で、$np = \lambda$ のとき、$E[X] = \lambda, V[X] = \lambda(1 - \lambda/n)$ で表されます。これで $n \to \infty$ をとると、$E[X]$ と $V[X]$ ともに $\lambda$ に収束するのです。

パラメータ $p$ の幾何分布の期待値が $1/p$ になるのも、直感と一致しています。「等確率のサイコロを投げ続けたとき、1 が初めて出る回数の期待値は 1/6 の逆数で 6 回」というのは、実に直感と一致していることでしょう。

## 6-4-1 Excel を使った演習

Excel で実習してみましょう。まずは幾何分布の平均です。「6-4」シートを開いてください。

上で述べた直感について調べるために、ここでは、パラメータ 1/6 の幾何分布の確率関数を 200 まで示し、200 まで計算した平均や分散の近似値と真の値と比較してみましょう。

### 練習 6-4：幾何分布の期待値と分散

① B3 に =1/6 と入力して Enter

② B8 に =POWER($B$4,A8-1)*$B$3 と入力して Enter

③ B8 に戻って■で下方向コピー

④ D8 に =SUMPRODUCT(A8:A208,B8:B208) と入力して Enter

最初の手順で = を忘れないように気をつけてください。忘れてしまって変な数（1 月 0 日）が出てきたら、Ctrl + Z でやり直してください。正しく入力できていれば、D8 と F8 がほぼ同じ 6 となります。B2:B3 を変えてもほぼ同じになることを確認してください。

続いてポアソン分布です。幾何分布と同様、200 で打ち切った近似値を考えます。I3 は変更可能です。

## 練習 6-5：ポアソン分布の期待値と分散

① I8 に=POISSON.DIST(H8,$I$3,FALSE) と入力して Enter

② I8 に戻って■で下方向コピー

③ D8:D9 を選択して Ctrl ＋ C でコピー

④ K8 に移動して Enter で貼り付け

K8 も K9 も、ほぼ I3 の値と同じになります。I8 を変えても、やはりほぼ同じになることを確かめてください。

## コラム　Tab キーの活用

PC にマウスが存在しなかったころから、Tab は移動を表すキーでした。Excel であれば、Tab を押すとアクティブセルが右に動きますし、Shift + Tab だと左に動きます。Excel 以外でも、ブラウザのボタンやチェックボックスの移動、ファイラ（エクスプローラー）などのウィンドウの移動などで利用できます。

Excel において Tab がとくに便利なのは、関数の選択画面上です。前節での「6-4」シートの I8 セルでの入力を例に説明します。

=po まで打ち込むと、下図のように関数の候補が表示されます。

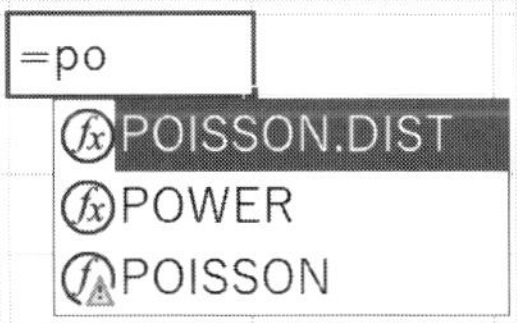


図 6–2　関数の候補が表示される

このまま Tab を押し、第 2 引数まで入力すると、続く第 3 引数の選択画面で下図のように選択肢が表示されます。

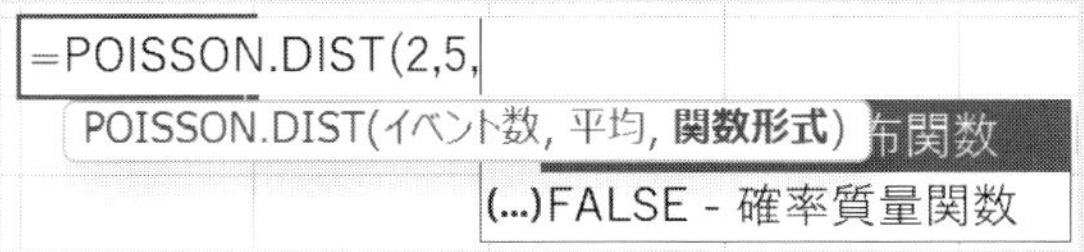


図 6–3　引数の選択肢が表示される

↓ で FALSE を選択してから Tab を押すと、関数が自動入力されて Enter で確定できます。第 1 章でも少し触れましたが、このように Tab をうまく使うと、マウスを使うよりも数倍速く入力できるようになります。

# 第７章

# 確率をグラフで囲まれる面積で表そう

連続形確率変数を理解しよう　　chapter_07.xlsx

ここまでは離散型確率変数について考えてきましたが、本章では連続形確率変数について学びます。

離散型変数は、サイコロの出目のように「1、2、3、4、5、6」などの特定の値があって、そのあいだの数、たとえば1.5や2.7といった数値はとらないものでした。一方、**連続型確率変数**は、その名のとおり連続する値をとるものを指します。たとえば身長や体重は、連続型変数の典型例だといえます。

本章内には数学的な定義も含めいろいろなことが書いてありますが、連続形確率変数の意義を要約すると、「確率をグラフで囲まれる面積で表したい」ことにつきます。グラフで囲まれる面積で示すとはどういうことなのか、Excelで実習しながらゆっくりと学んでください。

## 7-1　分布関数と密度関数

まずは連続型確率変数を定義しましょう。

定数 $a, b (a < b)$ について、$a$ 以上 $b$ 以下の区間を定義域とする連続関数 $f(x) \geqslant 0$ を考えます。$xy$ 平面上の $y = f(x)$ のグラフと定積分から、次の式が成り立ちます。

$$「y = f(x), x = a, x = b, x \text{ 軸で囲まれる面積」} = \int_a^b f(x)dx$$

連続型確率変数は、確率とこの面積を対応させるように定義したものです。

**定義 7-1**

確率変数 $X$ の分布関数を $F(x)$ とする。実数を定義域とする実数値関数 $f(x)$ が以下を満たすとする。

① 任意の実数 $x$ について、$f(x) \geqslant 0$

② $f(x)$ の不連続点は有限個である

③ 任意の実数 $x$ について、$F(x) = \int_{-\infty}^{x} f(x)dx$

④ $\int_{-\infty}^{\infty} f(x) = 1$

このとき、$X$ は密度関数 $f(x)$ をもつ**連続型確率変数**であるという。

この定義によって、任意の $a, b$（ただし $a < b$）において、

$$\Pr(a < X \leqslant b) = F(b) - F(a) = \int_{a}^{b} f(x)dx$$

が成り立ちます。$y = f(x)$ のグラフを $xy$ 平面に書いたとき、

$$y = f(x), x = a, x = b, x \text{ 軸}$$

で囲まれる面積が「$X$ が $a$ より大、かつ $b$ 以下」になる確率を表すことができます。長方形でなく直線 $x = a$ の「面積」は $0$ ですから、$X$ が $a$ より大かつ $b$ 以下になる確率と、$X$ が $a$ 以上かつ $b$ 以下になる確率は同じになりそうです。同様に考えて、以下が成り立ちます。

**定理 7-2**

連続型確率変数 $X$ は、任意の $x$ について $\Pr(X = x) = 0$ が成り立つ。従って任意の $a, b$(ただし $a < b$) について、

$$\Pr(a < X < b) = \Pr(a < X \leqslant b) = \Pr(a \leqslant X < b) = \Pr(a \leqslant X \leqslant b)$$

この式が成り立つのが、離散型確率変数とは異なる点です。

さらに、微分と積分の関係から、$f(x)$ の連続点では $F'(x) = f(x)$ が成り立つことに注意しておきましょう。

さて、密度関数 $f(x)$ を変化させることにより、さまざまな連続型確率変数 $X$ を作ることができます。そのなかでも特徴的なものには名前がつけられているので、次節以降で紹介します。

## 7-2 一様分布

この分布を定義する前に、「a 以上 b 以下」や「a 以上 b 未満」などの区間に関する省略形を定義しておきましょう。

**定義 7-3**

$a < b$ とする。実数について

① a 以上 b 以下の区間を、$[a, b]$ で表す。

② a より大かつ b 未満の区間を、$(a, b)$ で表す。

③ a 以上 b 未満の区間を、$[a, b)$ で表す。

④ a より大かつ b 以下の区間を、$(a, b]$ で表す。

これは、大学で学ぶ微分積分学における一般的な表記です。とくに $(a, b)$ の形は xy 平面の座標と同じ表現なので、混乱する人もいます。文脈によって判断してください。

それでは、一様分布を定義します。**一様分布**とはその名のとおり、密度関数が常に一様である分布のことを指します。

**定義 7-4**

$a, b$（ただし $a < b$）を所与とし、密度関数

$$f(x) = \begin{cases} \frac{1}{b-a} & (a \leqq x < b \text{ のとき}) \\ 0 & (\text{その他のとき}) \end{cases}$$

をもつ連続型確率変数 X を、パラメータ $[a, b)$ の**一様分布**という。

一様分布とは Uniform distribution の訳で、Excel では均一分布という名前で訳されています。この分布は、歪みのないコイン投げやサイコロ投げの実験など、さまざまなシミュレーションで用いられる最も基本的な分布です。$f(x) > 0$ の部分で考えた場合、簡単にその性質を表現するなら「横幅が同じならば確率は同じ」となります。実際に横幅が c の場合を考えると、

$$a < x_0 < x_1 < x_1 + c < b$$

$$\Longrightarrow \Pr(x_0 \leqslant X < x_0 + c) = \Pr(x_1 \leqslant X < x_1 + c)$$

が成り立ちます。

## 7-3 正規分布と標準正規分布

### 7-3-1 正規分布と標準正規分布の定義

ここまでいくつかの分布を紹介してきましたが、最もよく用いられる分布が、本節で紹介する**正規分布**（normal distribution）です。定義を示します。

**定義 7-5**

$\mu, \sigma$ (ただし $\sigma > 0$) を所与とする。密度関数が、

$$f(x) = \frac{1}{\sqrt{2\pi\sigma^2}} \exp\left[-\frac{(x-\mu)^2}{2\sigma^2}\right]$$

となる分布を、パラメータ $(\mu, \sigma^2)$ の**正規分布**と定義する。とくに、$\mu = 0, \sigma = 1$ の場合は、**標準正規分布**と定義する。

X がパラメータ $(\mu, \sigma^2)$ の正規分布に従うことを、$X \sim N(\mu, \sigma^2)$ や $X \sim \mathrm{Normal}(\mu, \sigma^2)$ などで表す。

詳しくは次章で説明しますが、パラメータ $(\mu, \sigma^2)$ の正規分布の平均は $\mu$、分散 $\sigma^2$、標準偏差 $\sigma$ となります。そのため、パラメータ $(\mu, \sigma^2)$ の正規分布のことを「平均 $\mu$、分散 $\sigma^2$ の正規分布」ともいいます。

### 7-3-2 Excel を使った演習

正規分布は、$\sigma$ が大きいと平均からの散らばり具合が大きくなります。これを Excel で実習してみましょう。「7-3」シートを開いてください。図 7–1 のように、3 種類の正規分布の密度関数を、1 つのグラフ上に書いてみます。

$x$ の値は $-4$ から $1/16$ ずつ 4 までとし、B 列、C 列、D 列に、それぞれ B3:E4 の値に従った密度関数の値を入れます。ここでは、B3 が 0 で B4 が 1 なので、B 列が標準正規分布のグラフになります。B7:E7 に正しい式が入力されているので、これを利用しましょう。

## 練習 7-1：正規分布の密度関数の概形

① B7:D7 を選択し■で下方向コピー
② 矢印キーなどで、B6:D135 の任意の 1 つのセルに移動
③ メニュータブとリボンで［挿入］→［散布図のアイコン］の最初のグラフを選択

正しく作業できていれば、図 7–1 のようなグラフができます。

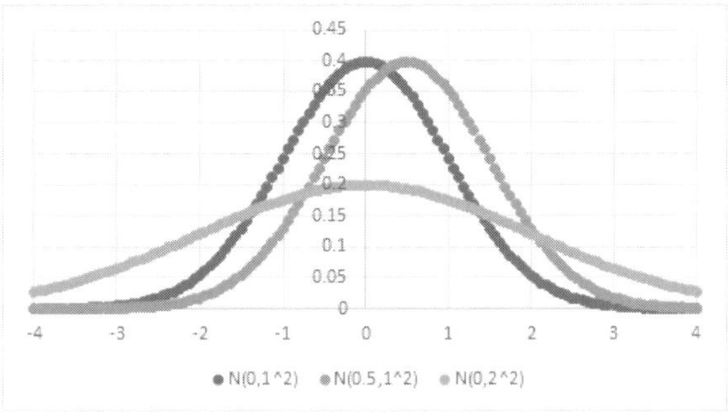


図 7–1　3 種類の正規分布

正規分布の密度関数のグラフは、どのようなパラメータでも釣り鐘形になり、$x = \mu$ のとき最大値をとります。

B 列と C 列のグラフを比較してみましょう。$\sigma$ を変えずに $\mu$ を変えると、グラフの形はまったく変わらずに、横軸方向に平行移動します。C3 の値を変化させて確かめましょう。

さらに、B 列と D 列のグラフを比較してみましょう。$\mu$ を変えずに $\sigma$ を増やしていくと、両端が分厚くなります。このようにグラフの両端の高さが厚いことを、**裾が厚い**といいます。逆にグラフの両端の高さが薄いことを、**裾が薄い**といいます。D3 の値を 0.5 と 1 と 2 のように変えることにより、$\sigma$ が大きくなると裾が厚くなっていくことを確かめてください。

さて、Excel では、確率変数について**確率分布名**.DIST(**中略**,FALSE) と表されるものは、連続型でも離散型でも同様にその確率分布の密度関数を返します。一方、離散型確率変数でも連続型確率変数でも、**確率分布名**.DIST(**中略**,TRUE) と表されるものは、その確率分布の分布関数の値を返します。

Excel の正規分布の密度関数と分布関数は、NORM.DIST 関数で得られます。

**NORM.DIST 関数**

=NORM.DIST(x, 平均, 標準偏差, 関数形式)

指定した条件において正規分布の関数を返す

たとえば、$Z \sim \mathrm{Normal}(0,1)$ について、$z = 1.96$ における密度関数の値 $f(1.96)$ と分布関数 $F(1.96)$ の値は、以下で得られます。

- $\frac{1}{\sqrt{2\pi}} e^{-(1.96-0)^2/2}$　の値は　NORM.DIST(1.96,0,1,FALSE)
- $\frac{1}{\sqrt{2\pi}} \int_{-\infty}^{1.96} e^{-(x-0)^2/2} dx$　の値は　NORM.DIST(1.96,0,1,TRUE)

なお、値はそれぞれ約 0.058 と約 0.978 となります。

## 7-4 t 分布・カイ 2 乗分布・F 分布

この節では、正規分布と関係の深い 3 つの連続型確率分布について紹介します。初学の場合は、「こんな連続型確率変数があるんだな」と思う程度で文章を軽く読み飛ばして、すぐ Excel の実習に進むとよいでしょう。

定義のために密度関数を書いていますが、密度関数の式そのものを覚えている人はそう多くないので、あまり気にする必要はありません。それよりも Excel を使った実習で、それぞれの密度関数の値が正となる範囲をつかんでください。また、t 分布についてはグラフの概形も書けるように練習してください。後述するように、t 分布のグラフが標準正規分布のグラフと似ていることが確認できます。

### 7-4-1 t 分布の定義

t 分布は、平均・分散とも未知である正規分布に従うデータから、データの真の平均について調べたいときに役立つ分布です。t 分布を利用したこれらの方法については、第 III 部で詳しく説明します。

**定義 7-6**

正整数 $n$(ただし $\sigma > 0$) を所与とする。密度関数が

$$f(x) = \frac{1}{\sqrt{n}B(1/2, n/2)}\left(1 + \frac{x^2}{n}\right)^{-(n+1)/2}$$

となる分布を、自由度 $n$ の $t$ **分布**という。

$X$ が自由度 $n$ の $t$ 分布に従うことを、$X \sim t(n)$ で表す。

$B(p, q)$ はベータ関数といい、$p > 0, q > 0$ について $B(p, q) = \int_0^1 x^{p-1}(1-x)^{q-1}dx$ を表します。大学におけるやや上級の微分積分学で出てくる概念です。

## 7-4-2 Excel を使った演習

概形の様子を確かめるのが重要なので、さっそく Excel で実習しましょう。ファイルの「7-4t 分布」シートを開いてください。

自由度 $n$ の $t$ 分布と標準正規分布の密度関数のグラフの形を比較します。横軸は前節同様とします。B7 に入力されている正しい式を利用します。

### 練習 7-2：t 分布のグラフ

① B7 に移動して■で下方向コピー
② 矢印キーなどで、A6:C135 の任意のセルに移動
③ メニュータブとリボンで、[挿入] → [散布図のアイコン] の一番最初のグラフを選択

正しく作業できていれば、図 7-2 のようなグラフができます。

ともに、横軸の値 0 のところで最大値をとる釣り鐘型のグラフになっています。しかし $t$ 分布のほうが標準正規分布よりも裾が厚くなります。

重要なのは、自由度を大きくしたときです。B3 を 100 にしてみましょう。グラフはほとんど重なっていることでしょう。証明はしませんが、自由度をどんどん大きくすると標準正規分布に近づきます。

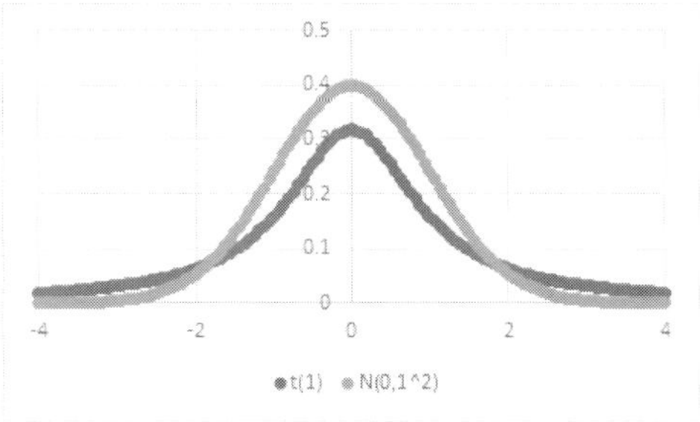


図 7–2　t 分布と標準正規分布の密度関数の比較

**定理 7–7**

自由度 $n$ の t 分布は、$n \to \infty$ のとき、標準正規分布に分布収束する。

分布収束の定義は第 27 章にありますが、近づくというイメージをもてば十分です。あまり気にせず先に進みましょう。

Excel の t 分布の密度関数と分布関数は、T.DIST 関数で得られます。

**T.DIST 関数**

=T.DIST(数値, 自由度, 関数形式)

指定した条件において t 分布の関数を返す

たとえば、$X \sim t(10)$ について、$x = 2$ における密度関数の値 $f(2)$ と分布関数の値 $F(2) = \Pr(X \leqslant 2)$ は、=T.DIST(2,10,FALSE) や=T.DIST(2,10,TRUE) と入力すれば得られます。任意のセルで試してみてください。きちんと入力できていれば、値はそれぞれ約 0.0611 と約 0.9633 となります。

## 7 4 3　カイ 2 乗分布と F 分布の定義

つぎに、**カイ 2 乗分布**と **F 分布**について定義しましょう。F 分布はカイ 2 乗分布と強い関係があるので、一緒に説明します。カイ 2 乗分布と F 分布は、2 つ以上のデータの独立性（関係しているか否か）の検証や、分散の比較に役立つ分布です。

**定義 7-8**

$m, n$ は正整数とする。

① $n$ を所与とし、密度関数が、

$$f(x) = \begin{cases} \frac{1}{\Gamma(n/2)2^{n/2}} x^{n/2-1} e^{-x/2} & (\text{if } x > 0) \\ 0 & (\text{その他の場合}) \end{cases}$$

となる分布を自由度 $n$ の**カイ 2 乗分布**という。

$X$ が自由度 $n$ のカイ 2 乗分布に従うことを、$X \sim \chi^2(n)$ で表す。

② $m, n$ を所与とし、密度関数が、

$$f(x) = \begin{cases} \frac{(m/n)^{m/2}}{B(m/2, n/2)} x^{m/2-1} \left(1 + \frac{m}{n}x\right)^{-(m+n)/2} & (x > 0 \text{ のとき}) \\ 0 & (\text{その他の場合}) \end{cases}$$

となる分布を自由度 $(m, n)$ の **F 分布**という。

$X$ が自由度 $(m, n)$ の F 分布に従うことを、$X \sim F(m, n)$ で表す。

**ガンマ関数** $\Gamma(p)$ は、ベータ関数同様に、大学でのやや上級な微分積分学で学ぶものです。$p > 0$ について、$\Gamma(p) = \int_0^\infty x^{p-1} e^{-x} dx$。さらに重積分の変数変換公式から、$p > 0, q > 0$ で以下が示されます。

$$B(p, q) = \frac{\Gamma(p)\Gamma(q)}{\Gamma(p+q)} \tag{7.1}$$

この定義から、カイ 2 乗分布も F 分布も、$x > 0$ の範囲のみ $f(x) > 0$ となっています。これがとくに注目するべき点です。

## 7-4-4 Excel を使った演習

ではこれを、実習で確かめてみましょう。「7-4 カイ 2 乗分布」シートを開いてください。

すでに $n = 3$ の場合の密度関数のグラフが書かれています。$f(0) = 0$ ですが、$x$ を正の方向から 0 に近づけたときの $f(x)$ の極限は $n = 1, n = 2, n \geqslant 3$ に応じて、$\infty, \frac{1}{2}, 0$ となります。$y = f(x)$ のグラフの形も $n = 1, n = 2, n \geqslant 3$ に対応して変わります。$n$ の値をいろいろと変更してみてください。

Excel のカイ 2 乗分布の密度関数と分布関数の値は、CHISQ.DIST 関数で得

られます。

CHISQ.DIST 関数

=CHISQ.DIST (数値, 自由度, 関数形式)
指定した条件においてカイ２乗分布の関数を返す

たとえば、$X \sim \chi^2(3)$ について、$x = 15$ における密度関数の値 $f(15)$ と分布関数の値 $F(15) = \Pr(X \leqslant 15)$ は、=CHISQ.DIST(15,3,FALSE) や=CHISQ.DIST(15,3,TRUE) と入力すれば得られます。任意のセルで試してみてください。きちんと入力できていれば、値はそれぞれ約 0.000805 と約 0.9982 となります。

次は F 分布についてです。「7-4F 分布」シートを開いてください。すでに $m = 3, n = 4$ の場合の密度関数のグラフが書かれています。カイ 2 乗分布と同様に $f(0) = 0$ ですが、$x$ を正の方向から 0 に近づけたときの $f(x)$ の極限は $m = 1, m = 2, m \geqslant 3$ に応じて、$\infty, 1, 0$ となります。$y = f(x)$ のグラフの形もこれらに対応して変わります。$m, n$ の値をいろいろ変更して確認してください。

Excel の F 分布の密度関数と分布関数は、F.DIST 関数で得られます。

F.DIST 関数

=F.DIST(数値, 自由度, 関数形式)
指定した条件において F 分布の関数を返す

たとえば、$X \sim F(3, 4)$ について、$x = 10$ における密度関数の値 $f(10)$ と分布関数の値 $F(10) = \Pr(X \leqslant 10)$ は、=F.DIST(10,3,4,FALSE) や =F.DIST(10,3,4,TRUE) と入力すれば得られます。任意のセルで試してみてください。きちんと入力できていれば、値はそれぞれ約 0.00403 と約 0.97509 となります。

ところで、X がカイ 2 乗分布や F 分布に従うとき、統計学では $\Pr(X \leqslant x)$ よりも、$\Pr(X \geqslant x)$ の値を調べることがほとんどです。

この場合、密度関数のグラフ $y = f(x)$ の右裾（right tail）の頭文字をとった CHISQ.DIST.RT や F.DIST.RT 関数などが使えます。

= CHISQ.DIST.RT **関数**

= CHISQ.DIST.RT(数値, 自由度)

カイ 2 乗分布の右側確率の値を返す

F.DIST.RT **関数**

=F.DIST.RT(数値, 自由度 1, 自由度 2)

F 分布の右側確率の値を返す

任意のセルに、=CHISQ.DIST.RT(15,3) と =F.DIST.RT(10,3,4) を入力してみましょう。それぞれ、約 1−0.9982 と約 1−0.97509 に一致します。

**コラム　標準グラフの変更**

Excel の**標準グラフ**のデフォルトは、棒グラフとなっています。本書では散布図を書くことが多いので、デフォルトを散布図に変更してみましょう。

ファイルの「コラム」シートに散布図が書かれているので、これを標準グラフにしてみます。

**練習 7-3：標準グラフの設定方法**

① グラフを右クリックし、[グラフの種類の変更] を選択
② [すべてのグラフ] タブの右上の図を右クリック
③ [標準グラフに設定] をクリック（図 7-3）
④ キャンセル ボタンをクリック

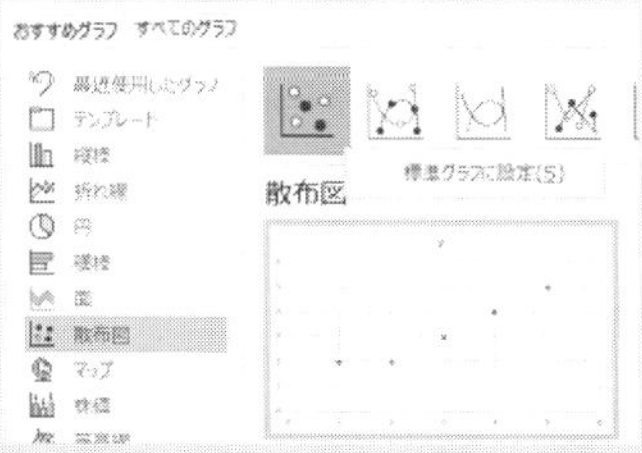


図 7–3　グラフの種類の変更画面

これでこのグラフが標準となりました。「7-3」シートで確かめてみましょう。なお、以下は Windows 限定の操作です。

## 練習 7–4：ショートカットキーで標準グラフ

①「7-3」シートの A6:D136 の任意セルに移動
② Alt+F1 を押す

Alt+F1 は、標準グラフ作成のショートカットキーです。なお、Alt+F1 の代わりに F11 を押すと、新しいシート上にグラフが作成されます。

きちんと設定できていれば、7-3 節で作成したグラフとまったく同じものが出力されるはずです。

このように、一番よく使うグラフを標準グラフに設定しショートカットキーを使うと、作業時間の短縮につながります。

# 第8章

# 連続型確率変数をより深く学ぼう

正規分布を中心にいろいろな分布を学ぼう

chapter_08.xlsx

本章では、前章で学んだ連続型確率変数の概念を応用して、その分布の平均・分散を求めます。また、確率変数 $X$ の 1 次式 $aX+b$ についての平均・分散や、$aX+b$ の確率分布を求めます。

1 次式の場合には平均の形があまり変わらないことと、また分散や標準偏差では、1 次式の定数項の部分が消えてしまうことが学べます。これらを学ぶことによって、確率や統計の理論におけるさまざまな操作が簡単にできるようになります。

Excel の入力にも慣れてきたでしょうから、今後の練習問題のセル入力時には、「入力してEnter」ではなく、「と入力」のみ表記することを、基本とします。

## 8-1 正規分布の分布関数を使った復習

本題に入る前に、正規分布に関する復習を Excel を使って行います。

第 2 次世界大戦後から 1970 年頃まで、日本の小学校の成績評価は相対評価が基本でした。その評価は 5 段階評価で、一般的には、1、2、3、4、5 の各評価がそれぞれ全体の 7%、24%、38%、24%、7% の人数とされてきました。

これらのパーセント値の根拠は、パラメータ $(3, 1^2)$ の正規分布です。Excel で試してみましょう。

「8-1」シートを利用して、$X \sim N(3, 1^2)$ の分布関数の 5 つの値、$F(1.5)$, $F(2.5)$, $F(3.5)$, $F(4.5)$, $1-F(4.5)$ をそれぞれ求めましょう。

## 練習 8-1：正規分布の分布関数の作成

① C4 に =NORM.DIST(C3,3,1,TRUE) と入力

② C4 に戻って Ctrl + C でコピー

③ C4:F4 を選択して Enter で貼り付け

=NORM.DIST 関数は、正規分布の密度関数か分布関数を返す関数でした（7-3 節参照）。ここでは関数形式として TRUE が指定されているので、分布関数の値が出ています。つまり NORM.DIST(x,a,s,TRUE) は、$x$ を所与として $X \sim \mathrm{Normal}(a, s^2)$ のときの $\Pr(X \leqslant x)$ の値を求めます。

正しく入力されていれば、それぞれ四捨五入で 0.0668、0.3085、0.6915、0.9332、0.0668 と表示されます。

それでは、この表をもとに、評価とその割合を求めましょう。

## 練習 8-2：分布関数から、確率変数が区間に入る確率を求める

① C8 に =C4 と入力

② D8 に =D4-C4 と入力

③ D8 に戻って Ctrl + C でコピー

④ D8:G8 を選んで Enter で貼り付け

四捨五入してパーセント換算すれば、D8:G8 がそれぞれ、7%、24%、38%、24%、7% となります。これで目的の値が得られました。

成績のついでに、学生の皆さんにとっては悪名高い偏差値についても言及しておきましょう。偏差値は、$\mathrm{Normal}(50, 10^2)$ という正規分布をイメージして作られています（「イメージ」というのは、正確な正規分布ではなく、近似できるという意味だからです）。

もし偏差値がこの正規分布に従うならば、「偏差値 30 以上 70 以下の人は、だいたい全体の 95% くらい」とイメージできます。実際に計算してみましょう。さきほどは引き算を別のセルで行いましたが、ここでは任意の 1 つのセルに、=NORM.DIST(70,50,10,TRUE)-NORM.DIST(30,50,10,TRUE) とまとめて記入してください。約 0.95 となるはずです。

この 70 と 30 は、

$$(\text{平均}) \pm 2 \cdot (\text{標準偏差}) = 50 \pm 2 \cdot 10$$

となっています。この 2 という数字が大きなポイントです。簡単にいうと、2 は標準正規分布の上側 2.5% 点の近似値です。つまり $Z \sim \mathrm{Normal}(0, 1^2)$ について、

$$\Pr(Z \geqslant a) = 0.025$$

となる実数 $a$ が約 2 であるということです。より正確な近似としては 1.96 なので、それを図示したものが図 8–1 です。縦線より右側の、縦線・密度関数・横軸で囲まれる部分の面積が 0.025 となるわけです。図を見ながら、標準正規分布の上側 2.5% 点について理解してください。

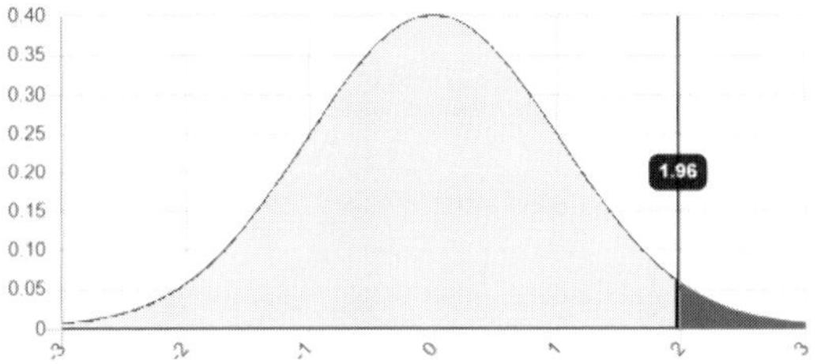


図 8–1　標準正規分布の密度関数のグラフと、上側 2.5% 点のイメージ図（横軸 z・縦軸密度）

さて、さきほどの偏差値についての $X \sim \mathrm{Normal}(50, 10^2)$ を考えてみましょう。平均 50+1.96· 標準偏差 10= 69.8 から、$\Pr(X \geqslant 50 + 1.96 \cdot 10)$ を計算してみます。Excel で「8-1」シートの任意のセルに、= NORM.DIST(69.8,50,10,TRUE) と入力してください。すると、やはり約 $0.025 = 2.5\%$ となります。

一般形で書くと、$X \sim \mathrm{Normal}(\mu, \sigma^2)$ の上側 2.5% 点が $\mu + 1.96\sigma$ になっていそうです。実際それは正しく、さらにより強くいえることもあります。それをこの章で学んでいきます。

## 8-2 定積分と連続型確率変数の期待値計算

ここでは、期待値計算の定義をしたのち、平均と分散の計算法を定義します。初学の場合は軽く読み飛ばして構いません。

高校ではあまり強調されませんが、**定積分**は和の極限です。したがって、離散型確率変数の平均の定義式 $\sum_{i=1}^{\infty} x_i f(x_i)$ について、$\sum_{i=1}^{\infty}$ の部分を $\int_{-\infty}^{\infty}$ にし、$x_i f(x_i)$ を $xf(x)$ の形に入れ替えて $\int_{-\infty}^{\infty} xf(x)dx$ としたものが、連続型確率変数の平均の定義式となります。

**定義 8-1**

密度関数 $f(x)$ をもつ連続型確率変数 $X$ と、$X$ の関数 $g(X)$ について、

① $\int_{-\infty}^{\infty} |g(x)|f(x)dx < \infty$ のとき、$\int_{-\infty}^{\infty} g(x)f(x)dx$ を $g(X)$ の期待値といい、$E[g(X)]$ で表す。つまり、

$$E[g(X)] = \int_{-\infty}^{\infty} g(x)f(x)dx$$

とくに、$E[X] = \int_{-\infty}^{\infty} xf(x)dx$ を $X$ の平均と定義する。

② $E[X]$ が存在するとき、$\int_{-\infty}^{\infty} (x - E[X])^2 f(x)dx$ が実数ならば、これを $X$ の分散と定義し、$V[X]$ で表す。

③ $\sqrt{V[X]}$ を $X$ の標準偏差と定義し、$SD[X]$ で表す。

## 8-3 SymPyで正規分布の様子を実感してみよう

前章で紹介した4つの分布について、その平均と分散を表にまとめました。

| 分布 | 平均 | 分散 |
|---|---|---|
| パラメータ $(\mu, \sigma^2)$ の正規分布 | $\mu$ | $\sigma^2$ |
| 自由度 $n$ の $t$ 分布 | $0$ | $\frac{n}{n-2}$ (if $n > 2$) |
| 自由度 $n$ のカイ2乗分布 | $n$ | $2n$ |
| 自由度 $(m, n)$ の $F$ 分布 | $\frac{n}{n-2}$ (if $n > 2$) | $\frac{2n^2(m+n-2)}{m(n-2)^2(n-4)}$ (if $n > 4$) |

ここで重要なのは、正規分布の平均 $\mu$ と分散 $\sigma^2$、そして $t$ 分布の平均 $0$ の3つです。とくに、この2つの平均がそれぞれ $\mu$ と $0$ になるのは、前章での密

度関数のグラフの形からほぼ明らかでしょう。

ここで、正規分布の $\mu, \sigma^2$ について、**SymPy**（シムパイ）を使って実習してみます。SymPy とは、**Python**（パイソン）というプログラミング言語用のライブラリの 1 つです。ライブラリとは特定の機能をまとめたファイルのことで、部品のようなものだと思ってもらえれば大丈夫です。SymPy は記号計算のためのライブラリです。

Excel での数値計算では、極限の計算や $\infty$ に関する計算ができません。実際、練習 6-1 や 6-2 などは、有限個の数値を用いて理論の近似をしたものです。Sympy を利用することによって、$-\infty$ から $\infty$ までの積分や、正規分布の密度関数に関するさまざまな値が得られることを実感してみましょう。

ここからは、「Python を使ったことがない人（PC に Python がインストールされていない人）」と、「Python を使ったことがある人（PC に Python がインストールされている人）」の 2 通りに分けて説明します。

Python を使ったことがない人は、Web 上で利用できる SymPy Live を使いましょう。Web ブラウザで、`https://live.sympy.org` にアクセスしてください。URL を直接打ち込んでもよいですし、Google 検索などで SymPy Live と検索すれば出てくることでしょう。なお、講義で SymPy Live に同時アクセスすると高い確率でエラーが出るので、本書を講義に利用する先生方はお気をつけください。

まずは練習です。$\int_1^3 x^2 dx$ を求めましょう。

$\int_1^3 x^2 dx$ は、$xy$ 平面上でのグラフで考えると、$y = x^2, x = 1, x = 3, x$ 軸で囲まれる面積となります。SymPy Live の画面の下のほうにある入力フィールドに `integrate(x**2,(x,1,3))` と入力して、Enter を押してください。

しばらく待つと、正しい答えである $\frac{26}{3}$ が表示されます。ここでは、以下の計算が行われています。

$$\int_1^3 x^2 dx = \left[\frac{x^3}{3}\right]_1^3 = \frac{3^3}{3} - \frac{1^3}{3}$$

Python において、`integrate` はインテグラルを、`**`はべき乗を意味します。べき乗でよく使われるのはキャレット「^」ですが、Python は異なるので注意してください。

では、パラメータ $(a, s^2)$ の正規分布の密度関数を $f(x) = \frac{1}{s\sqrt{2\pi}} e^{-(x-a)^2/(2s^2)}$

として、以下それぞれが $1, a, s^2$ となることを確認しましょう。

$$\int_{-\infty}^{\infty} f(x)dx, \int_{-\infty}^{\infty} xf(x)dx, \int_{-\infty}^{\infty} (x-a)^2 f(x)dx$$

Python のコードを見ていきましょう。コードとは、コンピューターに処理させるための命令文のことを指します。ここでは、以下に記載された文字列のことだと思ってもらって大丈夫です。

```
a=symbols('a', real=True)
s=symbols('s', positive=True)
f=exp(-(x-a)**2/(2*s**2))/sqrt(2*pi*s**2)
integrate(f,(x,-oo,oo))
integrate(x*f,(x,-oo,oo))
integrate((x-a)**2*f,(x,-oo,oo))
```

SymPy では、文字 pi は π を表します。sqrt 関数は、Excel 同様に正の平方根を返す関数です。oo は英語小文字の o を連続して入力したもので、∞ を表しています。

さきほど同じ画面下部の入力フィールドに 1 行ずつ打ち込んで、行末で Enter を押してください。途中でエラーメッセージが出てきたら、その行をもう一度打ち直します。

打ち直しをする場合は、マウスではなくキーボードを使うと便利です。入力フィールドで ↑ を押せば、直前に打ち込んだものが表示されます。それからコードを正しく書き直して、Enter を押せばよいのです。

なお、打ち込むのが苦手な人のために、ファイルの「8-3」シート B1:B6 に上のコードが書いてあります。必要であればコピーして使用してください。

次は、自分の PC に Python がインストールされている人への説明です。この場合、バッチ形式（スクリプト形式）で行うとよいでしょう。

「8-3」シートの G1:G11 に、さきほど説明したコードを一気に行うコードがあります。これをコピーして保存して実行してください。このコードは、最初の 4 行が SymPy Live に書かれている手順です。また、バッチ形式で結果を表示するために、print 文を利用しています。

なお、Googleアカウントをもっている人は、Google Colab（`https://colab.research.google.com/?hl=ja`）を使ってWeb上でも実行できます。ログイン後に［ファイル］→［ノートブック］を新規作成を選択して、「8-3」シートのG1:G11をコピーし、コード左側にある実行ボタンを押せば結果が得られます。

コードを見ながら正規分布の密度関数の式を理解しつつ、前節の平均・分散について結果を直感的にイメージしてください。

## 8-4 確率変数の線形変換と平均・分散・標準偏差

$a$ と $b$ を定数とした確率変数 $X$ の1次式 $aX+b$ を、$X$ の**線形変換**といいます。線形変換については、離散型確率変数と同様の結果が得られます。

**定理 8-2**

連続型確率変数 $X$ について、

① $E[aX+b]=aE[X]+b$

② $V[aX+b]=a^2V[X]$

③ $SD[aX+b]=|a|\cdot SD[X]$

これら3つの式の意味は、「右辺が存在するならば、左辺が右辺と等しくなる」ということです。定理の①は以下で証明できます。

$X$ の密度関数を $f(x)$ とすると、仮定より $\int_{-\infty}^{\infty}|x|f(x)dx<\infty$。

一方、密度関数の定義より $\int_{-\infty}^{\infty}|f(x)|dx=1<\infty$。

$$aE[X]+b=a\int_{-\infty}^{\infty}xf(x)dx+b\int_{-\infty}^{\infty}f(x)dx$$

微分積分学の、絶対収束する2つの広義積分の和と定数倍の性質より

$$=\int_{-\infty}^{\infty}(ax+b)f(x)dx=E[aX+b]$$

（証明終）

②は①と同様に証明でき、③は②の正の平方根です。

線形変換した変数がどのような分布になるかは、この定理のみではわかりません。あくまでも、平均、分散、標準偏差の値の関係を述べているだけです。分布について知る必要があれば、以下の定理を利用します。

**定理 8-3**

連続型確率変数の変数変換公式：密度関数 $f_X(x)$ をもつ連続型確率変数 X について、確率変数 Y が 1 変数実数値関数 g によって $Y = g(X)$ で表され、かつ g が微分可能で導関数は定義域で非 0 とする。
このとき Y も連続型確率変数であり、その密度関数 $f_Y(y)$ は g の逆関数 h によって、以下で表される。

$$f_Y(y) = f_X(h(y)) \cdot |h'(y)|$$

証明は第 27 章にあります。

$Y = aX + b$(ただし $a \neq 0$) とすると $X = \frac{Y-b}{a}$ で、$\frac{dX}{dY} = \frac{1}{a}$ なので、上の定理から以下が簡単に証明できます。

**定理 8-4**

$$X \sim \mathrm{Normal}(\mu, \sigma^2) \Longrightarrow aX + b \sim \mathrm{Normal}(a\mu + b, a^2\sigma^2)$$

正規分布は、線形変換しても正規分布になるという素晴らしい性質をもちます。これにより、8-1 節の最後で述べた、上側 2.5% 点の予想が成り立ちます。

実際、標準正規分布 $Z \sim \mathrm{Normal}(0, 1)$ について、実数 c と 0 と 1 のあいだの数 p で $\Pr(Z \geqslant c) = p$ が成り立っているとします。この定理を利用すると、$X = \sigma Z + \mu \sim \mathrm{Normal}(\mu, \sigma^2)$ より、以下のようにいえます。

$$\begin{aligned} p = \Pr(Z \geqslant c) &= \Pr(\sigma Z + \mu \geqslant \sigma c + \mu) \\ &= \Pr(X \geqslant \mu + c\sigma) \end{aligned}$$

この式に $p = 0.025$ を代入すると、c が Z の上側 2.5% 点ならば、$\mu + c\sigma$ は X の上側 2.5% 点だといえるわけです。

## コラム　関数と TRUE と FALSE

ここまで何度か、関数の引数として TRUE と FALSE が出てきています。～.DIST 系の関数においては関数形式を指定するもので、密度関数や確率関数は FALSE で、分布関数は TRUE でした。

Z が標準正規分布に従うとき、$Pr(Z \leqslant 1.96)$ は =NORM.DIST(1.96,0,1,TRUE) で得られます（約 0.97500）。Excel の「確率分布.DIST」という形の関数については、標語的に「TRUE は累積、FALSE は密度関数か確率関数」と認識しておくとよいでしょう。このままだと長いので、私は「TRUE は累積、FALSE はピッタリ」と覚えています。

同様に、VLOOKUP 関数でも、最後の引数に TRUE と FALSE があります。第 2 章で使ったときは TRUE を用いましたが、VLOOKUP 関数で FALSE を用いた場合も「ピッタリ」となります。それを説明しましょう。

ファイルの「コラム」シートを見てみましょう。第 5 章と同様のものになりますが、C2 の式の最後の引数が FALSE になっています。しかし C2 に移動して■で下方向コピーすると、今回は第 5 章とは異なる答えがほとんどとなります。第 4 引数が FALSE の場合は、第 2 引数の中で第 1 引数と同じものがない場合はエラーを返します。

このように VLOOKUP の TRUE と FALSE の決め方は、統計関数と同じ考え方になっています。すでに述べたように VLOOKUP 関数はこれから XLOOKUP 関数に移行していく方向になりますが、仕事などでは VLOOKUP 関数を使ったシートはまだまだ現役でしょう。なので「TRUE と FALSE は統計関数の～.DIST 関数と似ている」と頭の隅に入れておくとよいでしょう。

第 9 章

# 2つの確率変数の関係を見てみよう

2 つの確率変数を比較できるようになろう

chapter_09.xlsx

第 5 章〜第 8 章は、1 変数の確率変数に関する定義や特性値などを紹介してきました。ここでは、2 つの確率変数に関する性質などを紹介します。

## 9-1 「独立にコインを投げる」とは？

### 9-1-1 独立の定義

ここまでで、ときどき「独立にコインを投げる」という表現を用いてきました。まず、この「**独立**」の意味を定義します。これは「ほかから影響を受けない」という意味で、以下で定義できます。

**定義 9-1**

2 つの確率変数 $X, Y$ があり、任意の実数 $x, y$ について、

$$\Pr(X \leqslant x, Y \leqslant y) = \Pr(X \leqslant x) \cdot \Pr(Y \leqslant y)$$

が成り立つことを、X と Y は**独立**であると定義する。

この $X \leqslant x$ や $Y \leqslant y$ ではなく、2 つの離散型確率変数 $X, Y$ について $X = x$ と $Y = y$ が同時に起こる確率を表した表が、2 変数の同時確率分布表です。表 9-1 は、その $2 \times 2$ の同時密度分布表のひな形です。

$\Pr(X = x_i, Y = y_j) = a_{ij}$ となっています。一方、それらを加えている部分は表の周辺にあります。同時確率分布が定義されている場合には、$\Pr(X = x)$ の部分を X の**周辺分布**、$\Pr(Y = y)$ の部分を Y の周辺分布とも呼びます。

| $x \backslash y$ | $y_1$ | $y_2$ | $\Pr(X = x)$ |
|---|---|---|---|
| $x_1$ | $a_{11}$ | $a_{12}$ | $a_{11} + a_{12}$ |
| $x_2$ | $a_{21}$ | $a_{22}$ | $a_{21} + a_{22}$ |
| $\Pr(Y = y)$ | $a_{11} + a_{21}$ | $a_{12} + a_{22}$ | 1 |

表 9–1　$X, Y$ の $2 \times 2$ の同時確率分布表

## 9-1-2　Excel を使った演習

Excel でイメージを掴んでみましょう。「9-1」シートを開いてください。

**練習 9-1：同時確率分布表の周辺分布の作成**

① C4:E6 を選択して Alt + Shift + = を押す

② C12:E14 を選択して Alt + Shift + = を押す

macOS の場合は、Alt + Shift + = ではなく Command + Shift + t を使ってください。キーが効かない場合は、[ホーム] → [∑ マーク] をクリックしてください。この機能を**オートサム**といいます。オートサムとは、その名のとおり、選択したセルの合計を自動的に SUM 関数で計算してくれる機能です。

「9-1」シートの [1][2] ともに、

$$\Pr(X = 0) = \Pr(X = 1) = \Pr(Y = 0) = \Pr(Y = 1) = 0.5$$

となります。周辺の分布だけ見ていると「9-1」シートの [1] も [2] も同じように見えますが、同時確率分布の部分は異なっていることに注意してください。

この周辺の分布が $\Pr(X = x), \Pr(Y = y)$ を表します。これらの値と以下の定理を用いれば、2 つの確率変数が独立か否かがすぐに判定できます。

**定理 9-2**

$X, Y$ ともに離散型確率変数のとき、$X, Y$ が独立であることは、任意の $x, y$ について、

$$\Pr(X = x, Y = y) = \Pr(X = x) \cdot \Pr(Y = y)$$

が成り立つことと同値である。

この定理は、どの同時確率も周辺確率の積であることを意味しています。したがって、「9-1」シートの [1] の $X, Y$ は独立であり、[2] の $X, Y$ は非独立であることが一目瞭然となります。

さて、このような同時確率分布表は簡易的なものですし、とりうる値が多いと書けません。そこで関数を用いて、同時確率関数を以下のように定義します。

**定義 9-3**

$X, Y$ が離散型確率変数で、それぞれのとりうる値を $x_1, x_2, \cdots$ と $y_1, y_2, \cdots$ とする。このとき、2 変数関数 $f_{X,Y}(x, y) \geqslant 0$ が存在して、任意の $a, b, c, d$ について、

$$\Pr(a < X \leqslant b, c < Y \leqslant d) = \sum_{a<x_i \leqslant b} \sum_{c<y_j \leqslant d} f_{X,Y}(x_i, y_j)$$

を満たすとき、$f_{X,Y}(x, y)$ を $X, Y$ の同時確率関数と定義する。また、

$$f_X(x) = \sum_{j=1}^{\infty} f_{X,Y}(x, y_j), \quad f_Y(y) = \sum_{i=1}^{\infty} f_{X,Y}(x_i, y)$$

をそれぞれ、$X$ の**周辺確率関数**と $Y$ の周辺確率関数と定義する。

連続型確率変数については、以下のように密度関数を定義します。まだ重積分を学んでいない場合は、この節の最後まで軽く読み飛ばしてください。「離散型確率変数の同時確率関数での和記号を積分記号に、関数自体を密度関数に書き換えると、とても似た形になる」ことをイメージできれば大丈夫です。

**定義 9-4**

$X, Y$ を連続型確率変数とする。2 変数関数 $f_{X,Y}(x, y) \geqslant 0$ が存在して、任意の $a, b, c, d$ について、

$$\Pr(a < X \leqslant b, c < Y \leqslant d) = \iint_{a<x<b, c<y<d} f_{X,Y}(x, y)\,dx\,dy$$

を満たすとき、$f_{X,Y}(x, y)$ を $X, Y$ の**同時密度関数**と定義する。また、

$$f_X(x) = \int_{-\infty}^{\infty} f_{X,Y}(x, y)\,dy, \quad f_Y(y) = \int_{-\infty}^{\infty} f_{X,Y}(x, y)\,dx$$

をそれぞれ、X の周辺密度関数と Y の周辺密度関数と定義する。

離散型確率変数と似たような形で、以下が成り立ちます。

**定理 9-5**

$X, Y$ が前定義を満たす連続型確率変数のとき、$X, Y$ が独立であることは、任意の $x, y$ について、

$$f_{X,Y}(x, y) = f_X(x) \cdot f_Y(y)$$

が成り立つことと同値である。

本によっては、定理 9-2 と定理 9-5 を独立の定義としているものもあります。離散型と連続型を分けて論じているかぎりは、どちらを定義にしてもとくに問題ありません。

# 9-2 共分散・相関係数

## 9-2-1 共分散・相関係数の定義

続いて、2 つの確率変数の特性値である、共分散と相関係数を定義します。

**定義 9-6**

$X, Y$ を確率変数とする。

① $X, Y$ が定義 9-3 を満たす離散型確率変数のとき、

$$\sum_{i=1}^{\infty}\sum_{j=1}^{\infty}(x_i - E[X])(y_j - E[Y])f_{X,Y}(x_i, y_j)$$

を $X, Y$ の**共分散**と定義する。

② $X, Y$ が定義 9-4 を満たす連続型確率変数のとき、

$$\int_{-\infty}^{\infty}\int_{-\infty}^{\infty}(x - E[X])(y - E[Y])f_{X,Y}(x, y)dxdy$$

を $X, Y$ の共分散と定義し、$Cov(X, Y)$ で表す。

③ X, Y のそれぞれの分散 V[X], V[Y] が存在すれば、

$$\frac{\mathrm{Cov}(X, Y)}{\mathrm{SD}[X] \cdot \mathrm{SD}[Y]}$$

を X, Y の**相関係数**と定義する。

共分散は、存在するならば実数全体の値をとりえます。相関係数は、存在するならば −1 以上 1 以下になります。

また、ある実数 $a, b, c$(ただし $a \neq 0, b \neq 0$) があって、$aX + bY = c$(ただし $a \neq 0, b \neq 0$) を満たしているならば、相関係数は −1 もしくは 1 のどちらかの値になることも、標本相関係数同様です。

## 9-2-2 Excel を使った演習

それでは実習してみましょう。ファイルの「9-2 離散」シートに 3 つの同時確率分布表があります。それぞれについて X, Y の相関係数まで求めましょう。まずは［1］についての平均と分散を求めます。

**練習 9-2：同時確率分布表から相関係数を求める**

① C4:F7 を選択し Alt + Shift + = を押す

② I3 に=SUMPRODUCT(B4:B6,F4:F6) と入力

③ I4 に=SUMPRODUCT(B4:B6-I3,B4:B6-I3,F4:F6) と入力

④ I5 に=SUMPRODUCT(C3:E3,C7:E7) と入力

⑤ I6 に=SUMPRODUCT(C3:E3-I5,C3:E3-I5,C7:E7) と入力

さて、共分散になります。K 列から N 列にすでに補助画面を用意しています。L4:N6 の部分が $(x_i - E[X])(y_j - E[Y])$ の値を表します。各々についての確率 $\Pr(X = x_i, Y = y_j)$ は、もとの同時確率分布 C4:E6 です。よって、以下で共分散（265）と相関係数（約 0.2837）が得られます。

⑥ I7 に=SUMPRODUCT(L4:N6,C4:E6) と入力

⑦ I8 に=I7/SQRT(I4*I6) と入力

独立と無相関については、以下が成り立ちます。

**定理 9-7**

2 つの確率変数は、独立ならば共分散は 0 である。
よって独立ならば相関係数も 0 である。

X, Y の共分散が 0 となることは、X, Y は**無相関**であるともいいます。なお、この定理の逆は成り立ちません。独立でなくとも共分散が 0 になることはあり得ます。

ファイルの「9-2 離散」シートの続きの [2] と [3] を見てください。それぞれの X, Y について、その相関係数まで求めます。まずはその [2] の分布を見て、「同時確率が周辺確率の積」になっていること、つまり X, Y が独立であることを確認してください。一方 [3] の X, Y が非独立なのは明らかでしょう。

### 練習 9-3：独立と相関係数の関係

① I3:I8 を選択し Ctrl + C でコピー
② I13 に移動して Ctrl + V で貼り付け
③ I23 に移動して Ctrl + V で貼り付け

[1] と同じ 3×3 の確率分布表なので、このようにコピー貼り付けで得られます。[2] を見て、定理が成り立っていることをイメージしてください。[3] は、定理の逆が成り立たないことを表しています。

次に、ファイルの「9-2 連続」シートを開いてください。Excel のグラフで、$r$（ただし $-1 < r < 1$）を所与とした

$$f(x, y) = \frac{1}{2\pi\sqrt{1-r^2}} \exp\left[-\frac{x^2 - 2rxy + y^2}{2(1-r^2)}\right] \tag{9.1}$$

を、X, Y の同時密度関数として、$z = f(x, y)$ の 3 次元グラフの概形が描かれています（グラフでの $x, y$ は $\pm 3$ で打ち切り）。**同時密度関数**は、以降の章で出てくる定義 10-12 における以下の値です。

$$\mu_x = \mu_y = 0, \sigma_x = \sigma_y = 1, \rho = r$$

グラフの概形は、図 9-1 の左側のようになっています。$a, b$ を所与とした

とき、$\Pr(X \leqslant a, Y \leqslant b)$ はこの立体を 2 つの平面 $x = a, y = b$ で切断して、$xy$ 平面で $-\infty < x \leqslant a, -\infty < y \leqslant b$ の部分に残っている立体の体積となります。

27-6 節の証明から、$X, Y$ の相関係数が $r$ になることが知られています。$r$ を変化させて、グラフの様子を見てみましょう。

まず B2 の値を $-0.5, -0.8, -0.99$ と変化させてグラフを見てみましょう。$X, Y$ が「負の関係」になっていることと、$-1$ に近づくにつれて $X$ と $Y$ の関係が線形関係になりつつあることが、グラフからイメージできるかと思います。同様に、B2 の値を $0.5, 0.8, 0.99$ とすると $X, Y$ が「正の関係」になっていることと、1 に近づくにつれて $X$ と $Y$ の関係が線形関係になりつつあることがイメージできます。

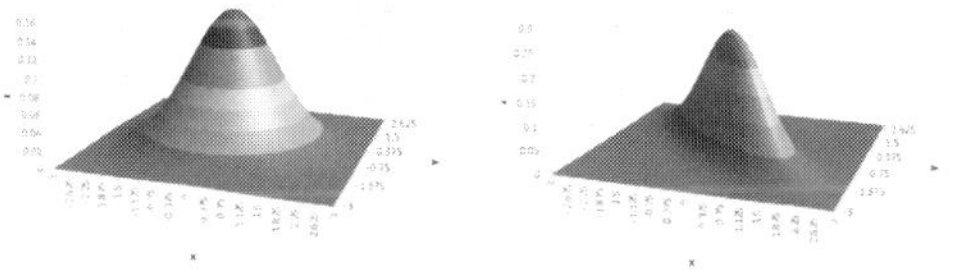

$r = 0$　　　$r = -0.8$

図 9–1　(9.1) 式の $z = f(x, y)$ の 3D グラフ

## 9-3　条件付き確率でデータを分析してみよう

警察庁などがシートベルトの安全性を主張するとき、よく致死率（死亡数/死傷者数）の比をとって、非着用の場合は着用した場合の何倍になるかを測っています。令和 3 年では、自動車乗車中死者数の統計から、それは約 17.0 倍となっていました（出典：警察庁ウェブサイト https://www.npa.go.jp/publications/statistics/koutsuu/jiko/R03bunseki.pdf）。

この数値は実際の事故における死亡率の比較なので、シートベルトの有無以外にさまざまな要因が関わっていることが推測されます。しかし後述するベイズの定理を学び、ほかからデータを得ること（outside data の利用）によって、シートベルトの有無だけに関する死亡率の比較を行うことができます。

本節では、確率変数よりも一般的な事象について説明していきます。まず、全事象を $\Omega$ として、事象 $E \in \Omega$ が起こる確率を $\Pr(E)$ で表します。$A \in \Omega$

も $B \in \Omega$ も両方とも起こる確率を、$\Pr(A \cap B)$ で表します。したがって、A と B が独立な事象であることは、$\Pr(A \cap B) = \Pr(A)\Pr(B)$ を意味します。

**定義 9-8**

A が起こったという条件のもとで B が起こる確率を、$\Pr(B|A)$ で表す。これを B の A による**条件付き確率**と定義する。$\Pr(A) > 0$ の場合には、以下で定義される。

$$\Pr(B|A) = \frac{\Pr(A \cap B)}{\Pr(A)}$$

これを独立と組み合わせると、以下が成り立ちます。

**定理 9-9**

2 つの事象 $A, B$ について $\Pr(A) > 0$ とする。$A, B$ が独立であることは、$\Pr(B|A) = \Pr(B)$ と同値である。

さらに、条件付き確率の定義から、以下が成り立ちます。

$$\Pr(A)\Pr(B|A) = \Pr(A \cap B) = \Pr(B)\Pr(A|B)$$

よって、両辺を $\Pr(A)$ で割ってベイズの定理が成り立ちます。

**定理 9-10**

2 つの事象 $A, B$ について $\Pr(A) > 0$ のとき、

$$\Pr(B|A) = \frac{\Pr(A|B)\Pr(B)}{\Pr(A)}$$

統計学ではベイズ推定、経済学ではゲーム理論における展開型での信念（belief）の更新などに用いられます。

では、Excel で実習しましょう。「9-3」シートを開いてください。今回は、本節の最初で述べた以下の比を求めます。

$$\frac{\Pr(\text{死亡} \mid \text{シートベルト非着用})}{\Pr(\text{死亡} \mid \text{シートベルト着用})}$$

以降、長いので「シートベルト」は省略します。この式の分子と分母ともに、ベイズの定理を適用したあとに Pr( 死亡 ) で約分すると以下になります。

$$\frac{\Pr(\text{非着用}\,|\,\text{死亡})/\Pr(\text{非着用})}{\Pr(\text{着用}\,|\,\text{死亡})/\Pr(\text{着用})}$$

約分がポイントです。2021 年の自動車運転者死亡者数は、着用者は 363 人、非着用者は 290 人の計 653 人です（出典：警察庁ウェブサイト https://www.npa.go.jp/koutsuu/kikaku/seatbelt/statistical_chart_table_R3.pdf）。

Pr( 着用 | 死亡 ) と Pr( 非着用 | 死亡 ) を Excel で計算してみましょう。

### 練習 9-4：コピー・貼り付けによる比の確認

① C9 に =C6/$E$6 を入力してコピー

② D9 に貼り付け

一方、[2] 運転手のシートベルト着用率（2021）については、別のデータ（出典：警察庁ウェブサイト https://www.npa.go.jp/koutsuu/kikaku/seatbelt/npa_jaf_research3.pdf）を参照しています。C13 は、一般道と高速道の両方から加重平均をとった 0.9915 です。

| 運転手 | 着用 | 非着用 | 合計 |
|---|---|---|---|
| [1] 死者数 | 363 | 290 | 653 |
| [2] シートベルト着用率推計値 | 0.9915 | 0.0085 | |

表 9-2　運転手の死者数とシートベルト着用率 (2021)

ここまでの内容をまとめたのが、表 9-2 です。このデータのみから、シートベルトの有無による死亡率の比を求めることができるわけです。

では、Pr( 非着用 | 死亡 )/Pr( 非着用 ) と Pr( 着用 | 死亡 )/Pr( 着用 ) の比を求めましょう。

### 練習 9-5：ベイズの定理の応用

① D13 に =1-C13 と入力

② C16 に =C9/C13 と入力し、コピーして D16 に貼り付け

③ D18 に =D16/C16 と入力

四捨五入してまとめると、以下のようになります。

- Pr(着用 | 死亡)=0.556、Pr(非着用 | 死亡)=0.444
- Pr(着用 | 死亡)/Pr(着用)=0.56、Pr(非着用 | 死亡)/Pr(非着用)=52.2、求める割合 = 52.2/0.56 = 93.2

つまり2021年でのデータから、運転者についてはシートベルト非着用者の死亡率が着用者の約93.2倍だったと推定されます。

このように、公開されているデータを使って報告書の本文に書かれていないことを示すのは楽しいので、いろいろとチャレンジしてみてください。

### コラム　オートサムの利用

「9-1」シートや「9-2」シートで用いたオートサムはメニュータブとリボンから［ホーム］→［Σオートサム］をマウスで選択する人がほとんどでしょう。

しかし、Alt+Shift+= （mac OSではCommand+Shift+t）のほうが早くて簡単です。

本章の実習では2次元での合計を求めましたが、行方向のみや列方向のみの1次元の合計でも利用できます。「コラム」シートで確認してみましょう。

[1] ではB4:B10とC4:C10のそれぞれの和をB11とC11に記入し、[2] ではG4:J4とG5:J5それぞれの和をK4とK5に記入します。

#### 練習9-6：オートサム

① B11:C11を選択してAlt+Shift+=を押す
② K4:K5を選択してAlt+Shift+=を押す

第 10 章

# 2つの確率変数の和や定数倍に注目してみよう

和の分布を理解しよう　　chapter_10.xlsx

高校までの数学の知識に、第 5 章の確率分布表と前章の独立の知識を加えると、$X, Y$ がサイコロの出目が独立のとき、その和 $X + Y$ の確率分布表が次のようになることは理解しやすいでしょう。

| 出目 | 2 | 3 | 4 | 5 | 6 | 7 | 8 | 9 | 10 | 11 | 12 |
|---|---|---|---|---|---|---|---|---|---|---|---|
| 確率 | $\frac{1}{36}$ | $\frac{2}{36}$ | $\frac{3}{36}$ | $\frac{4}{36}$ | $\frac{5}{36}$ | $\frac{6}{36}$ | $\frac{5}{36}$ | $\frac{4}{36}$ | $\frac{3}{36}$ | $\frac{2}{36}$ | $\frac{1}{36}$ |

第 5 章の知識とこの表より、平均と分散について、$E[X+Y] = 7, V[X+Y] = \frac{35}{6}$ が得られます。

しかし、特別な確率分布ではないかぎり、$X + Y$ の分布を求めるのは大変です。そこで本節では、次のようなことを学んでいきます。

- 和 $X + Y$ の分布を求めずに、$X, Y$ の情報だけで $E[X + Y]$ や $V[X + Y]$ を求めるにはどうすればよいか？
- 和の分布を求めるにはどうすればよいか？
- $X + Y$ の分布を簡単に求められるような「特別な確率分布」にはどのようなものがあるのか？
- 正規分布は特別な確率分布よりもさらに特別、とはどういう意味か？

## 10-1　確率変数の和の平均・分散・標準偏差

### 10-1-1　確率変数の和に関する定理

まず、2 変数の実数値関数 $g(x, y)$ を用いて、新たな確率変数 $g(X, Y)$ の期待値について以下のように定義します。

**定義 10-1**

確率変数 $X, Y$ と、2 変数実数値関数 $g(x, y)$ について、

① $X, Y$ が同時確率分布関数 $f(x, y)$ をもつ離散型確率変数のとき、$\sum_{i,j} |g(x_i, y_j)| f(x_i, y_j) < \infty$ ならば、

$$E[g(X, Y)] = \sum_{i,j} g(x_i, y_j) f(x_i, y_j)$$

② $X, Y$ が同時密度関数 $f(x, y)$ をもつ連続型確率変数のとき、$\iint_{-\infty<x<\infty, -\infty<y<\infty} |g(x, y)| f(x, y) dx dy < \infty$ ならば、

$$E[g(X, Y)] = \iint_{-\infty<x<\infty, -\infty<y<\infty} g(x, y) f(x, y) dx dy$$

$g(X, Y) = X + Y$ を代入して計算すると $E[X + Y] = E[X] + E[Y]$ が成り立ちます。$E[X + Y]$ が存在した場合、$g(X, Y) = \{(X + Y) - E[X + Y]\}^2$ を代入すると、$V[X + Y] = V[X] + 2Cov(X, Y) + V[Y]$ となります。

まとめると、次の定理になります。

**定理 10-2**

確率変数 $X, Y$ について、以下が成り立つ。

$$E[X + Y] = E[X] + E[Y]$$

$$V[X + Y] = V[X] + 2Cov(X, Y) + V[Y]$$

ただしこの両式とも、「右辺が存在するならば、左辺も存在して左辺は右辺と一致する」という意味です。確率変数によっては分散をもたない場合もあるので（たとえば $E[(X - E[(X))^2]]$ が $\infty$ に発散する場合など）、それを除外するため、以下のように表記します。

**定義 10-3**

確率変数 $X$ が分散をもつならば、$X \sim (E[X], V[X])$ と表す。

XとYが独立ならば共分散が0であることと、定理5-10や定理8-4などから、以下のようにいえます。

**定理 10-4**

$X \sim (E[X], V[X]), Y \sim (E[Y], V[Y])$ ならば、

$$aX + bY \sim (aE[X] + bE[Y], a^2V[X] + 2ab\mathrm{Cov}(X, Y) + b^2V[Y])$$

とくに、

$$\begin{cases} X \sim (E[X], V[X]) \\ Y \sim (E[Y], V[Y]) \\ X, Y \text{ は独立} \end{cases} \Longrightarrow X + Y \sim (E[X] + E[Y], V[X] + V[Y])$$

このように、$aX + bY$ の共分散の形については、実数 $a, x, b, y$ に関する $(ax + by)^2 = a^2x^2 + 2abxy + b^2y^2$ の形とそっくりになります。

独立な確率変数の和を標語的に表すと、「和の平均は平均の和。和の分散も分散の和」となります。なお、共分散や分散も以下のように、期待値のみで計算されます。

**定理 10-5**

確率変数 $X, Y$ について、

$$\mathrm{Cov}(X, Y) = E[XY] - E[X]E[Y]$$
$$V[X] = E[X^2] - \{E[X]\}^2$$

これらはそれぞれ、**共分散公式**や**分散公式**といいます。共分散を示せば十分です。というのも、分散公式は共分散のYにXを代入して得られるためです。簡単なので証明は省略します。

### 10-1-2　Excelを使った演習

それでは実習してみましょう。ファイルの「10-1」シートのB3:E6に表10–1の同時確率分布表があります。これを利用して $S = X + Y$ の確率分布関数を作り、$E[S] = 1.9, V[S] = 1.29$ を求めて、定理10–4が成り立っていることを確認します。

| $x \backslash y$ | 0 | 2 | $\Pr(Y = y)$ |
|---|---|---|---|
| 0 | 0.2 | 0.3 | 0.5 |
| 1 | 0.1 | 0.4 | 0.5 |
| $\Pr(X = x)$ | 0.3 | 0.7 | 1 |

| $xy$ の値 | $y = 0$ | $y = 2$ |
|---|---|---|
| $x = 0$ | 0 | 0 |
| $x = 1$ | 0 | 2 |

表 10–1　$X, Y$ の同時確率分布表と対応する積 $xy$ の値

共分散公式を用いて、$X, Y$ の共分散を求めます。B9:B12に、以下の値が数式によって得られています。

$$E[X] = 0.5, V[X] = 0.25, E[Y] = 1.4, V[Y] = 0.84$$

各確率に対応する $XY$ の値は、表10–1の右側にあります。ExcelではC16:C17にあります。表10–1から、

$$E[XY] = 0 \cdot 0.2 + 0 \cdot 0.3 + 0 \cdot 0.1 + 2 \cdot 0.4 = 0.8$$

だといえます。ここでExcelで計算してみましょう。

#### 練習 10–1：共分散を SUMPRODUCT 関数で導出

① B13 に =sumproduct(C16:D17,C4:D5) と入力
② B14 に =B13-B9*B11 と入力

共分散公式から、$Cov(X, Y) = 0.1$ が得られます。Sの分布は表10–2が自動的にG3:K4に数式で得られています。Sの期待値と分散を求めましょう。

| s | 0 | 2 | 1 | 3 |
|---|---|---|---|---|
| Pr(S=s) | 0.2 | 0.3 | 0.1 | 0.4 |

表 10−2　S = X + Y の確率分布表

**練習 10-2：和の期待値と分散の導出**

① H9 に =SUMPRODUCT(H3:K3,H4:K4) と入力

② H10 に =SUMPRODUCT(H3:K3-H9,H3:K3-H9,H4:K4) と入力

H12:H13 はすでに B9:B13 をもとにした計算式が入っています。まず、1.9 と 1.29 となっていることを確かめてください。

次に、C4:D5 の 4 つのセルが、「すべて 0 以上かつ 4 つのセルの和が 1」という確率を満たす範囲でどのように変更しても、H9 は H12 と一致し、H10 は H13 と一致することを確かめてください。さらに、B4:B5、C3:C4 の値をどのように変更しても、やはり H9:H10 は H12:H13 と一致することも確かめましょう。

# 10-2　和の分布と再生性

## 10-2-1　和の分布と再生性の定義

前節で和について期待値などを求めましたが、分布については言及しませんでした。本節では、和の分布について説明します。

まずは本章の最初のサイコロの例で考えてみましょう。以下の表は、$p = \frac{1}{36}$ として、確率分布表と和の値を表したものです。

| 同時確率分布表 | | | | | | |
|---|---|---|---|---|---|---|
| 6 | p | p | p | p | p | p |
| 5 | p | p | p | p | p | p |
| 4 | p | p | p | p | p | p |
| 3 | p | p | p | p | p | p |
| 2 | p | p | p | p | p | p |
| 1 | p | p | p | p | p | p |
| ↑ y\x → | 1 | 2 | 3 | 4 | 5 | 6 |

| 和 x + y の値 | | | | | | |
|---|---|---|---|---|---|---|
| 6 | 7 | 8 | 9 | 10 | 11 | 12 |
| 5 | 6 | 7 | 8 | 9 | 10 | 11 |
| 4 | 5 | 6 | 7 | 8 | 9 | 10 |
| 3 | 4 | 5 | 6 | 7 | 8 | 9 |
| 2 | 3 | 4 | 5 | 6 | 7 | 8 |
| 1 | 2 | 3 | 4 | 5 | 6 | 7 |
| y\x | 1 | 2 | 3 | 4 | 5 | 6 |

$x, y$ の値のとり方は、$xy$ 平面と同様の形としました。

このとき $S = X + Y$ として、本章の最初の確率分布表が得られたわけですが、この過程をゆっくりと追っていきましょう。表の右側の和 $x + y$ の値の表に注目してください。ある $s = 2, \cdots, 12$ の値をとると、その $s$ の値が同じ値が、左上から右下に斜めに並んでいます。$\Pr(S = s)$ となる確率はその斜めになっている部分と同じ部分に対応して、表の左側の値（いまは $p$）を加えて本章最初の確率分布が得られました。

この過程を式で考えてみましょう。$X, Y$ の同時確率関数が、

$$f(i, j) = p \quad (\text{if } i = 1, \cdots, 6; j = 1, \cdots, 6)$$

なので、

$$\Pr(S = s) = \sum_{i+j=s} f(i, j) = \sum_{i} f(i, s - i) = \sum_{j} f(s - j, j)$$

となっています。これを一般化すると、次の定理が得られます。

**定理 10-6**

2 つの離散型確率変数 $X, Y$ について、$X$ のとりうる値が可算無限個の $x_1, \cdots$ であり、$Y$ のとりうる値が可算無限個の $y_1, \cdots$ であり、同時確率関数を $f(x, y)$ とする。このとき $S = X + Y$ の確率関数 $f_S(s)$ は、以下で表される。

$$f_S(s) = \sum_{x_i + y_j = s} f(x_i, y_j) = \sum_{i=1}^{\infty} f(x_i, s - x_i) = \sum_{j=1}^{\infty} f(s - y_j, y_j)$$

いままでどおり、連続型の場合は和記号を積分記号に変更し、確率関数部分を確率密度関数に変更した形となります。つまり、

**定理 10-7**

2 つの連続型確率変数 $X, Y$ の同時密度関数を $f(x, y)$ とする。このとき $S = X + Y$ の密度関数 $f_S(s)$ は、以下で表される。

$$
\begin{aligned}
f_S(s) &= \iint_{x+y=s} f(x, y)\,dx\,dy = \int_{-\infty}^{\infty} f(x, s-x)\,dx \\
&= \int_{-\infty}^{\infty} f(s-y, y)\,dy
\end{aligned}
$$

### 10-2-2　再生性をもつ分布

次は、本章の最初で述べた、和の分布が簡単に得られる分布についてです。$X$ と $Y$ が独立で、$X$ も $Y$ も $X + Y$ も、パラメータは異なっても同じ分布となる場合、その分布は和について**再生性**をもつといいます。再生性をもたないものが普通で、再生性をもつものが特別です。特別なものの 1 つが二項分布です。以下の定理の証明は第 27 章にあります。

**定理 10-8**

$m, n$ は正整数とし、$p$ は $0 < p < 1$ とする。

① $\begin{cases} X \sim \mathrm{Bin}(m, p) \\ Y \sim \mathrm{Bin}(n, p) \\ X, Y \text{ は独立} \end{cases} \Longrightarrow X + Y \sim \mathrm{Bin}(m + n, p)$

② パラメータ $p$ のベルヌーイ分布の独立な $n$ 個の和は、パラメータ $(n, p)$ の二項分布に従う。

## 10-3　より広い再生性をもつ分布

### 10-3-1　正規分布の再生性

正規分布も和について再生性をもちます。というより、さらにそれよりも広く、線形結合についても再生性をもちます。分散 0 の正規分布 $N(\mu, 0)$ とは、確率 1 で定数 $\mu$ をとる確率変数であると定義します。すると、再生性は次のように簡単に書けます。

**定理 10-9**

正規分布の線形結合

$$\begin{cases} X \sim N(E[X], V[X]) \\ Y \sim N(E[Y], V[Y]) \\ X, Y \text{ は独立} \end{cases}$$

$$\Longrightarrow aX + bY \sim N(aE[X] + bE[Y], a^2V[X] + b^2V[Y])$$

$a = b = 1$ が和の再生性を意味します。なお、第 8 章の定理 8–4 から、証明する場合には $a = b = 1$ と $\mu_x = \mu_y = 0$ を仮定しても一般性は失いません。$V[X] = V[Y] = 0$ のときは簡単で、どちらか一方のみが 0 の場合は、定理 8-4 に帰着されます。よって $c > 0, d > 0$ で、以下を示せばよいわけです。

$$\begin{cases} X \sim N(0, c^2) \\ Y \sim N(0, d^2) \\ X, Y \text{ は独立} \end{cases} \Longrightarrow X + Y \sim N(0, c^2 + d^2) \tag{10.1}$$

独立なので $X, Y$ の同時密度関数は $f(x, y) = \frac{1}{2\pi cd} \exp[-x^2/(2c^2) - y^2/(2d^2)]$ で表されます。

$$f(x, s - x) = \frac{1}{2\pi cd} \exp[-x^2/(2c^2) - (s - x)^2/(2d^2)] \tag{10.2}$$

これを $x$ について $-\infty$ から $\infty$ まで積分したものが、$S$ の密度関数です。これが $S$ に関して $N(0, c^2 + d^2)$ の密度関数となっていることを示せばよいわけです。残りの証明は第 27 章で示します。

### 10-3-2 SymPy を使った演習

では、これを SymPy で実感してみましょう（SymPy については 8-3 節を参照）。SymPy Live の場合は、以下のコードを順に入力してください。最後の行の `simplify` は、名前のとおり計算式を簡単化させる関数です。

```
s = symbols('s', real=True)
c, d = symbols('c d', positive=True)
f = exp(-x**2/(2*c**2)-(s-x)**2/(2*d**2))/(2*pi*c*d)
simplify(integrate(f,(x,-oo,oo)))
```

最後の行を打ち込んでEnterを押したあと、15 秒～30 秒ほど待つ可能性があります。60 秒経つとタイムアウトとなりますが、そこまではかからないはずです。バッチ形式で動かす場合は、以下のコードとなります。

```
from sympy import *
x, y, z, t = symbols('x y z t')
f, g, h = symbols('f g h', cls=Function)
s = symbols('s', real=True)
c, d = symbols('c d', positive=True)
f = exp(-x**2/(2*c**2)-(s-x)**2/(2*d**2) )/(2*pi*c*d)
print(simplify(integrate(f,(x,-oo,oo))))
```

いずれにしても計算結果は多少複雑な形で出てくることがほとんどですが、$\sqrt{2}$ で約分するなどすれば、

$$\frac{1}{\sqrt{2\pi}\sqrt{c^2+d^2}}\exp\left[-\frac{s^2}{2(c^2+d^2)}\right] \tag{10.3}$$

を意味する式が得られます。S についての $N(0, c^2+d^2)$ の密度関数と一致することが実感できます。

共分散が非 0 の場合まで拡張すると、以下の定理となります。

**定理 10–10**

$$\begin{cases} X \sim N(E[X], V[X]) \\ Y \sim N(E[Y], V[Y]) \end{cases}$$
$$\Longrightarrow aX + bY \sim N(aE[X] + bE[Y], a^2V[X] + 2ab\,\mathrm{Cov}(X, Y) + b^2V[Y])$$

しかし、それよりも重要なのは以下の定理です。

**定理 10-11**

$X \sim N(E[X], V[X]), Y \sim N(E[Y], V[Y])$ のとき、

$$X, Y \text{ は無相関である} \iff X, Y \text{ は独立である}$$

2 つの確率変数があったとき、「独立ならば無相関」なのですが、2 つとも正規分布に従うならば逆も成り立つわけです。

ただし、この 2 つの定理を証明するには、まず同時に正規分布に従うという**同時正規分布**について定義しなければなりません。初学の場合はこの節の残りは読み飛ばして構いません。

**定義 10-12**

$\sigma_x > 0, \sigma_y > 0, |\rho| < 1$ とする。$X, Y$ が同時密度関数

$$f(x, y) = \frac{1}{2\pi\sqrt{1-\rho^2}\sigma_x\sigma_y} \cdot \exp\left[-\frac{\left(\frac{x-\mu_x}{\sigma_x}\right)^2 - 2\rho\left(\frac{x-\mu_x}{\sigma_x}\right)\left(\frac{y-\mu_y}{\sigma_y}\right) + \left(\frac{y-\mu_y}{\sigma_y}\right)^2}{2(1-\rho^2)}\right]$$

をもつとき、$X, Y$ はパラメータ $(\mu_x, \mu_y, \sigma_x^2, \sigma_y^2, \rho)$ の二変量同時正規分布に従うという。

$\rho$ は X と Y の相関係数を表します（証明は第 27 章）。この周辺分布を求めると、

$$X \sim N(\mu_x, \sigma_x^2), \ Y \sim N(\mu_y, \sigma_y^2)$$

が成り立ち、さらに $\mathrm{Cov}(X, Y) = \rho\sigma_x\sigma_y$ も得られます（証明は第 27 章）。そこで共分散が 0 の場合を考えて、$\rho = 0$ を同時密度関数 $f(x, y)$ に代入すると、

$$f(x, y) = \left(\frac{1}{\sqrt{2\pi}\sigma_x} e^{-(x-\mu_x)^2/(2\sigma_x^2)}\right)\left(\frac{1}{\sqrt{2\pi}\sigma_y} e^{-(y-\mu_y)^2/(2\sigma_y^2)}\right)$$

と表されます。右辺は正規分布 $N(\mu_x, \sigma_x^2)$ の密度関数と $N(\mu_y, \sigma_y^2)$ の密度関数の積になっています。よって、定理 9–5 より $X, Y$ は独立となりますから、定理 10–11 が成り立ちます。

### コラム　列をまるごと選択する

たとえば、A 列と B 列の全行をコピーしたいとします。このとき、以下のように操作していたと思います。

① マウスで A1 セルの上にある A の文字を押す
② マウスを B の文字までドラッグし、A 列全体と B 列全体を選択
③ Ctrl+C でコピー

これをキーボードでやってみましょう。列全体の選択は、Ctrl+Space で可能です。アクティブなセルがどの行にあっても選択できるのが、便利です。Space キーはキーボードの一番下の行の真ん中にある空白のキーです。

「コラム」シートを選択してください。まずは A 列から C 列までの全体をコピーして、E 列から G 列まで貼り付けましょう。いまは、A9 がアクティブになっているはずです。

#### 練習 10–3：列全体コピー

① Shift+→ 2 回で A9:C9 を選択
② Ctrl+Space で A 列〜C 列を選択
③ Ctrl+C でコピー
④ E1 に移動し Enter で貼り付け

# 第 11 章

# n 個の確率変数について理解しよう

独立同分布に従う n 個の確率変数の平均や基準化を学ぼう

chapter_11.xlsx

本章では、とくに独立で同じ確率分布に従う n 個の確率変数について、その平均と分散、さらに基準化という操作を学びます。これによって、第 III 部で学ぶ推定や検定が簡単に理解できるようになります。

本章のファイルは重いので、開くのに少し時間かかります。

## 11-1 n 個の確率変数の和や平均

### 11-1-1 定理の確認

前章では、2 つの確率変数の独立について説明しました。n 個の確率変数については、n 個がいっぺんに独立であるという概念はありません。どの 2 個を取り出しても独立である、という形で定義します。

**定義 11-1**

n 個の確率変数 $X_i$ $(i = 1, \cdots, n)$ について、

① 任意の $s, t$（$s, t$ とも 1 以上 n 以下の正数で $s \neq t$）について $X_s$ と $X_t$ が独立のとき、$X_i$ は各々独立であるという。

② $X_i$ が各々独立で、それぞれが同じ確率分布に従うとき、$X_i$ は独立同分布であるという。その確率分布が平均 $\mu$ で分散 $\sigma^2$ の場合、以下などで表す。

$$
\begin{aligned}
&X_i \sim \text{i.i.d.}\ (\mu, \sigma^2) \quad (i = 1, \cdots, n) \\
&i = 1, \cdots, n \text{ について } X_i \sim \text{i.i.d.}\ (\mu, \sigma^2)
\end{aligned}
\tag{11.1}
$$

i.i.d. は independently identically distribution の略です。(11.1) 式のように定義することで、独立について長々と説明せずに簡単に表すことができます。

同様に記号の簡略化として、本章ではすべて以下のように定義します。

$$\bar{X} = \frac{X_1 + \cdots + X_n}{n} \tag{11.2}$$

正規分布についても、同様に以下のように定義します。

**定義 11-2**

$X_i$ $(i = 1, \cdots, n)$ が独立同分布であり、それぞれ平均 $\mu$、分散 $\sigma^2$ の正規分布に従うとき、以下のように表す。

$$X_i \sim \text{i.i.d. } N(\mu, \sigma^2) \quad (i = 1, \cdots, n)$$
$$X_i \sim \text{i.i.d. Normal}(\mu, \sigma^2) \quad (i = 1, \cdots, n)$$
$$i = 1, \cdots, n \text{ について } X_i \sim \text{i.i.d. } N(\mu, \sigma^2)$$
$$i = 1, \cdots, n \text{ について } X_i \sim \text{i.i.d. Normal}(\mu, \sigma^2)$$

これらの定義と、定理 10–4 と定理 10–9 と数学的帰納法から、有限個の和についての以下の定理が成り立ちます。

**定理 11–3**

$i = 1, \cdots, n$ についての実数 $a_i$ を所与とする。

$$X_i \sim \text{i.i.d. } (\mu, \sigma^2) \quad (i = 1, \cdots, n)$$
$$\Longrightarrow \sum_{i=1}^{n} a_i X_i \sim \left( \mu \sum_{i=1}^{n} a_i, \sigma^2 \sum_{i=1}^{n} a_i^2 \right)$$
$$X_i \sim \text{i.i.d. } N(\mu, \sigma^2) \quad (i = 1, \cdots, n)$$
$$\Longrightarrow \sum_{i=1}^{n} a_i X_i \sim N\left( \mu \sum_{i=1}^{n} a_i, \sigma^2 \sum_{i=1}^{n} a_i^2 \right)$$

この定理で $a_1 = \cdots = a_n = 1$ の場合と、$a_1 = \cdots = a_n = 1/n$ の場合を考えると、$n$ 個の確率変数の和と平均の期待値と分散が得られます。

**定理 11-4**

$i = 1, \cdots, n$ について、

$$X_i \sim \text{i.i.d.}\ (\mu, \sigma^2) \Longrightarrow \begin{cases} \sum_{i=1}^{n} X_i \sim (n\mu, n\sigma^2) \\ \bar{X} \sim \left(\mu, \frac{\sigma^2}{n}\right) \end{cases} \tag{11.3}$$

$$X_i \sim \text{i.i.d.}\ N(\mu, \sigma^2) \Longrightarrow \begin{cases} \sum_{i=1}^{n} X_i \sim N(n\mu, n\sigma^2) \\ \bar{X} \sim N\left(\mu, \frac{\sigma^2}{n}\right) \end{cases} \tag{11.4}$$

この定理が、統計学では非常に重要となります。とくに $\bar{X}$ の分散の分母の $n$ を忘れないようにしてください。$X_i$ の分布が異なる場合や共分散をもつ場合も含めると以下となりますが、まずは上の式をしっかりと理解してください。

**定理 11-5**

$i = 1, \cdots, n$ についての実数 $a_i$ を所与とすると、

① $X_i \sim (E[X_i], V[X_i]) \quad (i = 1, \cdots, n)$ のとき、

$$\sum_{i=1}^{n} a_i X_i \sim \left(\sum_{i=1}^{n} a_i E[X_i], \sum_{i=1}^{n} a_i^2 V[X_i] + 2\sum_{i=1}^{n}\sum_{j=i+1}^{n} a_i a_j Cov(X_i, X_j)\right)$$

が成り立つ。とくに、

$$\bar{X} \sim \left(\frac{1}{n}\sum_{i=1}^{n} E[X_i], \frac{1}{n^2}\left(\sum_{i=1}^{n} V[X_i] + 2\sum_{i=1}^{n}\sum_{j=i+1}^{n} Cov(X_i, X_j)\right)\right)$$

② $X_i \sim N(E[X_i], V[X_i]) \quad (i = 1, \cdots, n)$ のとき、

$$\sum_{i=1}^{n} a_i X_i \sim N\left(\sum_{i=1}^{n} a_i E[X_i], \sum_{i=1}^{n} a_i^2 V[X_i] + 2\sum_{i=1}^{n}\sum_{j=i+1}^{n} a_i a_j Cov(X_i, X_j)\right)$$

が成り立つ。とくに、

$$\bar{X} \sim$$

$$N\left(\frac{1}{n}\sum_{i=1}^{n} E[X_i], \frac{1}{n^2}\left(\sum_{i=1}^{n} V[X_i] + 2\sum_{i=1}^{n}\sum_{j=i+1}^{n} Cov(X_i, X_j)\right)\right)$$

どちらも証明は省略しますが、①は定理 10-2 を拡張して得られます。②も共分散がすべて 0 ならば、定理 10-9 を拡張してすぐに得られます。①と②がほぼ同じ形をしていることを確認してください。

## 11-1-2 Excel を使った演習

では、この定理を実習によって確認しましょう。ファイルの「11-1 実験 1」シートの B2:D20001 には、独立な 3 つの変数 $X_1, X_2, X_3$ について、その乱数を 2 万回とった結果が表示されています。B1:D1 の見出しにあるように、それぞれ $X_1 \sim (6, 12), X_2 \sim (20, 10), X_3 \sim (4, 5)$ に従う乱数なので、この定理の最後の式から、

$$\bar{X} \sim \left(\frac{6+20+4}{3}, \frac{12+10+5}{3^2}\right)$$

が得られます。

まず $\frac{6+20+4}{3}, \frac{12+10+5}{3^2}$ を J8:J9 に記入したあとに、実験結果が理論値であるこの 2 つの値に非常に近い値となることを確かめましょう。

**練習 11-1：標本平均の期待値と分散**

① J8 に 10、J9 に =(12+10+5)/(3^2) をそれぞれ入力
② E2 セルに =AVERAGE(B2:D2) と入力
③ E2 に移動し■で下方向コピー
④ H8 に =AVERAGE(E:E) と入力
⑤ H9 に =VAR.S(E:E) と入力

H8 と J8、H9 と J9 をそれぞれ比較してください。9.99 と 10、2.96 と 3 となり、実験値が理論値に近い値となっていることがわかります。

次に、正規分布についての定理 11-4 を Excel で確認してみましょう。ファイルの「11-1 実験 2」シートの B2:D100001 には、独立な 3 つの変数 $X_1, X_2, X_3$ について、その乱数を 10 万回とった結果が表示されています。見出しの B1:D1 にあるように、$X_i \sim N(10, 36) \quad (i = 1, 2, 3)$ です。定理から $\bar{X} \sim N\left(10, \frac{36}{3}\right)$ が得られます。$\frac{36}{3} = 12$ です。実験結果の平均 $\bar{X}$ が、理論値であるこれらの値に非常に近い値となることを確かめましょう。

### 練習 11-2：正規分布の標本平均の期待値と分散

① J6 に 10、J7 に 12 をそれぞれ入力

② E2 に =AVERAGE(B2:D2) と入力

③ E2 に移動して、■で下方向コピー

④ H6 に =AVERAGE(E:E) と入力

⑤ H7 に =VAR.S(E:E) と入力

「実験 1」シートと同様に H6 と J6、H7 と J7 をそれぞれ比較してください。小数第 2 位四捨五入ならば、同じ値になります。

次に分布についても調べます。ここまでの実習で E 列が記入されたことによって、N2:R58 に度数分布表が自動的に作成されるようにすでに数式を記入しています（方法は 2-3 節とほぼ同様）。これを利用してグラフを作成します。

### 練習 11-3：正規分布の標本平均の分布を実験で体感

① P2:R58 の任意のセルに移動

② 第 7 章で標準グラフを散布図に変更済みなら Alt + F1、そうでなければメニュータブとリボンから［挿入］→［散布図のアイコン］の左上の図を選択

正しく作業すると、ほとんどの点が重なっているような散布図が得られます（図 11-1 参照）。つまり、各階級での実験値の相対度数と、$N(10, \frac{36}{3})$ での理論値がほぼ一致していることがイメージできます。

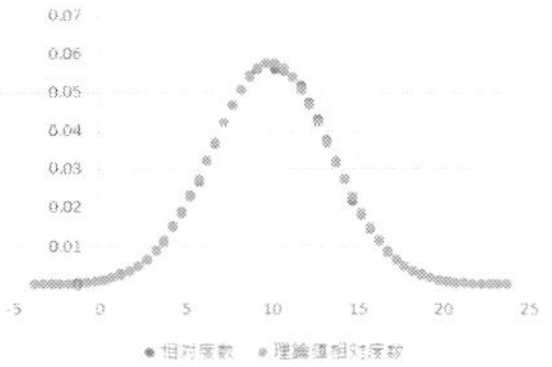


図 11–1　実験値と理論値の比較

## 11-2　確率変数の基準化・標準化

第 10 章の定義 10–3 の表記と、第 5 章の定理 5–10 と、第 8 章の定理 8–2 から、以下がいえます。

$$X \sim (\mu, \sigma^2) \Longrightarrow aX + b \sim (a\mu + b, a^2\sigma^2) \tag{11.5}$$

この式より、以下の 2 式が成り立ちます。

$$X \sim (\mu, \sigma^2) \Longrightarrow X - \mu \sim (0, \sigma^2)$$

$$X - \mu \sim (0, \sigma^2) \Longrightarrow \frac{1}{\sigma}(X - \mu) \sim (0, \frac{1}{\sigma^2}\sigma^2)$$

明らかに $\frac{1}{\sigma^2}\sigma^2 = 1$ です。このように、確率変数 X から平均を引いて、それを標準偏差で割ると、平均 0、分散 1、標準偏差 1 の分布が得られます。この式と第 8 章の定理 8–4 を合わせると、以下の 2 式がいえます。

**定理 11–6**

$\sigma > 0$ とする。

$$X \sim (\mu, \sigma^2) \Longrightarrow \frac{X - \mu}{\sigma} \sim (0, 1) \tag{11.6}$$

$$X \sim N(\mu, \sigma^2) \Longrightarrow \frac{X - \mu}{\sigma} \sim N(0, 1) \tag{11.7}$$

(11.6) 式のように、確率変数 $\frac{X-\mu}{\sigma}$ を作る作業の定義が以下となります。

**定義 11-7**

「確率変数 $X \sim (\mu, \sigma^2)$ から、その平均 $\mu$ を引いて、それを $X$ の標準偏差 $\sigma$ で割る」という作業を、「$X$ を基準化する」または「$X$ を標準化する」と定義する。

この定義によって、(11.7) 式は「正規分布を標準化したものは、標準正規分布」と日本語で説明できます。

## 11-3　和や平均の基準化・標準化

### 11-3-1　定理の確認

定理 11-4 と基準化・標準化の定義から、$X_i \sim \text{i.i.d.}\ (\mu, \sigma^2)$ について和を基準化すると $\frac{\sum_{i=1}^{n} X_i - n\mu}{\sqrt{n}\sigma}$、標本平均を基準化すると $\frac{\bar{X}-\mu}{\sigma/\sqrt{n}}$ です。見かけは違いますが、実は同じものです（前者の分子と分母を $n$ で割ると後者）。

正規分布の基準化も同様にして、まとめると以下となります。

**定理 11-8**

① $X_i \sim \text{i.i.d.}\ (\mu, \sigma^2)\quad (i = 1, \cdots, n)$ ならば、

$$\frac{\sum_{i=1}^{n} X_i - n\mu}{\sqrt{n}\sigma} = \frac{\bar{X}-\mu}{\sigma/\sqrt{n}} \sim (0, 1)$$

② $X_i \sim \text{i.i.d.}\ N(\mu, \sigma^2)\quad (i = 1, \cdots, n)$ ならば、

$$\frac{\sum_{i=1}^{n} X_i - n\mu}{\sqrt{n}\sigma} = \frac{\bar{X}-\mu}{\sigma/\sqrt{n}} \sim N(0, 1)$$

### 11-3-2　Excel を使った演習

では、この定理の②を Excel で実習してみましょう。ファイルの「11-3」シートを開いてください。B 列に「11-1 実験 2」シートの E 列の値をコピーしたあとに、この定理の $\mu = 10, \sigma = 6, n = 3$ の場合について確かめましょう。集計する階級は J 列にあります（I 列をもとにしています）。まずは B:D 列を完成させましょう。

## 練習 11-4：独立同分布の正規分布の標本平均 (1)

① 「11-1 実験 2」シートを選択
② E 列の任意のセルに移動し Ctrl ＋ スペース で列選択
③ Ctrl ＋ C でコピー
④ 「11-3」シートの B1 セルに移動
⑤ マウスを右クリックして値貼り付けを選択（図 11-2）
⑥ C2 に =(B2-10)/(6/SQRT(3)) を入力
⑦ D2 に =VLOOKUP(C2,$I$3:$I$67,1,TRUE) を入力
⑧ C2:D2 を選択し■で下方向コピー

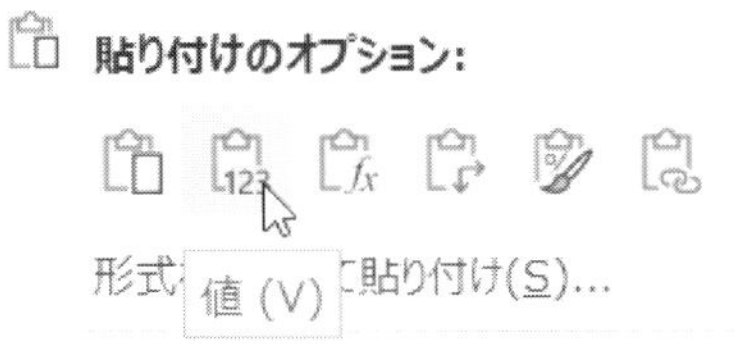


図 11-2 ［右クリック］→［値貼り付け］の画面

これで B2:D100001 まで値が入りました。C2 の式が基準化の式なので、よく見て確認してください。次は度数分布表とグラフを完成させます。

## 練習 11-5：独立同分布の正規分布の標本平均 (2)

① K3 に =COUNTIF(D:D,I3) を入力
② K3 に移動し■で下方向コピー
③ N3 に =K3/100000 を入力
④ O3 に =NORM.DIST(I4,0,1,TRUE)-NORM.DIST(I3,0,1,TRUE) を入力
⑤ N3:O3 を選択し■で下方向コピー
⑥ ↑ や ← を押して M2:O66 の任意のセルに移動
⑦ 第 7 章で標準グラフを散布図に変更済みなら Alt ＋ F1、そうでなければメニュータブとリボンから［挿入］→［散布図のアイコン］の左上の図を選択

正しく作業すると、図 11–1 と同様に、ほとんどの点が重なっているような散布図が得られます。これで定理のイメージをつかんでください。

## コラム　Alt キーの活用

本書ではAltキーをよく使っています。Altを使ったショートカットキーはいくつもありますが、そのなかで Excel だけにかぎらず Windows の操作においても最も役立つのは、Alt+Tabではないでしょうか。これによって、複数のアプリケーション間をマウスを使わずに切り替えることができます。私の場合は、左手の親指でAltを押しながら、左手の小指でTabをどんどん叩いていく感じで使っています。

本来Altは、アプリケーションソフトのメニューを選択するためのキーとして用いられてきました。たとえば、Windows 標準のメモ帳の画面を見てみましょう。

図 11–3　メモ帳のメニュータブ

メニュータブの横に英語の文字があります。ですから、Altを押したあとに F か E か O か V か H を押すと、上記メニューを選択できます。実際、Altを押してから手を離すと、下図のメニュー選択状態になります。

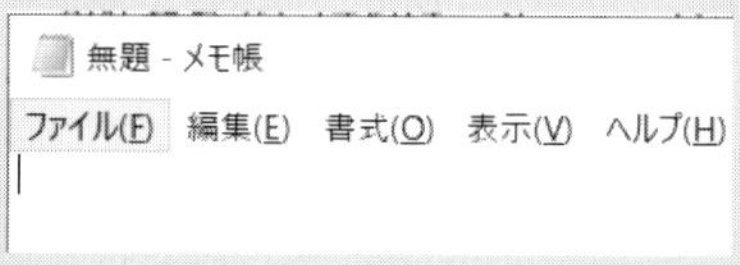


図 11–4　メモ帳で Alt キー

ファイルの右横に (F) があるので、この状態でF、もしくは↓を押すと、下図のようになります。

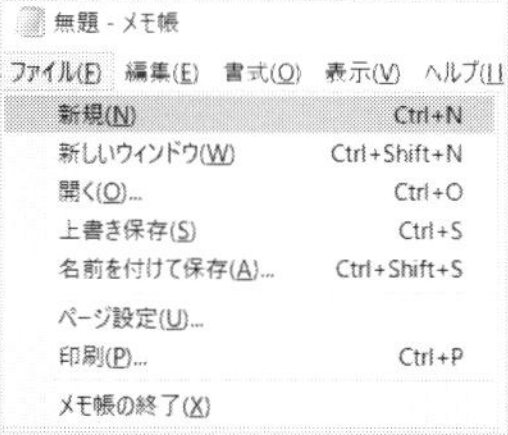


図 11–5　メモ帳で Alt+F

このあとにページ設定を選びたいときに、↓を数回押してEnterでも可能ですが、ページ設定の横に (U) があるので、画面の状態でUを押せば、一発で設定画面を選択できます。

昔は Excel もこのようになっていましたが、現在はメニューが多くなったためか、最初のメニュータブには英字が入っていません。

図 11–6　Excel のメニュータブ

しかしAltのあとに続くアルファベットを忘れていても、Altだけ押せば、下図のような画面が出ます。

図 11–7　Excel のメニュータブ、Alt キー入力後

これを見ながら順に半角英数字を押していけば、多くの場合、目的のメニューを選択することができます。

なお、メニュータブからのキーの順序は不変とはかぎらないので注意してください。たとえば、メニューバーとリボンでの［データ］→［データ分析］は、少し前まではAlt→A→Yでしたが、執筆時現在はAlt→A→Y→3 などです（環境によっては最後は 3 ではなく 2 の場合もあります）。

本当によく使うものは第 3 章のコラムで述べたように、クイックアクセスツールバーに登録するのがおすすめです。

同じ第 3 章の図 3–2 での選択画面では、統計情報 (S) にマウスでチェックを入れると述べました。(S) となっていますから、ここでは Alt + S という Alt との同時押しで、チェックボックスを選択できます。

第 12 章

# 大数の法則と中心極限定理を学ぼう

大数の法則と中心極限定理のイメージを掴もう

chapter_12.xlsx

本章では、大数の法則と中心極限定理について学びます。

**大数の法則**とは、ざっくりいえば「たくさん試行すれば得られる結果は真の平均に近づくだろう」という法則です。たとえば、ある時点における日本全体の日本政府への真の支持率を知りたいとしましょう。このとき以下 2 つの意見があった場合、あなたはどちらが正しいと感じますか？

- 「2 人に訊いて 1 人支持で 1 人は不支持だったので、真の支持率はその平均の 50% あたりだろう」
- 「2000 人に訊いて 1000 人支持で 1000 人は不支持だったので、真の支持率はその平均の 50% あたりだろう」

多くの人は、後者の主張のほうを支持するのではないでしょうか。後者が支持される理由をある程度説明できるのが大数の法則です。

**中心極限定理**は、さまざまな分野で役立つ概念です。統計学だと、無限個の確率変数 $X_1, X_2, \cdots,$ について、それぞれの真の確率分布を知らなくても、「いくつか仮定をおけば $n$ 個までの標本平均 $\bar{X}_n = (X_1 + X_2 + \cdots + X_n)/n$ を基準化したものが標準正規分布で近似できる」という点がとても役立ちます。詳しくはのちほど説明していきます。

なお、本章のファイルも重いので、開くのに少し時間がかかります。

## 12-1 Excel で大数の法則をイメージしよう

本節では、最初から Excel での実習を行います。

「12-1」シートの A1 に書いてあるように、B 列にはパラメータ 0.4 のベルヌーイ分布に従う乱数が 100 万個あります。定理 5-9 で $n = 1$ のときの平均と分散から、$X_i \sim \text{i.i.d.}\ (0.4, 0.24)$ です。1 から $n$ までの標本平均 $\bar{X}_n$ として、$n = 100, 10000, 1000000$ の場合の実験値を E2:E4 に書きたいわけです。

**練習 12-1：ベルヌーイ分布の標本平均と真の平均**

① E2 に =AVERAGE(B1:B100) と入力

② E3 に =AVERAGE(B1:B10000) と入力

③ E4 に =AVERAGE(B1:B1000000) と入力

F2:F4 には、あらかじめ 0.4 との差をとる数式が入力されています。$0.03, 0.0003, -8.4\text{E} - 05$ と $\bar{X}_n$ の実験値が、真の値 0.4 に近づいているように見えます。

このように、$n$ を大きくすることを考えます。$n$ を無限に大きくしたときに $X_n$ が標本平均が真の平均に近づくことを、**大数の法則**と呼びます。これを次節で数学的に示します。

## 12-2 チェビシェフの不等式と大数の法則

### 12-2-1 定理の確認

次のチェビシェフの不等式は、統計学に必ず出てきます。

**定理 12-1**

$\sigma > 0$ で、$X \sim (\mu, \sigma^2)$ とする。このとき任意の $k > 0$ について、

$$\Pr(|X - \mu| \geqslant k\sigma) \leqslant \frac{1}{k^2} \tag{12.1}$$

証明は第 27 章にあります。チェビシェフの不等式のポイントは、X の分散

$\sigma^2$ が実数で定義されていることです。X に分散が存在する場合、「どんなに悪く見積もっても、X が平均 $\mu$ から $\pm k\sigma$ 以上離れる確率は、$\frac{1}{k^2}$ 以下」といえます。$k = 2$ なら確率 $\frac{1}{4}$ 以下、$k = 3$ なら確率 $\frac{1}{9}$ 以下です。

X が正規分布 $N(\mu, \sigma^2)$ に従う場合で、$k = 2, k = 3$ の場合を考えてみましょう。この場合、$\Pr(X-\mu \geqslant 2\sigma)$ が約 2.5%、$\Pr(X-\mu \geqslant 3\sigma)$ が約 0.15% です。試しに A1 に標準偏差の値（正数）を入れているとして、適当なセル 2 つに、=1-NORM.DIST(2*A1,0,A1,true) と=1-NORM.DIST(3*A1,0,A1,true) を入力してみてください。A1 をどのように変えても、これらの値は変わりません。

以上を踏まえると、下式のようにチェビシェフの不等式を満たしていることがわかります。

$$\Pr(|X-\mu| \geqslant 2\sigma) = \text{約 } 5\% = \frac{1}{20} < \frac{1}{2^2}$$

$$\Pr(|X-\mu| \geqslant 3\sigma) = \text{約 } 0.3\% < \frac{1}{3^2}$$

大数の法則は、チェビシェフの不等式から得られます。

**定理 12-2**

$X_i \sim \text{i.i.d.}\ (\mu, \sigma^2)$ とし、$i = 1, \cdots, n$ の標本平均を $\bar{X}_n$ で表す。このとき、任意の $\epsilon > 0$ について、以下が成り立つ。

$$\lim_{n\to\infty} \Pr(|\bar{X}_n - \mu| \geqslant \epsilon) = 0$$

証明は第 27 章にあります。単にチェビシェフの不等式で $n \to \infty$ と $n$ を無限に大きくとるだけで得られます。大数の法則にはいくつかの種類があり、その中でもこの定理は、**大数の弱法則**といいます。

仮定のポイントは、$X_i$ が独立同分布だということと、分散が存在することです。たとえば、前節のパラメータ $p$ のベルヌーイ分布は、平均 $p$、分散 $p(1-p)$ なので、大数の法則が成り立ちます。実習を通じて、もう少し詳しく見ていきましょう。

### 12-2-2 Excel を使った演習

「12-2」シートの B:D 列を見てください。

$X_i$ が各々独立にパラメータ $[0,1)$ の一様分布に従うとし、その大きさ $n$ の標本平均を $\bar{X}_n$ とします。$[0,1)$ の一様分布なので $E[X_i] = 1/2$ で、分散は $V[X_i] = 1/12$ です。

この一様分布の乱数 100 個の平均をとったものが B 列です。B2:B10001 まで 1 万回繰り返して、それぞれのセルに一様分布 100 個の平均値が記入されています。C 列は 1 万個、D 列は 100 万個の平均値がそれぞれ入っています。それぞれの列の平均値、最大値、最小値を求め、G3:I4 に記入しましょう。

**練習 12-2：大数の法則の実験**

① G3 に =MAX(B:B) と入力

② G4 に =MIN(B:B) と入力

③ G3:G4 を選択して Ctrl + C でコピー

④ G3:I4 を選択して Enter で貼り付け

$n$ が大きくなるごとに、最大値も最小値も、真の平均 0.5 に近づいています。これにより、どんなに $\epsilon$ を小さい正数にしても、$n$ が十分大きければ、$0.5 - \epsilon < \bar{X}_n < 0.5 + \epsilon$ を満たしそうです。これが大数の弱法則です。

## 12-3 中心極限定理をグラフでイメージしよう

### 12-3-1 定理の確認

まず、$n$ 個の確率変数の標本平均を基準化した確率変数を考えます。中心極限定理とは、$n$ が大きくなるとこの基準化した確率変数の分布が標準正規分布に近づいていくという定理です。

大数の法則と同様に、この定理もいくつかのバージョンがありますが、最も基本的なものをとりあげます。

基準化に関する定理 11-8①で、$n \to \infty$ を考えます。

**定理 12-3**

$i = 1, \cdots$ について、$X_i \sim i.i.d.\ (\mu, \sigma^2)$ とする。$i = 1$ から $n$ までの標本平均 $\bar{X}_n = \sum_{i=1}^{n} X_i/n$ について、$\frac{\bar{X}_n - \mu}{\sigma/\sqrt{n}}$ は $n \to \infty$ のとき、標準正規分布に分布収束する。

分布収束の定義は第 27 章に記載していますが、最初はあまり気にする必要はありません。この定理の証明は、理学部や工学部では確率論や数理統計学で学ぶかもしれませんが、その他の学部ではほぼ学びません。

重要なのは理論を完全に理解することよりも、

「$\frac{\bar{X}_n - \mu}{\sigma/\sqrt{n}}$ の分布は、$n$ が大きいと標準正規分布で近似できる」

とイメージできるようになることです。とくに分母を $\sqrt{n}$ で割っていることを忘れないようにしてください。

大数の法則は、標本平均 $\bar{X}_n$ をもとにした確率変数 $\bar{X}_n - \mu$ の確率に関するものでした。一方、中心極限定理は、$\bar{X}_n$ を基準化した確率変数 $\frac{\bar{X}_n - \mu}{\sigma/\sqrt{n}}$ の確率分布に関するものです。この微妙な違いを実習でイメージしましょう。

## 12-3-2 Excel を使った演習

「12-3no1」シートの B 列は、パラメータ $[0,1)$ の一様分布に従う乱数 $X_i$ について、$\bar{X}_{10000}$ を 2 万回作成したものです。

一様分布の平均と分散から $X_i \sim i.i.d\ (1/2, 1/12)$ がいえます。平均 1/2 は明らかであり、分散は分散公式により示せます。

$$\int_0^1 x^2 dx - \left(\frac{1}{2}\right)^2 = \frac{1}{3} - \frac{1}{4} = \frac{1}{12}$$

これを利用して、標準化した数式を C 列に入れます。$n$ が 1 万とかなり大きいので、標準化した分布が標準正規分布に近いことを確かめましょう。まずは、C 列と D 列を完成させます。

### 練習 12-3：中心極限定理の実験 (1)

① C2 に =(B2-0.5)/(1/SQRT(12)/100) と入力

② D2 に =VLOOKUP(C2,$G$2:$G$26,1,TRUE) と入力

③ C2:D2 を選択して■で下方向コピー

次に、L 列と M 列を完成させてグラフを作ります。

## 練習 12-4：中心極限定理の実験 (2)

① L2 に =COUNTIF(D:D,G2)/20000 と入力

② M2 に =NORM.DIST(G3,0,1,TRUE)-NORM.DIST(G2,0,1,TRUE) と入力

③ L2:M2 を選択して■で下方向コピー

④ [←]か[↑]で K1:L25 の任意のセルに移動

⑤ 標準グラフが散布図ならば[Alt]+[F1]、そうでなければ［挿入］→［散布図のアイコン］で散布図の左上を選択

正しく作業できれば、図 12-1 のような散布図が得られます。中心極限定理がイメージできることでしょう。

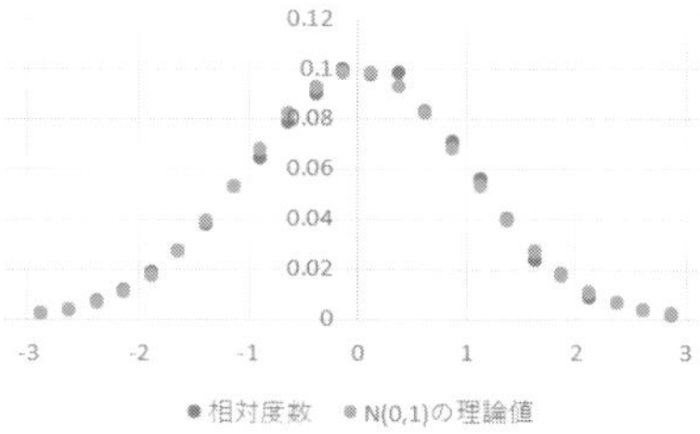


図 12-1　中心極限定理のイメージ散布図

中心極限定理は、分散が存在している分布ならば、どんな分布でも成り立ちます。その意味では前節の大数の法則と同様です。

ファイルの「12-3no2」シートで、今度はパラメータ 0.4 のベルヌーイ分布について実験してみましょう。$X_i$ が各々独立にそれに従うとき、$n$ 個の和は $X_1+\cdots+X_n \sim \mathrm{Bin}(n,p)$ です。$n=30000$ として、和を A 列、$\bar{X}_n$ を B 列、標準化した $\frac{\bar{X}_n-0.4}{\sqrt{0.4\cdot0.6}/\sqrt{n}}$ を C 列に記入しましょう。

## 練習 12-5：Excel のデータ分析を利用して乱数を作成

① ［データ］→［データ分析］→［乱数発生］を選択（第 3 章のコラムでクイックアクセスツールバーに［データ分析］を設定した人はそちらを利用）

② 分布 (D) を「二項」に設定

図 12−2　Bin(30000,0.4) の乱数発生の設定

③ 図 12-2 のように記入、とくに出力先を A2 に設定する
④ OK ボタンで 30 秒〜2 分程度待つと、A2:A20001 に乱数が自動入力される
⑤ B2 に =A2/30000 と入力
⑥ C2 に =(B2-0.4)/SQRT(0.4*0.6/30000) と入力
⑦ B2:C2 を選択して■で下方向コピー

集計しましょう。「12-3no1」シートの D 列以降がそのまま使えるので、コピーしてきます。

⑧ 12-3no1 シートの、D 列から M 列まで選択（第 10 章コラム参照）して、Ctrl + C でコピー
⑨ 12-3no2 シートの D1 セルに移動して、Enter で貼り付け
⑩ グラフは「12-3no1」のデータなので、グラフを左クリックして、Delete で削除
⑪ K1 に移動して、「12-3no1」と同様の方法で散布図作成
⑫ F1 に移動して delete で削除

A 列は人それぞれ異なりますから、度数分布表や散布図の相対度数の値もそれぞれ異なります。とはいえ散布図からは「12-3no1」シートと同様に、中心極限定理が成り立っているように見えることでしょう。

## コラム　セル範囲指定の方法

次章ではB1:B500の範囲を選択するのですが、500行も選ぶので、A1からShift+↓よりもよい方法があります。3種類紹介しましょう。

① B1セルでShiftを押しながらPage Downを押し続け、ある程度まで進んだらPage Downから手を離す。あとはShiftを押しながら↑や↓を押して調整しB1:B500を選択。
② 名前ボックス（図12-3）を左クリックしてb1:b500と入力してEnter
③ ジャンプのショートカットキーCtrl+Gを押し、そのまま参照先にb1:b500と入力してEnter（図12-4）

私のおすすめは③の方法です。ほかの多くのソフトも、Ctrl+Gで、「ジャンプ」できるためです。GはGotoの頭文字と覚えるとよいでしょう。

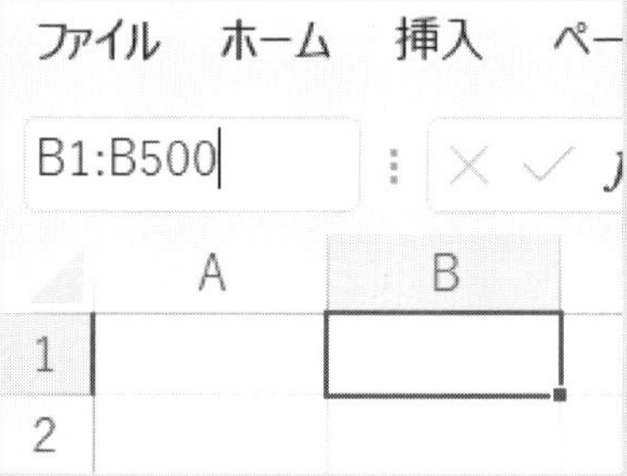


図12-3　名前ボックス

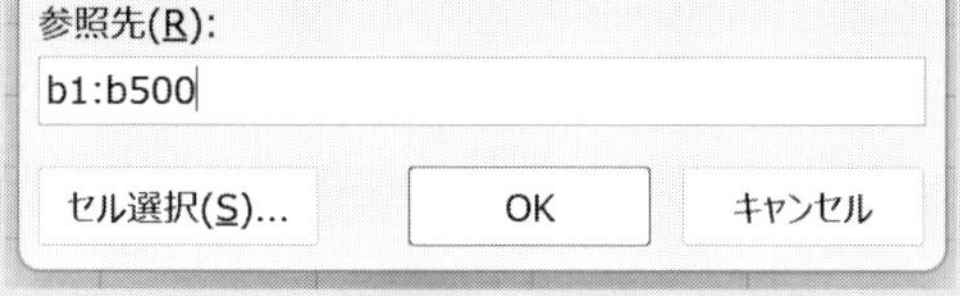


図12-4　ジャンプの画面

第 13 章

# 的当てゲームの分析をしてみよう

確率の知識を応用してデータ分析できるようになろう

chapter_13.xlsx

本章は、確率を学習してきた第 II 部の最終章です。ここまで学んできたことを活用して、Excel で的当てゲームの確率シミュレーションをしてみましょう。

## 13-1 複雑な問題を Excel でシミュレーションしよう

### 13-1-1 課題の整理

TV や YouTube などで、ストラックアウトという的当てゲームを見かけることがあります。ストラックアウトは、下表のような 3 × 3 の的に向けて、遠くからボールを投げたり蹴ったりして当てるゲームです。

| | | |
|---|---|---|
| 1 | 2 | 3 |
| 4 | 5 | 6 |
| 7 | 8 | 9 |

ストラックアウトの的は、9 つのパネルを組み合わせてできています。当てるとパネルが後ろに倒れるので、同じ番号に複数回当てることはできません。たとえば 9 にボールが当たったとき、再度 9 の場所にボールが当たっても、下表左のように 1 枚のパネルしか空きません。その後も投げ続けて、たとえば下表右のように、3、5、7 が残ったとしましょう。

| | | |
|---|---|---|
| 1 | 2 | 3 |
| 4 | 5 | 6 |
| 7 | 8 | |

9 が 2 回当たった状態

| | | |
|---|---|---|
| | | 3 |
| | 5 | |
| 7 | | |

3、5、7 が残った状態

右の場合で1回投げて3、5、7のいずれかの的に当たる確率は、左の場合で1回投げて1〜8のどれかの的に当たる確率より低くなることでしょう。

では、1〜9のすべてが揃っている最初の状態から、すべての的を当てるためには、平均何回くらい投げればよいでしょうか？

まずは問題を設定しましょう。

- 的の状態がどのような状態になっていても、1〜9の場所に当たる確率はそれぞれ $\frac{1}{10}$ とします。1回投げて複数の的に当たることはありません。
- 残りの確率 $\frac{1}{10}$ は、どの的にも当たらない確率とします。
- 9箇所すべて当て終わるとゲームは終了とします。

ゲーム終了までに投げた回数（以下、クリア回数）は、確率変数となります。今回はその平均（期待値）を求めたいわけです。クリア回数の最小値は9です。

### 13-1-2　20回の試行をシミュレーションしてみよう

かなり複雑な問題なので、シミュレーションによって平均の目安をとってみましょう。

ファイルの「13-1」シートを選択してください。B1:B500に投げたときの出目をとります。

#### 練習13-1：500回の試行の設定

① B1に =RANDBETWEEN(0,9) と入力

② B1に戻り Ctrl ＋ C でコピー

③ B1:B500を選択し（前章コラム参照）、Enter で貼り付け

RANDBETWEEN関数は、指定された範囲内の乱数を返す関数です。第1引数以上第2引数以下の整数を、均等の確率で返します。

**RANDBETWEEN関数**

= RANDBETWEEN(最小値, 最大値)

最小値から最大値までの範囲から乱数を返す

RANDBETWEEN 関数を入力する範囲として 500 行までとった理由は、「さすがに 500 回も投げれば、1〜9 のどの出目も 1 回くらいは出るだろう」と予想したためです。

なお、セルになにか入力するたびに B1:B500 の値が動きますが、問題ないので気にしないでください。これをもとに、E2:E10 に「1〜9 の出目について初めて出たときの回数」をとり、クリア回数を H1 に書き込んでみましょう。

### 練習 13-2：クリア回数の設定

① F2 に =MATCH(E2,$B$1:$B$500,0) と入力

② F2 に移動して■で下方向コピー

③ I1 に =MAX(F2:F10) と入力

MATCH 関数は、指定した検索値を範囲内で検索して、相対的な位置を返す関数です。

**MATCH 関数**

= MATCH(検査値, 検索範囲, [照合の型])

指定した条件に合致するものを範囲内で検索し相対的な位置を返す

照合の型は、検査値以下の最大値を探すときは 1、検査値と合致する値を探すときは 0、検査値以上の最小値を探すときは -1 を入力する

MATCH 関数の第 3 引数が 0 の場合、第 2 引数の範囲内で第 1 引数と一致するものが何番目にあるか、その最小値を返します。存在しなければエラーを返します。今回は 500 回も投げるので、エラー値が返ることはまずありません。

クリア回数には、9 以上の整数が入ります。たとえば、G3 セルに 1 を入力したり、Delete で削除したりして、H3 セルが変化する様子を見てください。それらが 1 回 1 回の実験結果になります。

では、20 回実験してみることにしましょう。以下のように、J1:J20 に H1 の値を 20 回保存しておく、という処理になります。

**練習 13-3：20 回の試行の設定**

① I1 に移動し Ctrl ＋ C でコピー

② K1 に移動し値貼り付け（図 11-2 参照）

③ ↓ で K2 に移動し F4 で繰り返し（値貼り付け）

④ ↓ で K3 に移動し F4 で繰り返し（値貼り付け）

⑤ 以下、K20 セルまで繰り返し

値貼り付けをした瞬間に B1:B500 の値が変わり、その結果クリア回数 H1 の値が変わります。その値を値貼付けするという形です。それを繰り返した結果、20 回実験できたことになります。

もしうまくできなければ、I1 の値を J1 に手打ちしてください。すると I1 の値が変わるので、今度はそれを J2 に手打ちします。

では、平均はどのくらいになるでしょうか？

任意のセルに=AVERAGE(K1:K20) を入力してください。実験結果は人それぞれ異なりますが、大体 20 から 40 のあいだの数となるでしょう。これで平均クリア回数の目安はある程度ついたことになります。

## 13-2 ほぼ厳密な分布を Excel で導出しよう

大数の法則から、前節の実験の実験回数を増やして平均値をとれば、求めたい真の平均に近づくといえます。今回はそれぞれの的に当たる確率を等確率と仮定しているため、ほぼ厳密な値が得られます。求めてみましょう。

### 13-2-1 確率を考えてみよう

ここで、少し考え方を変えます。1 つの的に当たる確率は $0.1 = 1/10$ と均等なので、1 から 9 の的の数字ではなく、「n 回投げ終わったときに全部で何個の的を当て終わったか」という個数について考えます。その個数を確率変数 $X_n$ とします。

1 回投げ終わったときを考えれば、

$$\Pr(X_1 = 0) = 0.1 \quad \Pr(X_1 = 1) = 0.9$$

です。次にずっと外れ続ける確率を考えれば、$\Pr(X_n = 0) = 0.1^n$ は明らかでしょう。

いよいよ残りの確率です。$n \geqslant 2$ と $x = 1, 2, \cdots, 9$ について、条件付き確率から以下が成り立ちます。

$$
\begin{aligned}
\Pr(X_n = x) &= \Pr(X_n = x | X_{n-1} = x) + \Pr(X_n = x | X_{n-1} = x-1) \\
&= \Pr(X_n = x, X_{n-1} = x) \cdot \Pr(X_{n-1} = x) \\
&\quad + \Pr(X_n = x, X_{n-1} = x-1) \cdot \Pr(X_{n-1} = x-1) \\
&= \frac{x+1}{10} \cdot \Pr(X_{n-1} = x) + \frac{10-x}{10} \cdot \Pr(X_{n-1} = x-1)
\end{aligned}
$$

では、これを表にしてみましょう。ファイルの「13-2」シートで、整数 $n, x$ $(1 \leqslant n \leqslant 1000, 0 \leqslant x \leqslant 9)$ について、C3:L1002 に $\Pr(X_n = x)$ を表します。

**練習 13-4：複雑な確率分布表の作成**

① C3 に 0.1、D3 に 0.9、E3:L3 に 0 をそれぞれ入力

② C4 に =0.1*C3 を入力後、C4 に戻り■で下方向コピー

③ D4 に =(D$2+1)/10*D3+((10-D$2)/10)*C3 を入力

④ D4 をコピーして D4:L4 を選択して貼り付け

⑤ そのまま■で下方向コピー

正しく入力されていれば、L3:L10 はすべて 0 で、L11 が約 0.00036288 と $\Pr(X_9 = 9)$ の値となり、L12 が約 0.00199584 と $\Pr(X_{10} = 9)$ の値となります。

K 列と L 列を見ると、ラスト 1 枚の的を当てるのに手こずっている様子が伺えます。また、Ctrl + ↓ で L1002 を見ると、$\Pr(X_{1000} = 9)$ がほぼ 1 に近いことが伺えます。

### 13-2-2　クリア回数の期待値を求めよう

最後に、目的であるクリア回数の期待値を求めましょう。Y 回投げ終わったときにちょうどクリアする、という確率変数 Y を考えます。$y = 1, 2, \cdots$ について、明らかに、

$$
\Pr(Y = y) = \Pr(X_{y-1} = 8, X_y = 9) = \frac{1}{10}\Pr(X_{y-1} = 8)
$$

となるので、これを利用して Y の確率分布を Excel のシートで導出しましょう。「13-2」シートを開いてください。

## 練習 13-5：クリア回数の期待値

① M3 に 0、M4 に =K3/10 をそれぞれ入力

② M4 に移動し■で下方向コピー

③ Q4 に =SUMPRODUCT(B3:B1002,M3:M1002) を入力

正しく入力されていれば、Q4 の値は約 28.29 となります。Y の平均は $E[Y] = \sum_{i=1}^{\infty} y Pr(Y = y)$ ですが、これを 1000 回で打ち切った $\sum_{i=1}^{1000} y Pr(Y = y)$ が Q4 の値です。この約 28.29 回が、平均クリア回数の近似値といえますし、実際ほぼ厳密な値と同じです。

その厳密な値は $i = 1, \cdots, 9$ についてのパラメータ $\frac{i}{10}$ の幾何分布（第 6 章参照）を考え、その 9 個の確率変数の平均の和、$\frac{10}{1} + \frac{10}{2} + \cdots + \frac{10}{9} = \frac{7129}{252}$ から得られます。R4 に=7129/252 と入力して Q4 と比較してください。

このように Y の平均だけなら Excel を使わなくても計算可能ですが、Excel の長所は、練習 13-4 のように $X_n$ の分布や Y の分布を見ることができる点にあります。つまり、$X_n$ や Y のさまざまな変化を見ることができるわけです。

また、この $X_n$ については、確率論のなかの確率過程という分野に当たります。いろいろと楽しい題材もあるので、中級や上級の確率論を学ぶ際には楽しみにしていてください。

### コラム　VBA の簡単な解説

ここでは、Excel VBA について簡単な解説を行いましょう。**VBA** とは Visual Basic for Applications の略で、プログラミング言語です。Excel で複雑な処理を定型化するための言語が Excel VBA です。

VBA を学ぶ理由の大半は「業務効率化」だと思われますが、ほかにも「実験結果の再現性確保のため」というものもあります。VBA を学ぶことで、本章で発生させたような乱数の結果を再現できるようになります。

Excel にかぎらず、PC における乱数とは、完全な乱数ではなく**擬似乱数**というものです。シード値というものを設定することによって、再現可能となります。再現可能な乱数、と聞くと不思議に思うかもしれません。しかしプログラムがきちんと動いていることを他人に示すために、乱数といえどコントロールする必要もあるのです。

簡単な乱数ならば、メニュータブとリボンから［データ］→［データ分析］→［乱数発生］でシード値を設定し再現可能です。

ここでは、簡単なプログラムを1つ作って実行したあと、再現可能な一様乱数を返すプログラムをテキストファイルからコピーして実行します。以降の章でもマクロ有効ブックを作る必要があるので、ここでまとめておきます。

### 練習 13-6：マクロ有効ブックの作成

① 開いている Excel ファイルを保存し、すべてのファイルを閉じる
② Ctrl+N などで新しい Excel ファイルを作る
③［ファイル］→［名前をつけて保存］で適切なフォルダを選ぶ
④［ファイルの種類］が図 13-1 のようになっていることを確認する

図 13-1　ファイル保存その 1

⑤［ファイルの種類］をクリックする（図 13-2）
⑥ Excel マクロ有効ブック (*.xlsm) を選択し適切な名前をつけて保存する

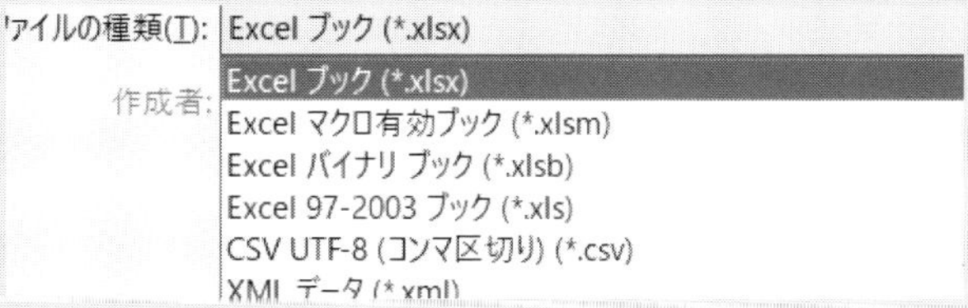


図 13-2　ファイル保存その 2

続いて、Excel のリボンに開発タブを表示させましょう。この作業は1回だけ行えばよいものです。

メニュータブとリボンで、［ファイル］→［その他］→［オプション］（もしくは［ファイル］→［オプション］）をクリックし、左側にある［リボンのユーザー設定］を選択します。すると右側の画面が図 13-3 のようになるので、開発にチェックを入れて OK ボタンを押します。

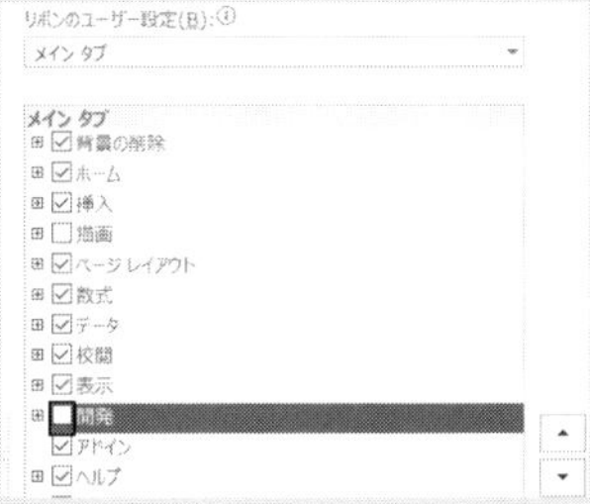


図 13-3

それでは、VBA を書くための Visual Basic Editor を開きましょう。

メニュータブとリボンで、［開発］→［Visual Basic］を選んでください。Windows では、Alt+F11 のショートカットが便利です。

次に、プログラムを書くために、標準モジュールを新しく作ります。

### 練習 13-7：標準モジュールの作成

① メニュータブから［挿入］→［標準モジュール］を選択（図 13-4）

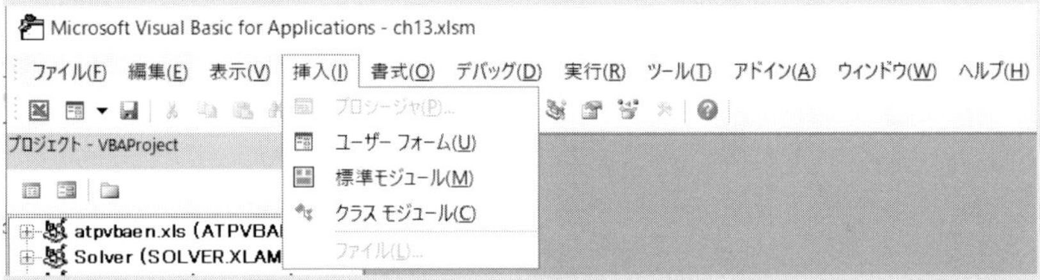


図 13-4　［挿入］→［標準モジュール］

② 真っ白な画面が出てくる

この白い画面にプログラムを打ち込みます。まずは、hello という名前のプログラムを作ります。内容は、メッセージボックスに hello world と表記させるものです。

標準モジュールの一番最初に、以下の文字列を入力してください。

```
sub hello
```

sub と hello のあいだのスペースは半角です。それから Enter を押すと、自動的に以下の文字列が表示されます。

```
Sub hello()

End Sub
```

これは Sub プロシージャといいます。Sub の横がプロシージャの名前（いまは hello）で、Sub と End Sub のあいだにプログラムを書いていきます。

2 行目の部分に、Tab を押してから以下の文字列を入力し Enter を押してください。

```
msgbox "hello world"
```

すると、以下のように表示されます。

```
Sub hello()
    MsgBox "hello world"

End Sub
```

では、プログラムを実行してみましょう。実行方法は、このプログラム上から直接実行する方法と、Excel のシートに戻って実行する方法の 2 通りがあります。まずは前者の方法で行いましょう。

いま、カーソルは Sub と End Sub のあいだにあることでしょう。この状態ならば、メニュータブ下方の実行ボタン（図 13-5）をクリックするだけで実行できます。

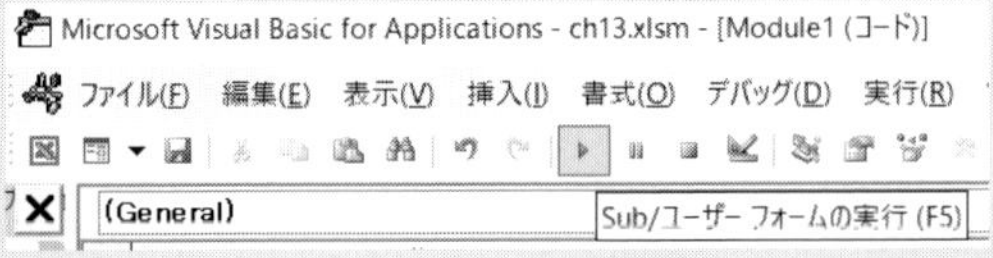


図 13–5　プログラム実行その 1

図 13-6 が表示されるので、OK ボタンを押してください。

図 13–6　プログラム実行その 2

プログラムのコードが間違っていれば、黄色や青色で文字がハイライトされます。間違えた部分を直し、実行ボタンの右側の■を押してプログラムを中止したあと、再度実行ボタンを押してください。

次に、シート上から実行してみます。Excel のシートに戻って、メニュータブとリボンで、［開発］→［マクロ］を選択します（Windows では Alt + F8 が便利です）。hello のプログラムのみ表示されているので、そのまま Enter を押せば、実行ボタンを押したことになります。やはり図 13-6 が表示されることでしょう。

それでは、私が作ったプログラム（uniformRndWithSeed）をコピーして実行しましょう。まず Visual Basic Editor に戻り、［挿入］→［標準モジュール］で新しい標準モジュールを作ります。次に、ch13_vba.txt をメモ帳（mac OS ならテキストエディット）などのテキストエディタで開き、すべてコピー（Ctrl + C）して、この真っ白な標準モジュールにコードを貼り付けます（Ctrl + V）。ch13_vba.txt が文字化けした場合は、代わりに ch13_vba_utf8.txt を利用してください。

このコードは、シード値を設定して、再現可能な一様乱数を新シートに返すものです。プログラムでは n= と seedvalue= の右辺が変更可能です。いまだと、シードが −1.5 として 10 個の乱数が返ってくるようになっています。なお、シード値を変更するなら負の値にしてください。

では、Excel のシートに戻って、[開発] → [マクロ](または Alt + F8 )をクリックしてください。本来は uniformRndWithSeed を選択して Enter なのですが、このプログラムしか表示されていないので、そのまま Enter で構いません。

このプログラムを何回繰り返しても、シード値が同じなら最初の数は同じなので、再現可能です。実際、シード値が同じであれば、n の個数を 10 から 100 に増やしても、最初の 10 個は変わりません。

# 第 III 部

# 推測統計学の基本

- 推測統計学の考え方を理解しよう
- さまざまな分析手法と Excel での分析方法を知ろう

# 第 14 章

# 集団の真の母比率を推定しよう

基本的な用語と推定の考え方を理解する

chapter_14.xlsx

第 II 部では基本的な確率について学んできました。その知識をもとに、第 III 部では推測統計学を学んでいきます。

**推測統計学**とは、一部から全体を推測する学問です。たとえばテレビの視聴率は、一部の世帯を調査対象としてデータを収集し、そのデータから全体の視聴率を推測しています。もちろん、すべてのテレビからデータをとれば推測することなく正確な値がわかるのですが、国内すべてのテレビからデータを取得する、というのは現実問題として不可能です。

このように、「調査対象が膨大ですべてを調べきるのが不可能な場合」などにおいて、推測統計学は非常に役立ちます。本書では、まず推測統計学の基本的な用語を学んでから、さまざまな手法を説明していきます。

なお、第 III 部は実習が多くなるので、第 21 章と第 22 章以外は、定義や定理の形式は使わずに説明はすべて地の文で行います。

## 14-1 【例題】真の支持率の 95% 信頼区間を算出しよう

まず、実際に推測統計学の初歩的な例題を解いて「どんな学問なのか」というイメージを掴んでおきましょう。

新聞などでは、よく内閣支持率の調査を行っています。$n$ 人に聞いて、$x$ 人が支持すると答えた場合、支持率 $x/n$ を % 表記で記載しています。たとえば $n = 160$ で $x = 40$ なら、「支持率は 25.0% でした」といいます。

しかし真の支持率、つまりすべての有権者による本当の支持率は、実のところ未知です。ここでは、日本全体の真の支持率 $p$ が存在すると仮定して、未知の $p$ の値について「95% の確率で真の $p$ が入る区間」を推定しましょう。

アンケートによって得られた支持率である 0.25 は、その区間に含まれるとします。

気の利いた統計ソフトを用いれば、小数第 4 位四捨五入で「0.185 以上 0.325 以下」、つまり「18.5% 以上 32.5% 以下」という結果が一瞬で得られます。この 2 つの値を Excel で導出してみましょう。

ファイルの「14-1」シートを開いてください。数値を求めるのに必要なセルは、C1、D1、J1、K1 の 4 つのセルのみですが、グラフを作成するために 2 行目以下のセルを用いています。

いま、C1 には $0.25(=\frac{40}{160})$ よりも少し小さい 0.24 が入っています。このときのグラフ（図 14–1）の黒い部分（「14-1」シートでの赤い部分）の和が、D1 の数式から自動的に得られます。なお、グラフの横軸は紙面の都合上 65 で区切っていますが、実際には 160 まであるとします。

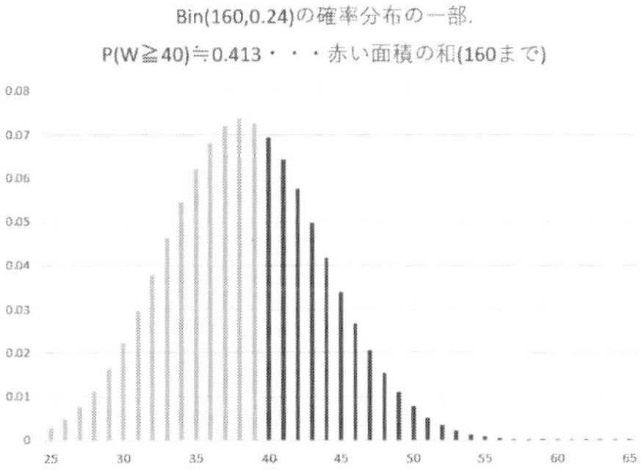


図 14–1　$W \sim \mathrm{Bin}(160, 0.24)$ の確率分布

のちほど説明しますが、下限 $\mathrm{P_L}$ は D1 の値が 0.025 になる場合なので、以下をソルバーで求めます。

$$W \sim \mathrm{Bin}(160, p_L) \Longrightarrow \Pr(W \geqslant 40) = 0.025$$

**ソルバー**とは、与えられた問題の最適な解を探索する機能です。少しわかりづらいですが、「複雑な設定に従って答えを出してくれる機能」くらいに思ってもらえれば大丈夫です。表計算ソフトなどに搭載されている機能で、もちろん Excel にもあります。使ってみましょう。

### 練習 14-1：ソルバーの利用 (1)

① メニュータブとリボンから［データ］→［ソルバー］を選択
② 図 14-2 のように記入して 解決 ボタン
③ その結果、解が見つかるので OK ボタン

C1 の値が約 0.185 となります。これが下限の値です。

上限についても同様です。いまは J1 に 0.3 が入っていて、$W \sim \mathrm{Bin}(160, 0.3)$ のときの $\Pr(W \leqslant 40)$ を表す K1 の値が 0.0963 となっています。そこで J1 と K1 とソルバーを利用して、

$$W \sim \mathrm{Bin}(160, p_{\mathrm{H}}) \Longrightarrow \Pr(W \leqslant 40) = 0.025$$

を満たす $p_{\mathrm{H}}$ を求めましょう。

### 練習 14-2：ソルバーの利用 (2)

① メニュータブとリボンから［データ］→［ソルバー］を選択
② ソルバーは図 14-2 のようになっていることを確認
③［目的セル］を$K$1、［変数セル］を$J$1 に変更して 解決 ボタン
④ その結果、解が見つかるので OK ボタン

J1 の値が約 0.325 となります。これが上限の値です。

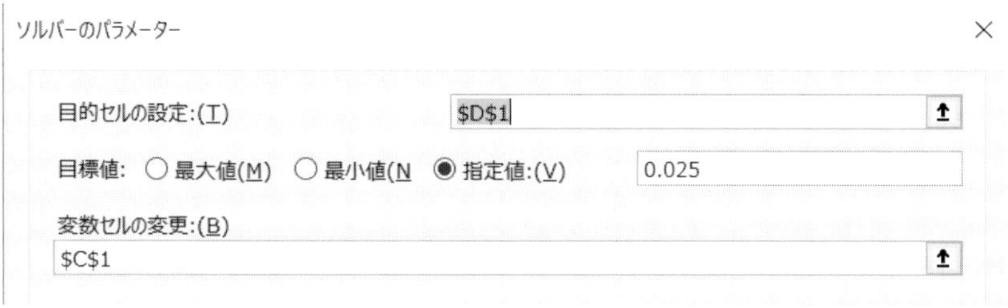


図 14–2　ソルバー：下限を求めるパラメータ

結果として、このデータによって推定される真の支持率 p の 95% 信頼区間は、$[0.185, 0.325]$ です。信頼区間とは推測統計における初歩的な概念で、

14-5 節で扱います。完成後にそれぞれ解説のグラフを見て、確率の様子を確認してください。

信頼区間を用いた表現は、「支持率は 25% (0.25)」という表現と比べると、ずいぶんと精度が異なるはずです。これが記述統計では得られない、推測統計の醍醐味です。

## 14-2 母集団と標本

推測統計の役割を確認したところで、基本的な用語や考え方を確認していきましょう。まずは、母集団と標本についてです。

### 14-2-1 母集団と標本の定義

**母集団**とは、統計分析の対象全体を表す、確率変数の可算個の集合のことです。可算とは、離散型確率変数のとき述べたように、$1, 2, \cdots,$ のように数えられるもののことです。ややこしい表現ですが、前節の内閣支持率の例題の場合、日本の有権者全体のことを指します。

母集団には、有限の場合（**有限母集団**）と可算無限（**無限母集団**）の場合とがありますが、有限個の場合でも、数が大きいときは無限個として考えることがほとんどです。

続いて、**標本**について説明します。**標本集合**とは、母集団の部分集合です。母集団から一部取り出したもの、と考えます。内閣支持率の例でいえば、アンケート調査対象者を指します。単に標本と呼ばれることがほとんどなので、本書でも以降は標本と呼びます。

### 14-2-2 全数調査と標本調査

有限母集団の様子を調べたいとき、調査費用が十分にあれば、そのすべてを調べる（**全数調査**）のが普通です。国勢調査がこれに当たります。

しかし多くの場合は不可能なので、母集団から取り出した標本について調べます（**標本調査**）。国民生活基礎調査がこれに当たります。国民生活基礎調査は、国勢調査と同時にその一部分の世帯について健康状態や所得の情報を調査したものなので、標本調査となります。

さて、標本をとるときは、母集団からできるだけ偏りなくとることが理想です。たとえば特定の性別や年齢層に偏ってしまった場合、そこから得られる意見も偏ったものになってしまうことは自然とイメージできると思います。

前節の内閣支持率を例とすると、単に「平日朝9時から17時までに固定電話に無作為に電話をかけて、答えてくれた人」を標本とした場合、年齢階層などに大きく偏りが出てしまうことは想像に難くありません。同様に、単にWebアンケートのみで調査した場合も、回答者に偏りがあることでしょう。

標本が偏ってしまうと、適切な推測は得られません。たとえば2021年の衆議院選挙では、TVや新聞各社が与党に関する選挙結果予測を行っていましたが、ほとんど外れてしまいました（例：埼玉大学社会調査センター「第11回世論・選挙調査研究大会概要」http://ssrc-saitama.jp/content/files/PDF/Conference2021.12.10.pdf）。卒業論文や仕事などで実際にアンケート調査を行うときは、よく気をつけてください。本書では詳しく触れませんが、偏りのない標本抽出のためには、層化抽出法を始めとしたいくつかの方法論があります。

本書で扱うような基礎的な統計学の理論では、母集団から標本を取り出すときに「偏りがなくランダムに取り出されている」ことを仮定しています。この標本のことを、母集団からの**無作為標本**といいます。

## 14-3 統計量・統計値・推定量・推定値

続いて、推測統計学におけるさまざまな指標を確認します。初学の場合は混乱しやすいので、よく読んで区別できるようにしておきましょう。

統計学では、確率変数の関数を**統計量**と呼びます。たとえば母集団 $X$ からの大きさ $n$ の標本 $X_1, X_2, \cdots, X_n$ について、以下に挙げるものはすべて統計量です。

$$X_1 X_2,\ \sum_{i=1}^{n} X_i,\ \frac{1}{n}\sum_{i=1}^{n} X_i$$

そして、統計量をもとにしてデータから実際に計算したものを、**統計値**と呼びます。

統計量のうち、なにかを推定するために作られた統計量は、すべて**推定量**（estimator）と呼びます。その推定量をもとにして、実際のデータから計算したものを**推定値**（estimate）と呼びます。

統計量や推定量は確率変数です。そのため、一般に $X_1, \cdots, X_n$ や $\bar{X}, S$ な

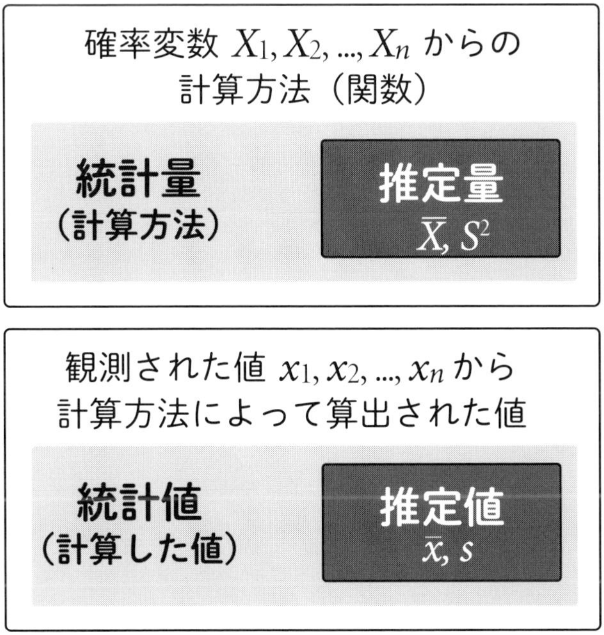


図 14–3　統計量、統計値、推定量、推定値の関係

どの大文字で表されます。一方、統計値や推定値は、$x_1, \cdots, x_n$ や $\bar{x}, s$ などの小文字で表されます。

## 14-4　点推定

第 3 章での記述統計では、データの平均と分散を求めました。これらと密接につながっているのが、点推定です。本節では、点推定を定義したのち、母集団の平均や分散に関する一般的な点推定量を学び、最後に理論的な説明を行います。

まず、母平均・母分散という言葉を定義しておきましょう。ある母集団がある確率変数に従うとき、その確率変数の平均と分散を、それぞれ母平均・母分散と呼びます。その中でも母集団がパラメータ p のベルヌーイ分布に従っているときには、この p のことは母平均とは呼ばずに、母比率と呼びます。

**点推定**とは、ある 1 つの未知のパラメータを推定したいとき、1 つの値で推定する手法です（推定したいものはパラメータにかぎりませんが、本書で推定するものはすべてパラメータです）。**点推定量**として定められる関数は、どんな関数でもよいとはいえません。

母比率・母平均・母分散の点推定は、以下の方法で行うのが一般的です。

**推定方法 14-1**

母集団 $X$ はパラメータ $p$ のベルヌーイ分布に従うとし、母比率 $p$ は未知とします。大きさ $n$ の無作為標本 $X_1, \cdots, X_n$ から $p$ を推定したい場合、多くの場合は、$p$ の点推定量を $\bar{X} = \sum_{i=1}^{n} X_i/n$ とします。

**推定方法 14-2**

母平均が $\mu$・母分散が $\sigma^2$ をもつ母集団 $X$ が存在し、$\mu, \sigma$ とも未知とします。大きさ $n$ の無作為標本 $X_1, \cdots, X_n$ から $\mu, \sigma^2$ を推定したい場合、多くの場合は以下のようにします。

① $\mu$ の点推定量を $\bar{X} = \sum_{i=1}^{n} X_i/n$

② $\sigma^2$ の点推定量を $S^2 = \sum_{i=1}^{n}(X_i - \bar{X})^2/(n-1)$

それでは、推定方法 14-2 の理論を説明します。推定方法 14-1 は推定方法 14-2 の特別な場合のため省きます。

まず、母集団 $X$ からの大きさ $n$ の標本 $X_1, \cdots, X_n$ について、未知のパラメータ $\theta$（ギリシャ文字のシータ）を推定するための推定量 $\hat{\theta}(X_1, \cdots, X_n)$ を考えましょう。なお、今後この ^ が出てきた場合はその文字を推定するための推定量であり、つまり確率変数であることに気をつけてください。

多くの場合、推定量は、第 12 章で学んだ大数の法則が効くものが望ましいとされます。つまり、以下のようなものです。

$$\forall \epsilon > 0, \lim_{n \to \infty} Pr(|\hat{\theta}(X_1, \cdots, X_n) - \theta| \geqslant \epsilon) = 0$$

推定量がこの性質をもつ場合を、$\hat{\theta}$ は**一致性**をもつといい、そのような推定量を $\theta$ の**一致推定量**といいます。一致性をもつ推定量は 1 つとはかぎりませんし、応用の効くかなり広い概念です。

それ以外の概念として、**不偏性**が挙げられます。これは $\hat{\theta}$ の期待値が $\theta$ になることです。

$$E[\hat{\theta}(X_1, \cdots, X_n)] = \theta$$

推定量がこれを満たす場合、不偏性をもつといい、この推定量 $\hat{\theta}$ のことを $\theta$ の**不偏推定量**といいます。不偏推定量は平均して真の値 $\theta$ になります。不偏推定量も一致推定量と同様に、1 つだけとはかぎりません。

では例として、母集団 $X$ の平均が $\mu$ で分散が $\sigma^2$（ただし $\sigma > 0$）で各々独立のものを考えましょう。$\mu, \sigma$ ともに未知とし、大きさ $n$ の標本 $X_1, \cdots, X_n$ は、母集団からの無作為標本とします。

このとき $\mu$ の推定量には、

$$\frac{1}{n}\sum_{i=1}^{n} X_i \quad (= \bar{X}\text{とおきます})$$

が、分散 $\sigma^2$ の推定量には、

$$\frac{1}{n-1}\sum_{i=1}^{n}(X_i - \bar{X})^2 \quad (= S^2\text{とおきます})$$

が用いられることが多いので、推定方法 14–2 と書きました。その理由は、$\bar{X}, S^2$ とも推定量としてよい性質をもっているためです。

ここからの内容は、第 3 章で「記述統計量の分散では、なぜ $n$ でなく $n-1$ で割るのだろうか？」と疑問に思った人は読むことをおすすめしますが、そこまで気にしていないという方は、最後の段落以外は軽く読み飛ばしてかまいません。

まず、$\bar{X}$ を $\mu$ の推定量とすると、$\bar{X}$ は $\mu$ の **BLUE**（Best Linear Unbiased Estimator）といい、日本語では**最良線形不偏推定量**といいます（一般に、BLUE の概念は本書より高度な回帰分析で学びます。）。

この場合、$n$ 個の実数 $a_1, \cdots, a_n$ によって線形推定量 $a_1X_1 + \cdots + a_nX_n$ で、かつ期待値が不偏性をもつ（$E[a_1X_1 + \cdots + a_nX_n] = \mu$）もののなかで、その分散 $V[a_1X_1 + \cdots + a_nX_n]$ が最も小さくなる推定量、という意味です。

$S^2$ を $\sigma^2$ の推定量とすると、$S^2$ は $\sigma^2$ の 2 次不偏推定量です。式では $\sum_{i=1}^{n} a_{ii}X_i^2 + \sum_{i=1}^{n}\sum_{j=n+1}^{n} a_{ij}X_iX_j$ と 2 次式の線形結合で示され、証明は省きますが、不偏性も一致性ももちます。ビッグデータなどの $n$ が大きい場合

は、$\sigma^2$ の推定量として $\frac{1}{n}\sum_{i=1}^{n}(X_i-\bar{X})^2$ をとることもあります。こちらも 2 次推定量ですが、$\sigma^2$ の不偏推定量ではありません。一致性はもちます。

このように、$S^2$ について分子 $\sum_{i=1}^{n}(X_i-\bar{X})^2$ を $n$ ではなく $n-1$ で割ることには、この不偏性という理由があるのです。

以上の内容から、第 3 章での記述統計量とのつながりについて考えてみましょう。大きさ $n$ のデータ $x_1,\cdots,x_n$ については、それらが平均 $\mu$、分散 $\sigma^2$ の独立同分布からの大きさ $n$ の標本 $X_1,\cdots,X_n$ の観測値であったと仮定しましょう。このとき、$\mu$ の点推定量 $\bar{X}$ を計算した値が $\bar{x}=\frac{1}{n}\sum_{i=1}^{n}x_i$ で、$\sigma^2$ の点推定量 $S^2$ を計算した値が $s^2=\frac{1}{n-1}\sum_{i=1}^{n}(x_i-\bar{x})^2$ となっていると解釈できるわけです。

## 14-5 二項分布を利用した真の母比率の区間推定

### 14-5-1 区間推定の理論的な説明

本節では、まず信頼係数について説明し、次に二項分布の母比率の区間推定方法を示します。その次に推定方法の理論的背景を説明し、最後に実習で理論を確かめます。

未知のパラメータ $\theta$ の区間推定の方法の順序は以下となります。

① 信頼係数を定める（0.95 のことが多い）
② 確率論をもとにして区間の上限と下限を導出する関数を導出する
③ 計算式にデータを当てはめて、実際に計算する

**信頼係数**とは、0 超 1 未満の数で、真の値がその確率で区間に含まれるというものです。$\theta$ を区間推定した場合に、推定した区間を $\theta$ の**信頼区間**と呼びます。よって、信頼係数 $\alpha$ による信頼区間のことを「$\theta$ の $\alpha$ 信頼区間」と呼びます。信頼係数は 0.95 をとることが多いので、「14-1」シートで述べたように、よく「95% 信頼区間」と表されます。

母比率の区間推定の方法について説明しましょう。

**推定方法 14–3**

パラメータ $p$ のベルヌーイ分布に従う母集団からの大きさ $n$ の無作為標本 $X_1, \cdots, X_n$ について、その観測値を $x_1, \cdots, x_n$ とします。その観測値の和を $w$ として、$p$ についての信頼係数 $\alpha$ の区間推定を行う場合には、

$$\begin{aligned} &W \sim \mathrm{Bin}(n, p_L)、\Pr(W \geqslant w) = \tfrac{1-\alpha}{2} \\ &W \sim \mathrm{Bin}(n, p_H)、\Pr(W \leqslant w) = \tfrac{1-\alpha}{2} \end{aligned} \qquad (14.1)$$

を満たす $p_L, p_H$ を PC でそれぞれ数値計算します。区間 $[p_L, p_H]$ を、$p$ の信頼係数 $\alpha$ の区間推定値とします。

記号 $[p_L, p_H]$ でなく言葉で表すならば、「真の比率 $p$ の信頼係数 $\alpha$ の信頼区間は $[p_L, p_H]$ である」となります。大体小数第 4〜5 位を四捨五入して表すことが多いです。実際の計算は次節で行い、本節の残りではこの式の導出方法の説明を実習とともに行います。

$p$ や $i = 1, \cdots, n$ の $X_i$ は、推定方法 14–3 のとおりとします。

ベルヌーイ分布と二項分布の関係（定理 10–8 の②）より、標本の和を $W$ として、

$$W = X_1 + \cdots + X_n \sim \mathrm{Bin}(n, p)$$

が成り立ちます

ある正整数 $w$（ただし $1 \leqslant w \leqslant n-1$）が、データから $W$ の観測値として得られたとしましょう（14-1 節の例だと $w = 40$）。$\alpha$ を所与として、$\frac{w}{n}$ が含まれるような信頼係数 $\alpha$ の区間推定を考えたいわけです。

定義より、信頼区間から外れる確率は $1-\alpha$ です。上下に歪みがないように、上に外れる確率も下に外れる確率もそれぞれ $\frac{1-\alpha}{2}$ とします。$\alpha = 0.95$ ならば $\frac{1-\alpha}{2} = 0.025$、つまり 2.5% です。

## 14–5–2 Excel を使った演習

実習してみましょう。「14-5」シートを開いてください。これは「14-1」シートと同じものです。上で定義した $n = 160, w = 25$ の場合に当たります。

J1 と K1 を見てください。ここでは区間推定の上限を探したいわけです。今の J1 には $\frac{w}{n}$ に近い $P_H = 0.26$ が入っています。この K1 の値 0.427 は、160 人中 25 人以下が支持する確率を意味します。よって事象 $\{W \leqslant w\}$ が起こることは、多くの場合そう珍しいことではないといえるでしょう。

では J1 を、0.3、0.35、0.4 に変化させましょう。K1 は、それぞれ 0.0963、0.00430、$4.812 \cdot 10^{-5}$ となります。これをまとめたのが表 14–1 です。

| | | | |
|---|---|---|---|
| $p_H$ | 0.3 | 0.35 | 0.4 |
| $\Pr(W \leqslant 40)$ | 0.0963 | 0.0043 | $4.812 \cdot 10^{-5}$ |

表 14–1　$W \sim \mathrm{Bin}(40, p_H)$ で $p_H$ と $\Pr(W \leqslant 40)$ の組み合わせ

この最後の結果を見ると、p を 0.4 と推定するのは、どうもよくなさそうです。というのも、もし $p = 0.4$ であれば、支持者が 25 人以下であるという事象が起こる確率が 10 万分の 4.812 だからです。「この数字が小さすぎるので」（後述）、仮に $p = 0.4$ が真ならば、今回 $w$ の値が観測された事実は「ちょっとありえない感じ」（後述）のことが起こった、ととれます。

前段落の「この数字が小さすぎるので」と「ちょっとありえない感じ」というイメージは、J1 の値が増えるにつれて K1 の値が下がっていくことから、$\frac{1-\alpha}{2}$（今の場合 0.025）より小さいときにそう判断しています。Excel でのグラフを見るとイメージできることでしょう。

このように境目が $\frac{1-\alpha}{2}$ なので、40, 25 をそれぞれ $n, w$ に戻して、

$$W \sim \mathrm{Bin}(n, p_H),\ \Pr(W \leqslant w) = \frac{1-\alpha}{2}$$

を満たす $p_H$ を、区間推定の上限としたわけです。下限についても同様です。

「この案に賛成か反対か」「支持しているか支持していないか」「サービスを利用しているかしていないか」「サービスに満足しているかしていないか」など、0 か 1 の確率変数を考えた母集団に変換できるものでは、二項分布を利用することによって真の母比率の点推定と区間推定が可能となります。

## コラム　Excelのシート上の計算とプログラミング

「コラム」シートを見てください。C1:C3に数値を記入することによって、本章で説明した信頼区間がB7:C7に表示されるようになっています。C1:C3に、それぞれ160、40、0.95と記入することで、B7の値が練習14-1とほぼ同じになり、C7の値が練習14-2の値とほぼ同じになります。これで統計ソフトやソルバーを使わなくとも、答えが簡単に得られます。

B7:C7の値を別のセルにコピーしたい場合は、Ctrl+Cでコピーしたあとに値貼り付けを利用してください。

F列以降には、計算するための式が書いてあります。二分法というプログラミングの手法を利用していますが、これは微分積分学の区間縮小法にほかなりません。いずれにしてもたった50回の繰り返しだけで、理論的に$1/2^{50}$の精度が得られます。

プログラミングだけで二分法を教えるのは結構骨が折れるのですが、Excelのシートのようにプログラミングのイメージ結果が書いてあると、理解しやすくなります。二分法に興味がある人は、上限に関する近似についてのR2:V2の式をそれぞれ読んだあとに、R3:V3の式を読んでください。R列〜V列の4行目以下は、すべてR3:V3の式を下方向にコピーしただけになります。

第 15 章

# 母平均の推定方法を学ぼう

真の平均値に関する区間推定を理解しよう

chapter_15.xlsx

本章では、母平均に関する区間推定を学びます。前章での母比率に関する区間推定の拡張です。量的データ一般について幅広く成り立つ方法ですので、ゆっくりとでいいので考え方をぜひマスターしてください。

## 15-1 【例題】身長の真の平均をアンケート結果から区間推定する

18 歳男性 20 人に身長を聞いたところ、標本平均が 170.1cm で、標本標準偏差が 3.2cm でした。日本全体の 18 歳男性の身長 (cm) に正規性を仮定したとき、その真の母平均の 95% 信頼区間は、調査結果から以下で得られます。

$$\left[170.1 - t^*_{19}\frac{3.2}{\sqrt{20}}, 170.1 + t^*_{19}\frac{3.2}{\sqrt{20}}\right]$$

ただし、$t^*_{19}$ は自由度 19 の t 分布の上側 2.5% 点です。

これを Excel で求めましょう。「15-1 シート」を開いてください。B1:B3 には、20、170.1、3.2 がそれぞれ入力されています。以下の順に入力してください。

### 練習 15-1：t 分布を用いた母平均の区間推定

① B5 に =T.INV(0.975,B1-1) と入力

② B6 に =B5*B3/SQRT(B1) と入力

③ B7 に =B2-B6 と入力

④ B8 に =B2+B6 と入力

B7 と B8 の結果から四捨五入して、$[168.6, 171.6]$ が求める値となります。

それでは、いまの作業で省略した仮定・統計用語・理論などを、次節以降で解説しましょう。

## 15-2 正規母集団の母平均の区間推定（分散既知）

母集団が正規分布に従っているものを、**正規母集団**と呼びます。一般に母平均を $\mu$ や $\mu_x$ で、母分散を $\sigma^2$ や $\sigma_x^2$ で表します。各々独立であることを明示する場合は、$X \sim \text{i.i.d. } N(\mu, \sigma^2)$ と独立同分布の i.i.d. を用いて書きますが、一般には明示せずに仮定されていることが多いです。

先に推定方法を示して、そののち理論的背景を説明しましょう。

**推定方法 15-1**

平均 $\mu$・分散 $\sigma^2$ の正規母集団 $X$ について $\mu$ は未知で $\sigma^2$ は既知とします。母集団からの大きさ $n$ の無作為標本 $X_1, \cdots, X_n$ について、その観測値を $x_1, \cdots, x_n$ とし、さらに $\bar{x}$ を観測値の平均値とすると、$\mu$ に関する信頼係数 $\alpha$ の区間推定値は $z^*$ を標準正規分布の上側 $\frac{1-\alpha}{2}$ 点として以下で表されます。

$$\left[\bar{x} - z^* \cdot \frac{\sigma}{\sqrt{n}},\ \bar{x} + z^* \cdot \frac{\sigma}{\sqrt{n}}\right] \tag{15.1}$$

$\alpha = 0.95$ ならば、$z^*$ は標準正規分布の上側 2.5% 点を表すので、約 2 もしくは約 1.96 で計算されることが多いです。

では、この説明を行いましょう。$X_1, \cdots, X_n$ と $\mu, \sigma, z^*$ はこの推計方法 15-1 と同じとします。$\bar{X} = \frac{1}{n}(X_1 + \cdots + X_n)$ とすると、第 11 章の定理 11-8 より、$\frac{\bar{X}-\mu}{\sigma/\sqrt{n}} \sim N(0, 1)$ です。

$z^*$ の定義から、

$$\Pr\left(-z^* \leqslant \frac{\bar{X} - \mu}{\sigma/\sqrt{n}} \leqslant z^*\right) = 1 - \alpha$$

が成り立ちます。$\mu$ は未知なので、左辺の括弧内の連立不等式を未知の $\mu$ について解くと、

$$\bar{X} - z^* \cdot \frac{\sigma}{\sqrt{n}} \leqslant \mu \leqslant \bar{X} + z^* \cdot \frac{\sigma}{\sqrt{n}} \tag{15.2}$$

となります。この最左辺と最右辺が区間推定の推定方法 15–1 の計算式です。

ただし 14-1 節でも述べたように、$\sigma$ は未知であることがほとんどです。よって、推定方法 15–1 のような推定が実際に使われることはほぼありません。しかしこれと似た形が次節で得られます。比較してください。

## 15-3 正規母集団の母平均の区間推定（分散未知）

本節も前節同様に、推定方法を先に説明したのち理由を説明します。

**推定方法 15–2**

平均 $\mu$・分散 $\sigma^2$ の正規母集団 X について、$\mu$ も $\sigma^2$ も未知とします。母集団からの大きさ $n$ の無作為標本 $X_1, \cdots, X_n$ について、その観測値を $x_1, \cdots, x_n$ とし、さらに $\bar{x}$ を観測値の平均値、$s^2$ を観測値の標本不偏分散とします。

よって標本標準偏差 s は

$$s = \sqrt{\frac{1}{n-1}\sum_{i=1}^{n}(x_i - \bar{x})^2}$$

であり、$t^*$ を自由度 $n-1$ の t 分布の上側 $\frac{1-\alpha}{2}$ 点とすると、$\mu$ の信頼係数 $\alpha$ の区間推定値は以下で表されます。

$$\left[\bar{x} - t^* \cdot \frac{\sigma}{\sqrt{n}},\ \bar{x} + t^* \cdot \frac{s}{\sqrt{n}}\right] \tag{15.3}$$

$\alpha = 0.95$ かつ $n$ が十分に大きければ、$t^*$ は約 2 もしくは約 1.96 で計算されることが多いです。

前節の推計方法 15–1 とほとんど同じです。$\sigma$ が s に変わっているのと、$z^*$ が $t^*$ に変わっているだけです。

では、この推定の理論的な背景を簡単に説明しましょう。$X_1, \cdots, X_n, \mu, \sigma$ は推定方法 15–2 と同じとします。$\bar{X}, S^2$ を以下で定義します。

$$\bar{X} = \frac{1}{n-1}\textstyle\sum_{i=1}^{n} X_i,\ S^2 = \frac{1}{n-1}\textstyle\sum_{i=1}^{n}(X_i - \bar{X})^2 \tag{15.4}$$

このとき、あとで証明する定理 21–7 から、

$$\frac{\bar{X}-\mu}{S/\sqrt{n}} \sim t(n-1) \tag{15.5}$$

が得られます。

$t^*$ の定義から、

$$\Pr\left(-t^* \leqslant \frac{\bar{X}-\mu}{S/\sqrt{n}} \leqslant t^*\right) = 1-\alpha$$

が成り立ちます。あとは前節同様に、左辺の確率のなかにある連立不等式を $\mu$ について解いて、

$$\bar{X} - t^* \cdot \frac{S}{\sqrt{n}} \leqslant \mu \leqslant \bar{X} + t^* \cdot \frac{S}{\sqrt{n}}$$

が得られます。これが推定方法 15–2 の計算方法となります。今一度ファイルの「15-1」シートの式と見比べてください。

ここまでの区間推定について、もとのデータ $x_1, \cdots, x_n$ は必要ではないことを確認しましょう。元データの値がわからなくとも、標本の大きさ $n$ と標本平均 $\bar{x}$ と標本標準偏差 $s$ が表示されていれば、区間推定は可能となります。実際に 15-1 節をもう一度読んで確かめてください。

## 15-4 母集団に正規性を仮定しない場合

本節では、まず標準誤差について定義したのち、推計方法とその理論的背景を述べて実習を行います。

ここで、**標準誤差**について述べておきましょう。標準誤差は、実は本によって統計量だったり統計値だったりとバラバラな指標です。本書では、後者の統計値の立場をとります。

つまり、「ある統計量の標準誤差とは、その統計量に関する標準偏差の推定量をデータから計算した推定値」と定義します。

たとえば、母平均 $\mu$ の点推定量 $\bar{X}$ の標準誤差は、データ $x_1, \cdots, x_n$ を用いて計算した値 $s/\sqrt{n}$ です（$s$ は標本標準偏差)。それを説明しましょう。すでに何回も出てきたように $V[\bar{X}] = \sigma^2/n$ であり、$\sigma^2$ は未知ですから、$\sigma$ を $S$ に置き換えて、$\bar{X}$ の分散の推定量 $\hat{V}[\bar{X}] = S^2/n$ が得られます。

$\bar{X}$ の標準偏差の推定量 $\sqrt{\hat{V}[\bar{X}]}$ は、この正の平方根の $S/\sqrt{n}$ です。これはあくまで統計量です。この式をデータ $x_1, \cdots, x_n$ を用いて計算した $s/\sqrt{n}$ が、$\bar{X}$ の標準誤差となります。

一般に標準誤差というと、この $s/\sqrt{n}$ が暗黙のうちに仮定されています。第 3 章の Excel の基本統計量もそうです。標準誤差と一言でいっても、複数の推定量があれば、それぞれの推定量についての標準誤差が存在します。単に標準誤差と書かれている場合には、それがなんの推定量に関する標準誤差であるかを確認するようにしてください。本書ではできるだけ「これは〜の標準誤差となります」のように明示します。

では、前節よりもさらに母集団の仮定を緩やかにしましょう。母集団は各々独立に、平均 $\mu$・分散 $\sigma^2$ のある同じ確率分布に従うとします（$\mu, \sigma$ はそれぞれ未知)。前節・前々節とも信頼係数 $\alpha$ で書きましたが、正規性を仮定しない場合は 95% を考えることが多いので、それだけに絞ると以下のように表せます。

**推定方法 15-3**

平均 $\mu$・分散 $\sigma^2$ の独立同分布のある確率変数からなる母集団 X について、$\mu$ も $\sigma^2$ も未知とします。母集団からの大きさ $n$ の無作為標本 $X_1, \cdots, X_n$ について、その観測値 $x_1, \cdots, x_n$ とし、さらに $\bar{x}, s$ は推定方法 15-3 と同様とします。$n$ が十分大きいとき、$\mu$ の 95% 信頼区間を

$$\left[\bar{x} - 2 \cdot \frac{s}{\sqrt{n}},\ \bar{x} + 2 \cdot \frac{s}{\sqrt{n}}\right] \tag{15.6}$$

で近似することが一般的です。日本語で、かつ区間の最大値と最小値を両方合わせて表すと、

(標本平均値) $\pm$ 2 $\cdot$ (標本平均の標準誤差)

と表記できます。

前節や前々節とは異なり、あくまで近似値です。

では、理論的な背景を説明しましょう。それは**中心極限定理**です。$\sigma^2$ が既知であれば、中心極限定理（定理 12-3）より、$n$ が十分大きければ、(15.2)

式で $z^* =$ 約 2 とした式が成り立ちます。$n$ が十分大きい場合の 95% 信頼区間です。しかし $\sigma$ は未知なので、(15.2) 式を標本標準偏差 $s$ に置き換えて、$z^* =$ 約 2 とした式

$$\left[\bar{x} - 2 \cdot \frac{s}{\sqrt{n}},\ \bar{x} + 2 \cdot \frac{s}{\sqrt{n}}\right]$$

は、95% 信頼区間とはなりません。なりませんが、区間推定でのある程度の目安になります。それが推定方法 15–3 の理由となるわけです。

では、実習しましょう。ファイルの「15-4」シートには、91 人の身長データ（架空）が B2:B92 に存在します。これを例に見ていきましょう。

**練習 15–2：Excel のデータ分析の利用**

① メニュータブとリボンから、[データ] → [データ分析] → [基本統計量] を選択
② 入力範囲に、C2:C92 の範囲を選択（表記は$C$2:$C$92）
③ 統計情報のチェックボックスをクリック
④ OK ボタンをクリック

これで、新しいシートに基本統計量の値が出てきます。その標準誤差 0.822916547 に注目してください。なんの標準誤差かは明記されていませんが、これは標本平均に関する標準誤差です。いままでの記号の $\frac{s}{\sqrt{n}}$ です。

B7 が標準偏差 $s$ の値で、B15 がサンプルの大きさ $n$ の値となっています。適当なセルに=B7/sqrt(B15) と入力して確かめてください。

前章でも本章でも、点推定と区間推定について述べてきました。マスメディアなどで紹介されるアンケート結果などはすべて点推定ですが、区間推定の考え方を身につけることで、数値に踊らされることが少なくなります。

## 15-5 Excel VBA で確認してみよう

正規性を仮定した 95% 信頼区間については、「15-1」シートの B1:B3 を変更することによって計算可能です。よって、ここでは 15-4 節の値の導出過程を、プログラミングを利用して理解してみましょう。

まず、chapter_15.xlsx を上書き保存してから終了してください。練習 13–6 と同じ手順でマクロ有効ブックを作成して、練習 13–7 と同じ手順で標準モ

ジュールを挿入してください。

次に ch15_vba.txt をメモ帳などのテキストエディタで開き（文字化け時は ch15_vba_utf8.txt を使用）、すべて選択して（Ctrl+A）コピー（Ctrl+C）し、この真っ白な標準モジュールにコードを貼り付けます（Ctrl+V）。

私が作成した xbarpm2se 関数は、第 1 引数に A1:A200 などのセル範囲を入力します。その入力範囲をもとにして、15-4 節の値をいくつも出して、6 行 2 列の部分に表示します。

なお、今回は練習のために、2 箇所未完成にしています。未完成部分はコードが赤くなっているので、それを修正しましょう。まずは se = の部分です。右辺には、標準誤差は $s/\sqrt{n}$ の値が入ります。se = s/sqr(n) と書き換えて、↓で移動してください。赤字が消えて、se = s / Sqr(n) となります（面倒なことに、VBA において平方根を返す関数は Sqr 関数なのです）。

もう 1 つは、matrixAns(6, 2) =の部分です。右辺には標本平均に標準誤差の 2 倍を加えたものが入ります。直接打ち込むか、コピーと貼り付けを利用して matrixAns(6, 2) =barX+2*se と書いて↓で移動してください。赤字が消えて matrixAns(6, 2) = barX + 2 * se となります。サンプルの大きさ n、標本平均 barX、標本標準偏差 s が得られたあとの、se = s / Sqr(n) と barX - 2 * se と barX + 2 * se に注目して、コードの流れと前節の計算を確認してください。

それでは Excel のシートに戻り、A1:A5 にそれぞれ、2、4、6、8、10 と入力してください。次に、D1:E6 の範囲で xbarpm2se を動かします。Office 365 や Excel 2021 以降を利用している人は、動的配列数式で書きます（本章コラムを参照）。

### 練習 15-3：動的配列数式で簡単に区間推定

① 普通の関数と同様に、D1 に=xbarpm2se(A1:A5) と入力して Enter

Excel 2019 以前の人は、配列数式で入力します（本章のコラムを参照）。

### 練習 15-4：配列数式で簡単に区間推定

① D1 に移動し、マウスやキーボードなどで D1:E6 セルを選択

② そのまま D1 に=xbarpm2se(A1:A5) と入力し、Ctrl+Shift を押しなが

ら Enter

正しく入力されていれば、E5 が約 3.172、E6 が約 8.828 となります。

Excel 2019 以前の古いタイプを使っている場合は、エラーが出ることがあります。それは、VBA のコードの s = WorksheetFunction.StDev_S(rngX) が正しく動かないためです。その場合は StDev_S を StDev に書き換えてください。その後 Excel のシートの D1 セルに戻り、マウスやキーボードなどで D1:E6 セルを選択したあと、F2 キーを押します。数式の編集状態になるので、Ctrl + Shift を押しながら Enter です。

## コラム　配列数式・動的配列数式・スピル動作

Excel 2021 では、配列数式が新しくなり**動的配列関数**となりました。動的配列数式は、練習 15-4 の配列数式を拡張したものです。

数値などを複数返す関数の場合、これまでは先に範囲を指定しておく必要がありました。しかし動的配列関数は、普通の関数のように入力すると、数値がほかのセルに溢れ出ます。これを**スピル動作**といいます。スピル動作は Excel 2021 から使用可能になり（当然 Office 365 でも可能です）、これが Excel 2019 以前の永続ライセンス版との大きな違いとなります。

前節で軽く触れましたが、Excel 2019 以前の永続ライセンスのバージョンでは、「先に範囲を選択して数式を入力したのち Ctrl + Shift + Enter で値を確定させる」という配列数式形式でのみ入力可能でした。この入力形式は Excel 2021 以降でも使用可能ですが、さらに動的配列数式という形式でも入力可能となったわけです。先に範囲を指定する必要も、Ctrl + Shift + Enter の操作も、ともに不要になりました。

動的配列数式を利用して、SORT 関数や FILTER 関数など、スピル動作を利用した新しい関数も数多く導入されました。

データを扱うという意味で、少し練習してみましょう。Ctrl + O（O は Open の O）などでもう一度 chapter_15.xlsx ファイルを開き、「コラム」シートを選択してください。

最初に試してみるのは SORT 関数です。

SORT **関数**

=SORT(並べ替え範囲, [基準], [順序], [並べ替えの方法])

指定した範囲を指定した条件で並べ替える

並べ替えの方法は、列を並べ替えたい場合は TRUE、行を並べ替えたい場合は FALSE を指定する

C2:C9 の値を、SORT 関数で昇順に並べ替えてみましょう。**昇順**とは、小さい数から大きい数へと進む順序のことです。上昇順ともいいます。逆に、大きい数から小さい数へ進む順序は**降順**（下降順）といいます。

### 練習 15-5：SORT 関数で指定範囲を並べ替える

① E2 に=SORT(C2:C9) と入力し Enter

Excel 2021 以降では、これだけで E2:E9 に 30, 40, ⋯ , 100 という値が得られます。

もう 1 つ便利な関数を試してみましょう。FILTER 関数です。

FILTER **関数**

=FILTER(範囲, 条件,[空の場合に返す文字列])

指定した条件に従って指定範囲にフィルターをかける

条件に合うものがない場合は [空の場合に返す文字列] を返す

「フィルターをかける」とは、条件に合うものだけを表示させる、ということです。 A2:C9 のデータについて、 A 列が 1 のものを G2 セル以降に表示してみましょう。

### 練習 15-6：FILTER 関数で指定範囲にフィルターをかける

① G2 に=FILTER(A2:C9,A2:A9=1) で Enter

これらの関数は、学校や職場ではまだ利用できないことが多いでしょう。使用できる場合は活用してください。

第 16 章

# 集団の真の平均を検定しよう

3 種類の統計的仮説検定を理解しよう　　chapter_16.xlsx

本章では、母集団の真の平均の検定について学びます。検定はおもに 3 種類あり、それぞれの方法が微妙に異なります。これらの方法を学ぶことによって、検定の基礎的な考え方をマスターでき、さらに応用する力が身につきます。

## 16-1 【例題 1】アンケート結果から真の母比率を検定する

母集団がベルヌーイ分布で表されるものは、ある法案に関する賛成比率、政党支持率、故障率など、さまざまなものが考えられます。ここでは、政党支持率を例にして考えてみましょう。

いくつかのマスメディアでは、定期的に内閣や政党の支持率を調査して発表しています。多くの場合、「ある政党の支持率は今回 3.8% で、前回より 0.2 ポイント下がった」のように、0.1% 単位で発表しています。標本の大きさは調査ごとに異なりますが、今回は少し多めに 2000 とします。

こういった調査においては、統計的仮説検定が有効です。**統計的仮説検定**とは「ある仮説に対してそれが正しいかどうか検証する」という、統計学の手法の 1 つです。単に**検定**とも呼びます。

検定に用いる仮説は 2 種類あります。それは帰無仮説と対立仮説です。統計分析を行う場合には、なんらかの効果があったかどうかを調べたいことがほとんどなので、まずは分析を行ううえで「否定したい」「棄却したい」という気持ちのある仮説を**帰無仮説**とします。たとえば投薬・処置・時間経過などの要因があったとして、それらが「効果がない」「変化がない」などに当てはまる仮説を帰無仮説とします。一方、**対立仮説**とは、文字どおり帰無仮説と対立する仮説のことです。つまり「効果があった」「変化があった」ことを示す仮説のことです。具体例を以下で示していきましょう。

今回は支持率が前回より下がったかどうかを知りたいので、帰無仮説を「真の支持率は 4% である」とし、対立仮説を「真の支持率は 4% 未満である」とします。有意水準 5% で検定しましょう。

**有意水準**とは、帰無仮説が間違っていると判断するための基準となる確率を指します。P 値と呼ばれる値が有意水準より低い場合、一般的には、その帰無仮説は間違っているとされます。詳しくは後節で説明するので、まずは「P 値が有意水準以下の場合は帰無仮説が否定される」とだけ認識してください。

2000 人のアンケートで支持者 76 人で残りが不支持と考えた場合、P 値は $X \sim \mathrm{Bin}(2000, 0.04)$ としたときの $\Pr(X \leqslant 76)$ の値なので、Excel で`=binom.dist(76,2000,0.04,true)` で計算して、0.350 となります。5% 以上となるため、帰無仮説が正しいことを、否定できません。つまり、統計的には前回の数値と同じであることを否定できない、という結果になります。

## 16-2 【例題 2】教え方を変えたらテストの点数が上がったかを検定する

別の例で考えてみましょう。ある講義を担当している教員が「教え方を変えたら成果が上がった」と主張しているとします。これが正しいかどうか判断するためには、少なくとも「教え方を変える前の点数」と「教え方を変えたあとの点数」を比較する必要があります。

前年度の学生の期末テスト平均点が 50 点だったとします。一方、教え方を変えた今年度は、学生 36 人の平均点が 51.0 点で、標準偏差が 4.0 点だったとしましょう。統計学を知らないと「1 点上がった」「1 点しか上がっていない」などで話がおしまいになったりしますが、これを統計的に検定してみましょう。

前年度と今年度の学生の資質はほぼ同じと仮定し、また今年度の学生の点数は平均 $\mu$、分散 $\sigma^2$ の正規分布に各々独立に従うと仮定します（$\mu, \sigma$ とも未知とします）。この真の平均 $\mu$ について帰無仮説と対立仮説をそれぞれ「$\mu = 50$」と「$\mu > 50$」として有意水準 5% で検定してみましょう。

この場合、統計的検定の方法 16-1（16-7 節）で説明する t 値というものを計算すると、$\frac{51-50}{4/\sqrt{100}} = 2.5$ となります。また、t 値と一緒に説明する P 値というものを計算すると、P 値は $X \sim t(99)$ としたときの $\Pr(X \geqslant 2.5)$ となります。Excel で `=1-t.dist(2.5,99,true)` で計算すると 0.007 となり、P 値が 5% 未満なので有意水準 5% で帰無仮説は否定されます。たった 1 点しか変わっていないと思うかもしれませんが、統計的には前年よりも平均が高くなっているといえます。

それではこの 2 つの例題について、次節以降で解説しましょう。

## 16-3 帰無仮説と対立仮説

一般的に検定を行う動機の多くは、【例題 1】のように「時間経過によってなにか（真の平均など）が変化したか」を知りたかったり、あるいは【例題 2】のように「なにかを行った結果としてなにかが変化したか」を知りたかったり、とにかく変化を捉えたい、というところにあります。ざっくばらんにいうと、変化していないことを否定したいわけです。

そのため、変化しないことを表す仮説を**帰無仮説**、変化したことを表す仮説を**対立仮説**として定義するのが一般的です。記号としては、帰無仮説を H0、対立仮説を H1 で表すことが一般的です。H は Hypothesis の頭文字です。

一般に、平均の検定における帰無仮説では、真の平均 $\mu$ とある値 $a$ で $\mu = a$ と等号で表します。それに対して対立仮説は、$\mu > a, \mu < a, \mu \neq a$ の 3 通りのいずれかであることがほとんどです。【例題 1】は $\mu < a$ の場合に当たり、【例題 2】は $\mu > a$ の場合に当たります。このような不等号で表される場合の検定を、とくに**片側検定**といいます。一方、対立仮説が $\mu \neq a$ のような場合を、**両側検定**といいます。

## 16-4 有意水準をもとに帰無仮説を棄却する考え方

例題や前節では、わかりやすくするために否定という表現を用いましたが、統計用語では、仮説を否定することを「**棄却**する（reject）」と表します。

前節で説明したように、分析者には帰無仮説を棄却したい気持ちがありますから、これを表した以下の表を見てみましょう。

| 真偽 \ 棄却する・しない | H0 を棄却する | H0 を棄却しない |
|---|---|---|
| H0 が真である | 第 1 種の過誤 | 正しい |
| H0 が偽である | 正しい | 第 2 種の過誤 |

**有意水準**とは、第1種の過誤（error）が起こる確率のことです。つまりH0が真の場合にも関わらずH0を棄却する確率であり、社会科学や医療などの多くの分野では0.05として分析することが多いです。ただしこれは場合によって異なり、経済学でも高度な分析では0.1などの高い値を考えたりします。

第1種の過誤と第2種の過誤が両立することはありません。第1種の過誤の確率をある値に決めておいて、できるだけ第2種の過誤の確率が少なくなるようできることが望ましいのです。一般には $n$ が大きくなれば第2種の過誤の確率が小さくなるので、サンプルの大きさ $n$ をある程度確保しておくことは重要になります。第2種の過誤は高度な内容になるので、気になる場合はより上級の書籍で学んでください。

## 16-5 検定統計量と検定統計値

母集団や標本の仮定が適切であれば、帰無仮説が真の場合に、標本によって検定するための統計量が得られます。これを**検定統計量**と呼びます。統計量なので確率変数です。

検定するために利用したいので、なんらかの既知の分布に従うか、既知の分布で近似されるような統計量をとります。また、検定統計量をもとにしてデータ（観測値）から実際に計算した値を、**検定統計値**と呼びます。

【例題1】のように真の母比率 $p$ について考えてみましょう。母集団は独立同分布のパラメータ $p$ のベルヌーイ分布からなり、そこからの大きさ $n$ の無作為標本を $B_1, \cdots, B_n$ とします。ある値 $p_0$ について $p = p_0$ が真ならば、$B_1 + \cdots + B_n \sim Bin(n, p_0)$ となるので、和 $W = B_1 + \cdots + B_n$ を $n$ で割った $\frac{W}{n}$ を検定統計量とします。これをもとにデータから実際に計算した和の値を $w$ とすると、$\frac{w}{n}$ が検定統計値となります。

次に【例題2】のように、母集団が独立同分布の正規分布 $X \sim i.i.d. N(\mu, \sigma^2)$ に従う場合を考えてみましょう。大きさ $n$ の標本 $X_1, \cdots, X_n$ とします。ある値 $\mu_0$ について $\mu = \mu_0$ が真ならば、$\frac{\bar{X}-\mu_0}{S/\sqrt{n}} \sim t(n-1)$ となります（$\bar{X}, S^2$ は $X_1, \cdots, X_n$ の標本平均と標本不偏分散）。つまり $\frac{\bar{X}-\mu_0}{S/\sqrt{n}}$ は自由度 $n-1$ の $t$ 分布に従うので（のちほど出てくる定理21-7）、$\frac{\bar{X}-\mu_0}{S/\sqrt{n}}$ を検定統計量とします。これをもとにデータ $x_1, \cdots, x_n$ から実際に計算した値、

$$\frac{\bar{x}-\mu_0}{s/\sqrt{n}} \quad \left(\text{ただし}\bar{x}=(x_1+\cdots+x_n)/n, s=\sqrt{\frac{1}{n-1}\sum_{i=1}^{n}(x_i-\bar{x})^2}\right)$$

が検定統計値となります。

## 16-6 棄却域の設定

【例題 1】と【例題 2】では、次節で説明する P 値を利用した検定を行い、棄却域は設定しませんでした。本節では、棄却域について説明します。

昨今では、PC ソフトの発展により、このように P 値のみで判断する場合もあります。前々節で述べたように第 2 種の過誤の影響を無視しているので、サンプルの大きさが小さい場合には気をつけてください。本節を飛ばして読んでも、とりあえずは影響はありません。ただし、いずれは戻ってきて読むようにしてください。

帰無仮説と対立仮説と有意水準を決めた場合に、計算した検定統計量 $\frac{\bar{x}-\mu_0}{s/\sqrt{n}}$ とその分布をもとにして、H0 を棄却するための範囲を決めることができます。それを**棄却域**といいます。検定統計値がその範囲に棄却域に入った場合に H0 を棄却し、入らなかった場合には棄却しないというものです。

正規分布の母平均の検定（分散未知の場合）について、その棄却域を設定してみましょう。$X, S, \bar{X}, \mu, \mu_0, \bar{x}, s$ は 16-5 節の記号と同じとし、これより $\frac{\bar{x}-\mu_0}{s/\sqrt{n}}$ を t 値と呼びます。**t 値**とは、**t 統計検定値**の略です。前節で説明したように、確率の知識から、母集団の仮定のもとで t 分布に従う検定統計量を作り、それをデータをもとに計算したものです。

有意水準 $\alpha$ で帰無仮説 H0 : $\mu=\mu_0$ とします。自由度 $n-1$ の t 分布の上側 $\alpha$ 点を $t^*_\alpha(n-1)$ で表すと、棄却域は対立仮説によって以下のように場合分けされます。

① H1 : $\mu > \mu_0$ のとき、$t > t^*_\alpha(n-1)$

② H1 : $\mu < \mu_0$ のとき、$t < -t^*_\alpha(n-1)$

③ H1 : $\mu \neq \mu_0$ のとき、$t < -t^*_{\frac{\alpha}{2}}(n-1)$　または　$t > t^*_{\frac{\alpha}{2}}(n-1)$

この 3 種類をグラフに表したものが図 16-1 です。

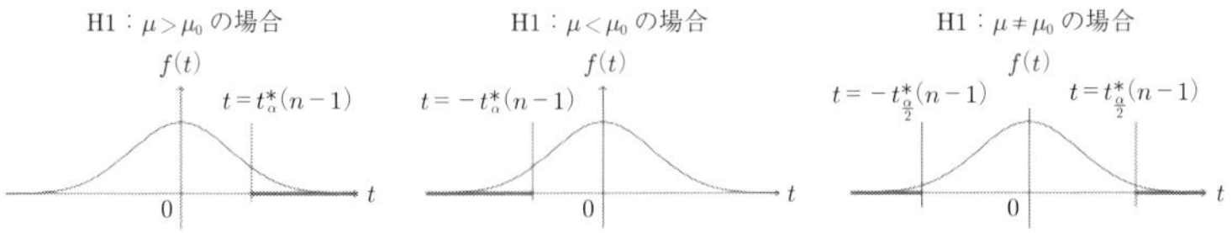


図 16–1　自由度 n − 1 の t 分布の密度関数のグラフと棄却域

順に説明していきましょう。まず、H0 が真ならば t 値は 0 に近い値が出ます。その対偶を考えると、t 値として 0 から遠い値が出れば H0 は棄却されます。

1 つ目の対立仮説 H1：$\mu > \mu_0$ の場合に 0 から遠いということは、t 値が大きい値ということになります。したがって、この場合 t 値が大きければ大きいほど H0 が棄却されやすいわけです。

有意水準を $\alpha$ としているので、0 から H1 の方向へ遠いほうから $\alpha$ の確率をとることを考えると、自由度 n − 1 の t 分布の上側 $\alpha$ 点が H0 を棄却するかしないかの境目になるといえるでしょう。よって、$t^*_\alpha(n-1)$ をその境目の値（**臨界値**）として、t 値がこれを超えた場合に H0 を棄却すると考えます。

2 つ目の対立仮説 H1：$\mu < \mu_0$ も同様に考えれば、図 16–1 の真ん中の図が棄却域になることは簡単に得られます。

3 つ目については、プラス方向にもマイナス方向にも 0 から遠いことを鑑みて、1 つ目と 2 つ目の $\alpha$ を半分にした臨界値 $t^*_{\frac{\alpha}{2}}(n-1)$ を考えて、それぞれの棄却域を結合した形になります。短く書いて、$|t| > t^*_{\frac{\alpha}{2}}(n-1)$ と表現することも可能です。

n が十分に大きい場合を考えましょう。$\alpha = 0.05$ ならば $t^*_{\frac{\alpha}{2}}(n-1)$ は約 2（約 1.96）なので、t 値が得られたら絶対値が 2 を超えるかどうかで、暗算によって両側検定することができます。

## 16–7　正規母集団の母平均の検定に関する P 値の導出と検定の結論

### 16–7–1　検定の手順と定義

本節では、最初に検定方法を述べたのち、その意味を説明して、最後に実習を行います。正規母集団についての一般的な母平均の検定方法を示します。

統計的検定の方法 16-1

平均 $\mu$ 分散 $\sigma^2$ の正規母集団 X について $\mu, \sigma$ とも未知とします。大きさ $n$ の無作為標本を $X_1, \cdots, X_n$ として、その観測値 $x_1, \cdots, x_n$ が得られて、$\bar{x} = \frac{1}{n}\sum_{i=1}^{n} x_i, s^2 = \frac{1}{n-1}\sum_{i=1}^{n}(x_i - \bar{x})^2$ とします。有意水準 $\alpha$ を決めておきます。ある値 $\mu_0$ についての帰無仮説 H0 : $\mu = \mu_0$ に対する以下の 3 種類の対立仮説 H1 について、それぞれ検定を行うとします。
まず t 値を、

$$t\text{ 値} = \frac{\bar{x} - \mu_0}{s/\sqrt{n}}$$

と定義し、$T(n-1)$ は自由度 $n-1$ の t 分布とします。P 値はそれぞれ以下で得られます。

① H0 : $\mu = \mu_0$, H1 : $\mu > \mu_0$ のとき、
P 値 $= Pr(T(n-1) \geqslant t$ 値 $)$

② H0 : $\mu = \mu_0$, H1 : $\mu < \mu_0$ のとき、
P 値 $= Pr(T(n-1) \leqslant t$ 値 $)$

③ H0 : $\mu = \mu_0$, H1 : $\mu \neq \mu_0$ のとき、
P 値 $= 2Pr(T(n-1) \geqslant |t$ 値 $|)$

どの 3 つの検定においても有意水準 $\alpha$ の場合、

- P 値 $< \alpha$ ならば、H0 は棄却される。
- P 値 $\geqslant \alpha$ ならば、H0 は棄却されない。

と結論づけます。

これは t 分布を用いた検定なので、**t 検定**と呼ばれています。この検定手順を説明していきましょう。まずは P 値をきちんと定義します。P 値とは、H0 と H1 を所与として、H0 を真と仮定したとき、現状起こった事象以上に H1 を支持しうる事象が起こる確率です。数学的には、H0 を棄却できる有意水準の集合の下限値を P 値と定めます。

その結果、有意水準を $\alpha$ とすれば、以下のように結論づけるのが統計的検定の結論への流れです（前節では棄却域で判断する方法を紹介しました）。

- P 値 $< \alpha$ ならば、「H0 は有意水準 $\alpha$ で棄却される」。
- P 値 $\geqslant \alpha$ ならば、「H0 は有意水準 $\alpha$ で棄却されない」。

「棄却されない」という表現は、「H0 が成り立つ」ではなく「H0 であることを否定できない」という弱い表現です。気をつけてください。

P 値の導出方法は、検定統計量の分布関数や H0 と H1 によって異なります。まず、$\bar{X}, S, \bar{x}, s, n, \mu, \mu_0$ は 16–5 節と同様とします。のちほど出てくる定理 21–7 より、H0 : $\mu = \mu_0$ が真のとき、$\frac{\bar{X}-\mu_0}{S/\sqrt{n}}$ が自由度 $n-1$ の t 分布に従います。よって t 値 $= \frac{\bar{x}-\mu_0}{s/\sqrt{n}}$ と定義し、自由度 $n-1$ の t 分布の密度関数と H0 : $\mu = \mu_0$ として、3 つの対立仮説それぞれについての P 値の対応図が、図 16–2 です。P 値は面積で表されます。

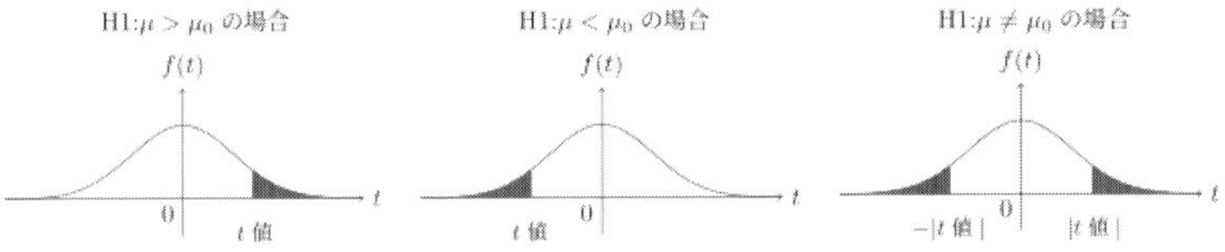


図 16–2　自由度 $n-1$ の t 分布の密度関数のグラフと H0:$\mu = \mu_0$ に対しての対立仮説別の P 値

これらは、「H0 が真ならば t 値は 0 近辺の値となる」ため「t 値が 0 より遠い値 (H1 に近い値) が出たならば、H0 を棄却しやすい」という考え方から得られます。H0 : $\mu > \mu_0$ の場合は t 値が大きければ大きいほど H0 が棄却しやすく、H0 : $\mu < \mu_0$ の場合は t 値が小さければ小さいほど H0 が棄却しやすくなります。3 番目の H0 : $\mu \neq \mu_0$ の場合は 0 からプラス方向にもマイナス方向にも遠いという考え方から、P 値を $\Pr(T(n-1) \geqslant |t$ 値$|) + \Pr(T(n-1) \leqslant -|t$ 値$|)$ で定義しています。そして t 分布の密度関数の対称性から、これが $2\Pr(T(n-1) \geqslant |t$ 値$|)$ と表されるのです。

以上のことを Excel で確認してみましょう。

### 16-7-2　Excelを使った演習

ファイルの「16-7」シートを開いてください。黄色の4つのセルに値を入れたときに、3通りのH1に応じたP値を表示します。

**練習 16-1：母平均の検定（例題 2）**

① E1:E4 にそれぞれ、36、51、4、50 を入力

② E6 に=(E2-E4)/(E3/SQRT(E1)) と入力

E1:E4 に値を記入するだけで、統計的検定の方法 16-1 が自動的に実行されます。数値が正しく記入されていれば、D7:E7 から、H0 : $\mu = 50$、H1 : $\mu > 50$ の場合のP値が0.071が得られました。P値が5%以上なので「H0は有意水準5%で棄却されない。」といえます。つまり【例題2】では「やり方を変えたのに点数が変わっていない」ことを否定できないわけです。

また、練習16-1のグラフでは、対立仮説に応じた図16-2（左か真ん中の図）が自動的に作成されます。グラフ内のオレンジ色の面積も、P値と一致するように作ってあります。とても便利なので、E1:E4 の黄色のセルの値を変更しながらグラフを見てください。結果として、この仮説検定の方法とt値とP値について、よく理解できるようになります。

## 16-8　母比率に関する検定でのP値の導出と検定の結論

### 16-8-1　検定の手順と定義

本節では、検定方法を述べたのちに正規分布を利用した近似方法を述べて、最後に実習を行います。

### 統計的検定の方法 16-2

$p, p_0, W, w, n$ は 16-5 節とまったく同様とします。有意水準 $\alpha$ を決めておき、3 種類の検定に関する P 値は以下で得られます。

① $H0 : p = p_0$、$H1 : p > p_0$ のとき、P 値 $= Pr(W \geqslant w)$。
② $H0 : p = p_0$、$H1 : p < p_0$ のとき、P 値 $= Pr(W \leqslant w)$。
③ $H0 : p = p_0$、$H1 : p \neq p_0$ のときの P 値は、
　$Pr(W = i) \leqslant Pr(W = w)$ を満たす $i = 0, 1, \cdots, n$ についての、
　$Pr(W = i)$ の和。

どの検定においても、有意水準 $\alpha$ の場合、以下のように結論づけます。

- P 値 $< \alpha$ ならば、H0 は棄却される。
- P 値 $\geqslant \alpha$ ならば、H0 は棄却されない。

統計ソフトが発達した現在では、上の P 値は簡単に得られます。しかし $n$ が相当大きい場合には、正規分布で近似するとよいでしょう。

$W \sim Bin(n, p_0)$ とすると、$n$ が十分大きい場合は、中心極限定理から $\frac{W/n-p_0}{p_0(1-p_0)/\sqrt{n}}$ は標準正規分布で近似できます（二項分布の正規分布による近似では、$n$ が大きいのみでなく、$np_0 > 5, n(1-p_0) > 5$ が成り立っていることが望ましいとされています）。z 値 $= \frac{w/n-p_0}{p_0(1-p_0)/\sqrt{n}}$、$Z \sim N(0, 1)$ として、P 値は以下になります。

① $H1 : p > p_0$ のとき、P 値 $= Pr(Z > z$ 値 $)$
② $H1 : p < p_0$ のとき、P 値 $= Pr(Z < z$ 値 $)$
③ $H1 : p \neq p_0$ のとき、P 値 $= 2Pr(Z > |z$ 値 $|)$

z 値とは、標準正規分布を用いた検定での検定統計値のことです。標準正規分布はよく大文字 Z で表されるので、それに合わせて z が使われます。なお、本書では z 値はここでしか出てきません。

## 16-8-2 Excelを使った演習

では、Excelで実習しましょう。ファイルの「16-8」シートでは、黄色の3つのセルに値を入れたときに、3通りのH1に応じたP値を表示します。E5:E7にはあらかじめIF関数を記入しています（片側検定の一方は検定する必要がないので非表示に設定）ので、以下のように変更してください。

### 練習16-2：母比率の検定（例題1）

① E1:E3にそれぞれ、2000、72、0.04を入力

練習16-1と同様に、E1:E3に値を記入するだけで、統計的検定の方法16-2が自動的に実行されます。D8:E8から、H0：$p = 0.04$、H1：$p < 0.04$の場合のP値が0.197であることが得られます。

P値が5%以上なので「H0は有意水準5%で棄却されない」といえます。つまり【例題1】では「前回と支持率が変わっていない」ことを否定できません。統計学の基本さえ知っていれば、数値に踊らされないのです。

さらに、正規分布への近似をF列で行いましょう。

### 練習16-3：母比率の検定の正規近似

① F5に =(E5-E3)/SQRT(E3*(1-E3)/E1) と入力

いまの数値だと、大体P値が0.02ほど異なっていますが、$n$がもっと大きい場合は、より差が小さくなって近似がよくなります。

## コラム　「形式を選択して貼り付け」の活用

ファイルの「コラム」シートで、【例題 2】と同様に、H0 : $\mu = 50$、H1 : $\mu > 50$ の検定を行いましょう。【例題 2】との違いは、元データが B1:B20 にあり、E1:E3 の値が数式で得られていることです。そのため、「16-9」シートの E1:E3 をコピーして「16-7」シートの E1:E3 に貼り付けると、値ではなく数式がコピーされてしまいます。このようなときは、値の貼り付け（形式を選択して貼り付け→値）が便利です。

### 練習 16-4：値の貼り付け

①E1:E3 を Ctrl ＋ C などでコピー
②「16-7」シートの E1 に移動
③メニュータブとリボンから［ホーム］→［貼り付け］→［値の貼り付け］の一番左側を選択

なお、Windows なら、Alt → H → V → V や Alt → E → S → V → Enter でも可能です。Windows 11 になって右クリックによるコピーが面倒になったこともあり、以前より便利になりつつあるキーシーケンスです。

# 第 17 章

# 2つの集団の平均の差を検定しよう

母平均の差の検定の方法を理解しよう

chapter_17.xlsx

本章では、2つの母集団の真の平均についての検定を行います。本章の内容によって、「処置前と処置後」や、「性差を始めとした属性の異なる2グループ」などに関して、「そのあいだになんらかの差があるか」という問題を検定できるようになります。

## 17-1 【例題】「やり方を変えたので効果があった」といえるのか？

前章の【例題2】と似ていますが、少し異なる例題です。比較してみてください。

2019年度履修者の2年生の期末テストの成績と、教え方を変えて臨んだ2020年度の2年生の期末テストの成績の結果が、以下のように得られたとしましょう。

| | 2019年 | 2020年 |
|---|---|---|
| サンプルの大きさ | 120 | 100 |
| 標本平均 | 65.1 | 68.0 |
| 標本標準偏差 | 14.46 | 14.94 |

表 17–1　テスト結果

2019年と2020年で両方受けた人はいません。各学生の成績が各々独立に正規分布に従うとし、2019年の点数は $X \sim \text{i.i.d. } N(\mu_x, \sigma^2)$ に、2020年の点数は $Y \sim \text{i.i.d. } N(\mu_y, \sigma^2)$ にそれぞれ従うとします（$\sigma$ は未知）。

元データもないこの情報だけで、H0 : $\mu_x = \mu_y$、H1 : $\mu_x \neq \mu_y$ について、はたして統計的検定ができるのでしょうか。そしてできるのなら、有意水準5% でどのような結論が得られるのでしょうか。

以降の節で、この問題について考えていきましょう。ここでも前章で出てきたt検定が役立ちます。

今回の場合も、t値を求めたあとの手順に関しては、統計的検定の方法16-1とまったく同じです。ですので、t値を出す方法までの手順に着目してください。

**t検定**とは、t分布を用いた検定のことです。t分布に従う統計量を求めておき、その統計量に基づいてデータから計算したものがt値といいます。そのt値をもとにしてP値を求めて検定するのがt検定の流れです。

## 17-2 仮定と検定統計量について

### 17-2-1 モデル化とモデルによる統計的検定（t検定）

この節では【例題】のように、2つの母集団の母平均の差の検定を行います。

最初に**モデル化**について説明してから、この**モデル**の統計的検定の方法を述べたのち、実習を行います。モデルとは、複雑な事象を分析しやすいように単純化したものです。第13章のストラックアウトに関する分析もその1つで、統計にかぎらずさまざまな分野で使われる言葉です。モデルを作ることを「モデル化する」ともいいます。

本書のレベルでの統計に関するモデルでは、観測されたデータが生み出される過程を仮定することが重要です。たとえば観測値が数値ならば、その観測値が一体どのような確率変数から得られた観測値なのかを仮定する必要があるのです。適切な仮定をおいてモデル化することにより、そのモデルのもとでの意味のある結果がいえるわけです。

まず、2つの正規母集団 X, Y があり、各々 $n_x, n_y$ の無作為標本を得るとします。

$$X_i \sim \text{i.i.d. } N(\mu_x, \sigma^2) \quad (i = 1, \cdots, n_x)$$

$$Y_i \sim \text{i.i.d. } N(\mu_y, \sigma^2) \quad (i = 1, \cdots, n_y)$$

$X_i$ の観測値を $x_i$、$Y_i$ の観測値を $y_i$ とし、それぞれの標本平均値は $\bar{x}, \bar{y}$ とします。

標本不偏分散の値は、これまでどおり、

$$s_x^2 = \frac{1}{n_x - 1}\sum_{i=1}^{n_x}(x_i - \bar{x})^2, \quad s_y^2 = \frac{1}{n_y - 1}\sum_{i=1}^{n_y}(y_i - \bar{x})^2$$

とします。$s_x, s_y$ がそれぞれの標本標準偏差になることも既知でしょう。

**統計的検定の方法 17-1**

ここまでの記号の準備のもと、$H0 : \mu_x = \mu_y$ に対する 3 種類の対立仮説「$H1 : \mu_x > \mu_y$」・「$H1 : \mu_x < \mu_y$」・「$H1 : \mu_x \neq \mu_y$」を考えた場合、どの場合も、

$$t\text{ 値} = \frac{\bar{x} - \bar{y}}{\sqrt{s^2\left(\frac{1}{n_x} + \frac{1}{n_y}\right)}} \tag{17.1}$$

$$\left(\text{注:}s^2 = \frac{\sum_{i=1}^{n_x}(x_i - \bar{x})^2 + \sum_{i=1}^{n_y}(y_i - \bar{y})^2}{n_x + n_y - 2} = \frac{(n_x - 1)s_x^2 + (n_y - 1)s_y^2}{n_x + n_y - 2}\right)$$

となります。P 値は以下です。

- 「$H0 : \mu_x = \mu_y, H1 : \mu_x > \mu_y$」のとき、
  $P\text{ 値} = Pr(T(n_x + n_y - 2) \geqslant t\text{ 値})$
- 「$H0 : \mu_x = \mu_y, H1 : \mu_x < \mu_y$」のとき、
  $P\text{ 値} = Pr(T(n_x + n_y - 2) \leqslant t\text{ 値})$
- 「$H0 : \mu_x = \mu_y, H1 : \mu_x \neq \mu_y$」のとき、
  $P\text{ 値} = 2Pr(T(n_x + n_y - 2) \geqslant |t\text{ 値}|)$

この検定を **t 検定**といいます。

これを端的にまとめたものが表 17-2 です。

| H1 | $\mu_x > \mu_y$ | $\mu_x < \mu_y$ | $\mu_x \neq \mu_y$ |
|---|---|---|---|
| P 値 | $Pr(T \geqslant t\text{ 値})$ | $Pr(T \leqslant t\text{ 値})$ | $2Pr(T \geqslant \|t\text{ 値}\|)$ |

表 17–2　$H0 : \mu_x = \mu_y$ に対する帰無仮説と P 値ただし $T \sim t(n_x + n_y + 2)$

### 17-2-2 Excelを使った演習

では、この表をもとにExcelで実習しましょう。「17-2」シートを開いてください。統計的検定の方法17-1でのH1：$\mu_x \neq \mu_y$ の場合を考えます。

#### 練習17-1：2つの母平均の差の検定 (1)

① B7に =(B3-1)*B5^2 を入力してコピーする

② C7に貼り付け

③ B8に =SUM(B7:C7)/(B3+C3-2) を入力

④ B9に =SQRT(B8) を入力

⑤ B10に =B4-C4 を入力

⑥ B11に =B9*SQRT(1/B3+1/C3) を入力

⑦ B12に =B10/B11 を入力

この時点ですでに、t検定に用いる自由度は $(220-2)=218$ と大きいため、標準正規分布で近似すれば結果が得られます。つまりB12セルがt値で、その絶対値1.46が2よりも小さいので、H0は有意水準5%で棄却されません。

ここで、実際にP値も求めてみましょう。

#### 練習17-2：2つの母平均の差の検定 (2)

① B14に =2*T.DIST.RT(ABS(B12),B3+C3-2) と入力

**T.DIST.RT関数**

T.DIST.RT(数値, 自由度1, 自由度2)

T分布の右側確率の値を返す

結果は0.146となり、0.05より大きくなります。

集計データでは、【例題】のように標本の大きさ・標本平均・標本標準偏差の3つしか示されないことが多いのですが、それでもこの手順によって母平均の差の検定を行うことができます。

## 17-3 母平均の差の検定

### 17-3-1 t検定の理論の説明

本項は「理論の説明」となっており、証明は行いません。定理はのちほど出てくるものを利用しているので、あくまでも証明の流れを知ってもらえれば結構です。のちほど（第20章以降）定理や定理の証明が出てきたときに「ああこの定理は、第17章でやったことのために重要なんだな」と思って勉強する動機になってもらえれば幸いです。なお、次項には実習も用意しています。

$X_i, Y_i, \mu_x, \mu_y, \sigma^2, n_x, n_y$ は前節のとおりとし、平均についても、

$$\bar{X} = \frac{1}{n_x}\sum_{i=1}^{n_x} X_i, \quad \bar{Y} = \frac{1}{n_y}\sum_{i=1}^{n_y} Y_i$$

とします。このとき、定理11-4より、

$$\bar{X} \sim N\left(\mu_x, \frac{\sigma^2}{n_x}\right), \quad \bar{Y} \sim N\left(\mu_y, \frac{\sigma^2}{n_y}\right)$$

が成り立ちます。

当然 $\bar{X}, \bar{Y}$ は独立なので、正規分布の線形結合（定理10-9）より、以下が成り立ちます。

$$\bar{X} - \bar{Y} \sim N\left(\mu_x - \mu_y, \frac{\sigma^2}{n_x} + \frac{\sigma^2}{n_y}\right) \tag{17.2}$$

この分散の部分は、引き算だからといって $\frac{\sigma^2}{n_x} - \frac{\sigma^2}{n_y}$ と書いてしまう人が非常に多いのですが、実際には以下のとおりです。

$\bar{X}, \bar{Y}$ が独立なので、

$V[\bar{X} - \bar{Y}] = V[\bar{X}] + (-1)^2 V[\bar{Y}] = V[\bar{X}] + V[\bar{Y}]$

テストがある場合は、$(-1)^2 = 1$ に気をつけてください。

(17.2) 式に、さらに正規分布の基準化（定理11-6）を適用すると、以下が成り立ちます。

$$\frac{(\bar{X} - \bar{Y}) - (\mu_x - \mu_y)}{\sqrt{\frac{\sigma^2}{n_x} + \frac{\sigma^2}{n_y}}} \sim N(0, 1) \tag{17.3}$$

次は、未知の $\sigma^2$ を打ち消すものを探します。のちほど示す定理21-4より、

カイ 2 乗分布について、以下が成り立ちます。

$$\frac{1}{\sigma^2}\sum_{i=1}^{n_x}(X_i-\bar{X})^2 \sim \chi^2(n_x-1)$$

$$\frac{1}{\sigma^2}\sum_{i=1}^{n_y}(Y_i-\bar{Y})^2 \sim \chi^2(n_y-1)$$

$X, Y$ は母集団が異なることから、当然独立です。そのため、こちらものちほど示す定理 21–2 から、上の和もカイ 2 乗分布で以下が成り立ちます。

$$\frac{\sum_{i=1}^{n_x}(X_i-\bar{X})^2+\sum_{i=1}^{n_y}(Y_i-\bar{Y})^2}{\sigma^2} \sim \chi^2(n_x+n_y-2)$$

この、

$$\frac{(\bar{X}-\bar{Y})-(\mu_x-\mu_y)}{\sqrt{\frac{\sigma^2}{n_x}+\frac{\sigma^2}{n_y}}} \text{と} \frac{\sum_{i=1}^{n_x}(X_i-\bar{X})^2+\sum_{i=1}^{n_y}(Y_i-\bar{Y})^2}{\sigma^2}$$

は、あとで示す定理 21–6 から独立です。よって、これもあとで示す定理 21–5 から、

$$\frac{(\bar{X}-\bar{Y})-(\mu_x-\mu_y)}{\sqrt{\frac{\sigma^2}{n_x}+\frac{\sigma^2}{n_y}}} \div \sqrt{\frac{\sum_{i=1}^{n_x}(X_i-\bar{X})^2+\sum_{i=1}^{n_y}(Y_i-\bar{Y})^2}{\sigma^2}/(n_x-n_y-2)}$$

は自由度 $(n_x+n_y-2)$ の t 分布に従います。$\sigma^2$ を約分して、

$$S^2=\frac{\sum_{i=1}^{n_x}(X_i-\bar{X})^2+\sum_{i=1}^{n_y}(Y_i-\bar{Y})^2}{n_x+n_y-2} \tag{17.4}$$

を定義して計算すると、

$$\frac{(\bar{X}-\bar{Y})-(\mu_x-\mu_y)}{\sqrt{\left(\frac{S^2}{n_x}+\frac{S^2}{n_y}\right)}}=\frac{(\bar{X}-\bar{Y})-(\mu_x-\mu_y)}{S\sqrt{\left(\frac{1}{n_x}+\frac{1}{n_y}\right)}} \sim t(n_x+n_y-2)$$

と書けます。

形としては、(17.3) 式の $\sigma^2$ の代わりに $S^2$ を代入しただけなのですが、裏側にはこのような理論が潜んでいるのです。

さらに、$\mu_x = \mu_y$ が真ならば、上の式に $\mu_x - \mu_y = 0$ を代入して、以下が成り立ちます。

$$\frac{\bar{X} - \bar{Y}}{\sqrt{\left(\frac{S^2}{n_x} + \frac{S^2}{n_y}\right)}} = \frac{\bar{X} - \bar{Y}}{S\sqrt{\left(\frac{1}{n_x} + \frac{1}{n_y}\right)}} \sim t(n_x + n_y - 2) \tag{17.5}$$

これが $H0 : \mu_x = \mu_y$ のときの検定統計量となるわけです。この理論があるので、統計的検定の手順 17–1 の方法で検定できるのです。

### 17-3-2　Excel を使った演習

では、Excel で実習してみましょう。この母平均の差についての検定を、「17-P 値」シートで確かめてみます。元データを入力するだけで t 値や P 値、そして P 値が表す面積が表示されます。

**練習 17-3：2 つの母平均の差の検定 (3)**

① 「17-2」シートの G2:H121 をコピー

② 「17-P 値」シートの C2 に移動して貼り付け

これで G10 に、元データから計算された両側検定の P 値が自動的に計算されました。また、図 17–1 のように、データの t 値に応じてグラフにも P 値を表す面積部分が自動的に図示されます。

結果については、元データなので練習 17-1 の t 値や練習 17-2 の P 値よりも正しい値となります。とはいえ集計データの結果も、そう大きな違いはないことがわかることでしょう。

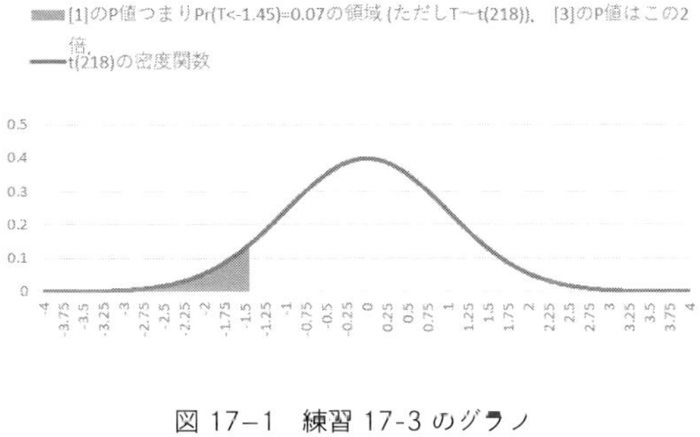


図 17−1　練習 17-3 のグラフ

## 17-4 より現代的なt検定の方法（Welchの方法）

ここまでが、2つの母平均の検定に関する伝統的なt検定の方法でした。この伝統的なt検定では、2つの正規母集団XとYの分散が等しいことが仮定されています。仮定しなければ以下のように書くことができます。

$$X \sim \text{i.i.d. } N(\mu_x, \sigma_x^2),\ Y \sim \text{i.i.d. } N(\mu_y, \sigma_y^2),$$

最近の母平均の差の検定では、等分散を仮定せずに検定を行うのが主流となっています。それは**Welchの方法**と呼ばれるもので、やはりt検定を用いた形となります。まずt値は(17.1)式と多少異なり、以下のようになります。

$$t\text{ 値} = \frac{\bar{x} - \bar{y}}{\sqrt{\frac{s_x^2}{n_x} + \frac{s_y^2}{n_y}}} \tag{17.6}$$

$s_x, s_y$は2つの母集団のそれぞれの標準偏差です。したがってこの式は、等分散の仮定をおいた(17.5)式のt値の分母にある$S^2$の部分を、それぞれの母集団の標本不偏分散に置き換えたものになります。

利用するt分布の自由度は、以下で計算されます。

$$\text{自由度} = \frac{\left(\frac{s_x^2}{n_x} + \frac{s_y^2}{n_y}\right)^2}{\frac{s_x^4}{n_x^2(n_x-1)} + \frac{s_y^4}{n_y^2(n_y-1)}}$$

この値は基本的に非整数なので、Excelではこれを四捨五入した値を自由度としたt分布を用いて、P値を計算しています。なお、統計ソフトによっては四捨五入ではなくて切り捨てをしています。また、t分布とベータ分布という連続型確率分布（本書では説明しません）の関係を用いて、小数のまま計算しているものもあります。

前節と異なり4次の項があるので、元データから計算する必要があります。Excelのデータ分析で計算できるので、試してみましょう。「17-4」シートを開いてください。C列のxとD列のyについての、母平均の差の両側検定を行います。

## 練習 17-4：Welch の方法

① [データ] → [データ分析] → [t 検定：分散が等しくないと仮定した 2 標本による検定] をクリック

② 図 17-2 のように入力して Enter

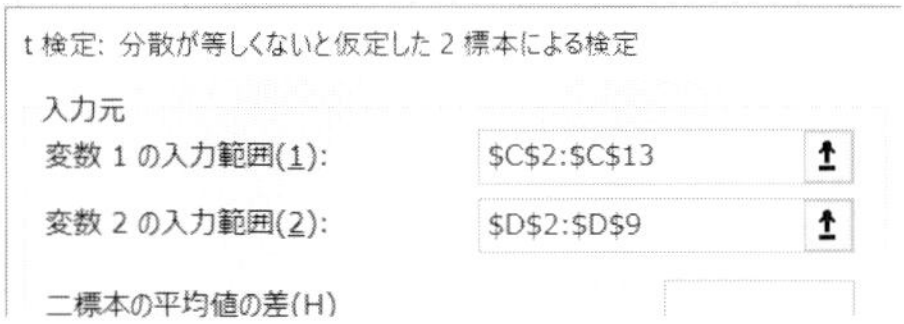


図 17-2　変数の入力範囲の設定

両側検定の P 値は 0.1519 ですから、有意水準 5% で、母平均に有意な差は見られません。

複雑な計算をしていますが、最後は t 分布を用いた P 値で判定しているので、結局はファイルの「17-P 値」シートのグラフの考え方とまったく同じです。

このグラフをよく見て、t 値、P 値、H0 の棄却域について理解してください。とくに両側検定の場合には、オレンジ色の部分の形が反対側にもあることに気をつけてください。

### コラム　F2 キーの活用

ファンクションキーのなかで最も有用なキーとはどれでしょうか？　本書では数式の相対参照と絶対参照のスイッチとして[F4]をよく使いますが、Excel 以外のソフトでも使えるという点では、[F2]が便利です。

第 2 章では、適当なセルに移動して[F2]キーを押すと、セルを編集状態にできる（マウスで左クリックしたのと同じ動作）ことを紹介しました。これは、セルの数式を修正したい場合にも便利です。

それ以外にも、[F2]キーは「数式入力の途中で、数式入力とセルの自動入力を切り替えるスイッチ」として使えます。たとえば、C1 に=sum(A2:A10,B1:B20 と入力して、数式を確定する前に「B1 を B4 に修正したい」と思ったとしましょう。このとき[F2]を押すと数式の編集状態になるので、[←]で 1 まで戻って削除して、4 に変更してから[Enter]すればよいのです。Excel の数式入力では、正しく入力されていれば、カーソルが最後になくても戻っていなくても OK です。なお、再びセルの自動入力可能状態に戻したい場合には、再度[F2]を押してください。

ほかの Windows ソフト上でも、[F2]キーはマウスクリックと同様の動作を行うことができます。とくにファイラ（エクスプローラー）やファイルの保存画面などでファイル名を変更するとき、便利だと感じることでしょう。変更したいファイルやフォルダ名のところに移動して[F2]を押すと、そのファイル名を変更できる状態になります。変更してそのまま[Enter]を押せば変更完了となります。

多くの人がマウスで行っているこれらの作業を、[F2]キーは 1 回押すだけで解決します。過去の私の受講生には、このキーでかなり楽に作業できるようになったという学生が何人もいました。とても便利です。

# 第 18 章

# 3 組以上の集団の平均の差を検定しよう

F 分布を用いた検定を理解しよう　　chapter_18.xlsx

分析したい母集団が、常に前章のように 2 つであるとはかぎりません。本章では、母集団が 3 つ以上ある場合でも母平均に関して検定できることを学びます。複数の母集団について比較できるのみでなく、第 26 章で学ぶ回帰分析などにも応用することができます。

## 18-1 【例題】「なにもかもまったく変化していない」と言われたときに反論できるか？

前章 17-1 節の 2 年後に、表 18-1 のような 4 年分のテストデータが得られたとします。

| 年度 | 2019 | 2020 | 2021 | 2022 |
|---|---|---|---|---|
| サンプルの大きさ | 120 | 100 | 108 | 93 |
| 平均 | 65.1 | 68.0 | 65.6 | 70.9 |
| 標準偏差 | 14.46 | 14.94 | 13.48 | 14.58 |

表 18–1　4 年分のテスト結果

このデータについて「4 年間まったくなにも変わっていない」と言われたとき、反論するための根拠を探してみましょう。この場合、「4 年間まったくなにも変わっていない」という仮説と、「いや、変わった」という仮説を、それぞれ以下のように定義して、有意水準 5% で検定することになります。

H0：4 年とも真の母平均は変わらない。　H1：H0 ではない。

今回の場合だと t 分布を用いた検定はできませんが、F 検定は可能です。F 検定とは、F 分布を用いた検定です。手続きは t 検定とほぼ同様で、F 分布に従う統計量を F 統計量とし、それをデータから計算した F 値を用いて P 値を出して検定します。

なお、元データがあれば前節同様に Excel の［データ］→［データ分析］を利用して簡単に検定することが可能です。次節以降、順に見ていきましょう。

## 18-2　一元配置モデルと分散分析表

### 18-2-1　モデル化と分散分析表

この節では、【例題】のような母集団の平均についての差の検定の説明を行います。一元配置モデルのモデル化、分散分析表から得られる結論と実習、結論に至る理論、という順序で説明を行います。

では、まずモデル化について説明します。前章では 2 つの母集団を扱いましたが、ここでは $c$ を 2 以上の整数として、$c$ 個の正規母集団の母平均について考えます。

$i = 1, 2, \cdots, c$ について、第 $i$ 母集団の第 $j$ のサンプルを $Y_{ij}$ で表すとします。各 $i$ 母集団からそれぞれ大きさ $n_i$ の無作為標本を取り出すとし、これらは各々独立とします。つまり以下が成り立ちます。

$$Y_{ij} \sim \text{i.i.d. } N(\mu_i, \sigma^2) \ (i = 1, \cdots, c; j = 1, \cdots, n_i)$$

前章の最初と同様に、各母集団での等分散を仮定しています。さらに、$n = n_1 + \cdots + n_i$ とします。

さて、この確率変数 $Y_{ij}$ について、それぞれ観測値 $y_{ij}$ が得られたとします。それをもとに第 $i$ 母集団からの標本平均値を $\bar{y}_i = \frac{1}{n_i}\sum_{j=1}^{n_i} y_{ij}$ とし、すべての平均値を $\bar{\bar{y}} = \frac{1}{n}\sum_{i=1}^{c}\sum_{j=1}^{n_i} y_{ij}$ とします。

この観測値をもとにして、以下を検定したいわけです。

$$H0 : \mu_1 = \mu_2 = \cdots = \mu_c。\quad H1 : H0 \text{ ではない}$$

なお、前節では H0 は方程式が $c - 1$ 本あることに注意してください（前章では $\mu_x = \mu_y$ の 1 本でした）。

モデル化が終わったので、次はその結論についてです。まず、**分散分析表**というものを作ります。表記方法に決まりはないですが、一般に、表 18-2 の形で得られるものです。

| 変動要因 | 変動 | 自由度 | 分散 |
|---|---|---|---|
| 級間 (群間) 変動 | $\sum_{i=1}^{c} n_i(\bar{y}_i - \bar{\bar{y}})^2$ | $c-1$ | 商 B |
| 級内 (群内) 変動 | $\sum_{i=1}^{c}\sum_{j=1}^{n_i}(y_{ij} - \bar{y}_i)^2$ | $n-c$ | 商 W |
| 総変動 | $\sum_{i=1}^{c}\sum_{j=1}^{n_i}(y_{ij} - \bar{\bar{y}})^2$ | $n-1$ | 略 |

表 18–2　c 個の母集団に関する一元配置モデルの分散分析表の一例

変動の列にある 3 つの値、

$$\sum_{i=1}^{c} n_i(\bar{y}_i - \bar{\bar{y}})^2,\ \sum_{i=1}^{c}\sum_{j=1}^{n_i}(y_{ij} - \bar{y}_i)^2,\ \sum_{i=1}^{c}\sum_{j=1}^{n_i}(y_{ij} - \bar{\bar{y}})^2$$

を一般に、**級間変動**（**群間変動**）、**級内変動**（**群内変動**）、**総変動**と呼びます。英語では、級間変動を Between（または Treatment）、級内変動を Within（または Residual）で表します。

商 B と商 W の部分には、それぞれの変動をそれぞれの自由度で割った値が入ります。Excel もそうですが、PC ソフトは元データからこれらの値を一瞬で計算します。

**統計的検定の方法 18–1**

本節の記号と、分散分析表 18–2 の値を利用して、「$H0 : \mu_1 = \cdots = \mu_c$、$H1$ : H0 ではない」の検定 についての F 値と P 値は、以下で計算されます。

$$\begin{aligned} &F\ 値 = 商\ B/商\ W \\ &P\ 値 = Pr(F(c-1, n-c) \geqslant F\ 値\ ) \end{aligned} \qquad (18.1)$$

F 値を計算するための統計量とは、商 B と商 W を求めるために上で定義した、級間変動と級内変動のデータ部分 $y$ をすべて確率変数 $Y$ に変えて計算したものです。それが本当に自由度 $(c-1, n-c)$ の F 分布に従うということは、後述する定理 22-2 と定理 22-3 で説明します。

### 18-2-2　Excel を使った演習

では、Excel で実習しましょう。ファイルの「18-2」シートを開いてください。A1:D121 には、表 18–1 の元データがあります。元データがある場合は、以下の手順で検定を行います。

**練習 18–1：一元配置**

① [データ] → [データ分析] → [分散分析：一元配置] を選択
② 入力範囲に $C$2:$F$121 を入力して Enter

「概要」の表もそれなりに重要ですが、検定に必要なのは、その下側にある分散分析表です。図 18–1 のような結果が得られるでしょう。なお、この表は適宜四捨五入をしています。

分散分析表

| 変動要因 | 変動 | 自由度 | 分散 | 観測された分散比 | P-値 |
|---|---|---|---|---|---|
| グループ間 | 2158 | 3 | 719 | 3.49 | 0.016 |
| グループ内 | 85984 | 417 | 206 | | |
| | | | | | |
| 合計 | 88142 | 420 | | | |

図 18–1　「18-2」シートの分散分析表

Excel では、級間変動を**グループ間変動**、級内を**グループ内変動**、総変動を**合計**で表しています。group を日本語に訳すときに、級や群ではなくグループと訳したようです。

さて、Excel の分散分析表は表 18–2 とは異なり、右側に F 値（観測された分散比）と P 値を載せています。この表から、F 値は 3.49 で P 値は 0.016 となっています。結論は、ほぼいままでどおりの形で判断します。

- P 値 $< 0.05$ ならば、H0 は有意水準 5% で棄却される。
- P 値 $\geqslant 0.05$ ならば、H0 は有意水準 5% で棄却されない。

よって前章の 2 年分とは異なり、今回は H0 が棄却されます。また、Excel

の表では、F 値の分子と分母が分散の列に入っていること、そして F 値が「観測された分散比」として表されていることを確認してください。

ではその F 値が与えられたとき、本当に P 値が合っているのかを、Excel に数式を入れて確かめてみましょう。多くの人は、F 値が E13 セルに、$c-1$ と $n-c$ の値は C13 セルと C14 セルにあるでしょうから、適当なセルに=F.DIST.RT(E13,C13,C14) と入力してください。F13 セルの値と一致することでしょう。

級間変動について、その効果を別名で**処置効果**（Treatment Effect）といいます。おもに実験をイメージして、実験でコントロールした変数による効果となります。級内変動について、その効果を別名で**誤差効果**といいます。これは総変動のうち、処置効果で説明しきれなかった部分を表します。

## 18-2-3　分散分析表の理論の確認

さて、次は理論の部分です。この分散分析表の意味や、どのようにして作られたかを説明します。まずは、「級間変動＋級内変動＝総変動」を確かめます。

$$
\begin{aligned}
\text{総変動} &= \sum_{i=1}^{c}\sum_{j=1}^{n_i}(y_{ij}-\bar{\bar{y}})^2 = \sum_{i=1}^{c}\sum_{j=1}^{n_i}\{(\bar{y}_i-\bar{\bar{y}})+(y_{ij}-\bar{y}_i)\}^2 \\
&= \sum_{i=1}^{c}\sum_{j=1}^{n_i}(\bar{y}_i-\bar{\bar{y}})^2 + 2\sum_{i=1}^{c}\sum_{j=1}^{n_i}(\bar{y}_i-\bar{\bar{y}})(y_{ij}-\bar{y}_i) + \sum_{i=1}^{c}\sum_{j=1}^{n_i}(y_{ij}-\bar{y}_i)^2
\end{aligned}
$$

$\sum_{j=1}^{n_i}(y_{ij}-\bar{y}_i)=0$ から第 2 項は 0。第 1 項も簡単にして、

$$
\begin{aligned}
&= \sum_{i=1}^{c} n_i(\bar{y}_i-\bar{\bar{y}})^2 + \sum_{i=1}^{c}\sum_{j=1}^{n_i}(\bar{y}_{ij}-\bar{\bar{y}})^2 \\
&= \text{級間変動} + \text{級内変動}
\end{aligned}
$$

級間変動・級間変動・総変動はデータから計算した統計値です。それぞれのもととなる統計量をそれぞれ $SSBetween, SSWithin, SSTotal$ として定義したのが以下となります。

$$
SSBetween = \sum_{i=1}^{c} n_i(\bar{Y}_i-\bar{\bar{Y}})^2 \tag{18.2}
$$

$$
SSWithin = \sum_{i=1}^{c}\sum_{j=1}^{n_i}(Y_{ij}-\bar{Y}_i)^2 \tag{18.3}
$$

$$\mathrm{SSTotal} = \sum_{i=1}^{c}\sum_{j=1}^{n_i}(Y_{ij} - \bar{\bar{Y}})^2 \tag{18.4}$$

当然ですが、表 18-2 の変動の式の $y_{ij}$ を、確率変数 $Y_{ij}$ で表したものになります。

次にこれらを利用して、分散分析表の自由度について説明しましょう。後述の定理 22-2 から、それぞれ 3 つの統計量は異なる自由度のカイ 2 乗分布と深いつながりがあります。

- $\mathrm{SSBetween}$ と自由度 $(c-1)$ のカイ 2 乗分布
- $\mathrm{SSWithin}$ と自由度 $(n-c)$ のカイ 2 乗分布
- $\mathrm{SSTotal}$ と自由度 $(n-1)$ のカイ 2 乗分布

分散分析表の自由度は、この 3 つの自由度の値が示されるわけです。そして $(c-1)+(n-c)=(n-1)$ と「級間変動＋級内変動＝総変動」の形に一致しています。

次は、変動から自由度を割ったものを表示する理由です。$\mu_1 = \mu_2 = \cdots = \mu_c$ ならば後述の定理 22-3 から、$\frac{\mathrm{SSBetween}/(c-1)}{\mathrm{SSWithin}/(n-c)} \sim F(c-1, n-c)$ がいえます。データから計算した値は、当然、

$$\frac{\text{級間変動}/(c-1)}{\text{級内変動}/(n-c)}$$

となります。この分子と分母がともに、それぞれの変動をそれぞれの自由度で割った値となっています。表 18-2 での商 B/商 W に当たります。以上が、分散分析表の成り立ちと、統計的検定の方法 18-1 の検定の裏付けです。

## 18-3 集計データのみ与えられた場合の計算方法

### 18-3-1 元データがない場合の検定の手順

元データがない表 18-1 の状態でも、前節同様の検定ができます。

記号は前節と同じとし、さらに、各 i 群の標本標準偏差の値を $s_i$ として、各 $i = 1, \cdots, c$ についての $n_i, \bar{y}_i, s_i$ の 3 点の観測値が得られたとします。また $n = n_1 + \cdots + n_c$ とします。

これらの値のみから、級間変動と級内変動を計算できればよいわけです。では、やってみましょう。

まず、全平均 $\bar{\bar{y}}$ は $\bar{y}_i$ の加重平均で、以下のように計算可能です。

$$\bar{\bar{y}} = \frac{1}{n}\sum_{i=1}^{c} n_i \bar{y}_i = \sum_{i=1}^{c} \frac{n_i}{n}\bar{y}_i$$

すると、級間変動は定義式 $\sum_{i=1}^{c} n_i(\bar{y}_i - \bar{\bar{y}})$ から得られます。級内変動は、各群の標本標準偏差 $s_i$ から求めます。

標本標準偏差の定義から、第 i 群の級内変動が $\sum_{i=1}^{n_i}(y_{ij}-\bar{y}_i)^2 = (n_i-1)s_i^2$ と表されるので、これを $i = 1, \cdots, c$ まで加えたものが級内変動になります。つまり、

$$\text{級内変動} = \sum_{i=1}^{c}(n_i - 1)s_i^2$$

です。残りの手順は分散分析表と同様です。つまり、表 18–1 の商 B と商 W を求めたあとに、F 値と P 値を求めればよいわけです。

### 18-3-2 Excel を使った演習

では、実習してみましょう。ファイルの「18-3」シートを開いてください。A1:E5 に表 18–1 のデータが記入されています。これをもとに、等分散の検定を行いましょう。

**練習 18–2：集計データからの分散分析 (1)**

① B7 に =SUM(B3:E3) と入力

② B8 に =SUMPRODUCT(B3:E3,B4:E4)/B7 と入力

③ B9 に =B3*(B4-$B$8)^2 を入力し、コピーして B9:E9 の範囲に貼り付け

④ B10 に =B5^2*(B3-1) を入力し、コピーして B10:E10 の範囲に貼り付け

B8 の式 1 つだけで、全体の標本平均が得られることをよく確認してください。また、B9:E9 で、各 i 群についての $n_i(\bar{y}_i - \bar{\bar{y}})^2$ が得られていることも確認してください。B10:E10 では、各 i 群についての $(n_i - 1)s_i^2$ が計算されていることを確認してください。あとは和を求めて、分散分析表を完成させましょう。

### 練習 18-3：集計データからの分散分析 (2)

① B13 に =SUM(B9:E9) と入力

② B14 に =SUM(B10:E10) と入力

③ B15 に =SUM(B13:B14) と入力

総変動は検定には用いませんが、重要なので書いておきましょう。自由度は書いてありますから、商を求めたあとにＦ値とＰ値を求めましょう。

### 練習 18-4：集計データからの分散分析 (3)

① D13 に =B13/C13 と入力し、D13 に戻って■で下方向コピー

② B18 に =D13/D14 と入力

③ B19 に =F.DIST.RT(B18,C13,C14) と入力

B19 のＰ値は約 0.01635 となります。元データでのＰ値 0.0158 と異なるのは、前章同様に集計した時点で値が四捨五入されているためです。いずれにしても、有意水準 5% で H0 が棄却されることには変わりません。

## コラム　Webページからのデータを取得するときの豆知識

データをWeb上から取得する場合、ExcelファイルやCSVファイルなどをダウンロードして利用することでしょう。

しかしながら、Webブラウザで表示されている表のデータを取得したいときもあります。このときに、データをブラウザ上でマウスにて選択・コピーし、Excelで貼り付けをすると、コピーがうまくいかないことがあります。そのような場合は、コピーしたデータをいったんテキストエディタに貼り付けて、それをさらにもう一度コピーしてExcelファイルに貼り付けるとよいでしょう。

もう少し簡単な方法があります。それはWebページのURLをコピーしておき、Excelの［データ］→［Webから］を選択して、URLの欄に貼り付けてOKを押すことです。

たとえば、厚生労働省の「新型コロナウイルス感染症の患者等の発生について（検疫）」のデータ（令和4年7月24日分）をコピーしてみましょう。URLは`https://www.mhlw.go.jp/stf/newpage_27007.html`です。表が比較的すぐに読み込まれるので、あとは読み込みボタンを押します。表記されているデータが固定されているこのようなページでは、とくに有効な方法です。

一方で、ニュースサイトなどのようにデータを時間によって変化させるようなページでは、データの読み込みにかなり時間がかかることがあります。注意してください。

もちろん、データの利用については、それぞれのサイトの利用規約をよく読んで、その範囲内で利用しましょう。

第 19 章

# 二元配置モデルを学ぼう

分析ツールで二元配置モデルを理解しよう　chapter_19.xlsx

前章では変化の要因が 1 つだけだった場合を考えましたが、この章では、さらに別の要因を考慮したモデルで分析を行います。本章を学ぶことで、個体差や個人差を考慮した分析を行えるようになります。

## 19-1 【例題】個人差・個体差をコントロールしよう

前章の一元配置モデルのテストの【例題】では、テストを受ける人が異なっていましたし、各年度によって受験者数も異なっていました。今回は、同じ人が異なるテストを受けることをイメージしましょう。

タイピングソフトを用いて 20 人が 1 分間に何文字打ち込めるかを記録したのが、表 19–1 です。元データはファイルの「19-2」シートにあります。

キーボードは A、B、C の 3 つがあり、それぞれ別の日に打鍵したとします。

| 人番号＼キーボード | A | B | C |
|---|---|---|---|
| 1 | 61 | 91 | 111 |
| ⋮ | ⋮ | ⋮ | ⋮ |
| 20 | 89 | 122 | 123 |

表 19–1　タイピングデータ (1 分当たり打鍵数)

すると、以下の 2 つの検定が可能となります。

- H0：個人差はない。　H1：H0 ではない。
- H0：キーボードの打ちやすさはどれも同じ。　H1：H0 ではない。

後者は、個人差をコントロールしたうえで、キーボードの打ちやすさに差がないかどうか調べたい、ということになります。

表 19–1 の元データから Excel で分析を行ったところ、図 19–1 のような表が得られました（適宜四捨五入済み）。

分散分析表

| 変動要因 | 変動 | 自由度 | 分散 | 観測された分散比 | P-値 |
|---|---|---|---|---|---|
| 行 | 8681 | 19 | 457 | 1.698 | 0.0812 |
| 列 | 6199 | 2 | 3099 | 11.520 | 0.0001 |
| 誤差 | 10223 | 38 | 269 | | |
| | | | | | |
| 合計 | 25103 | 59 | | | |

図 19–1　個人差、個体差を考慮した分散分析表

次節以降で、計算方法や表の読み取り方などを学んでいきましょう。

## 19–2　繰り返しのない二元配置モデルと分散分析表

### 19–2–1　モデルの確認

この節も、モデル化・結論・実習・それに至る理論という順序で説明していきます。

モデルは前章の一元配置モデルのさらに応用を考えます。母平均に関して、要因が 2 つあると考えます。簡単化のために要因 A と要因 B とします。

まず 2 以上の整数 $r, c$ をとります。要因 A の効果について r 個の実数 $\alpha_1, \cdots, \alpha_r$ を考え、要因 B の効果について、c 個の実数 $\beta_1, \cdots, \beta_c$ を考えます[*1]。さらに実数 $\mu$ と定数 $\sigma > 0$ を考え、$i = 1, \cdots, r$ と $j = 1, \cdots, c$ について確率変数 $Y_{ij}$ を、

$$Y_{ij} \sim \text{i.i.d. } N(\mu + \alpha_i + \beta_j, \sigma^2)$$

$$(\text{ただし } \alpha_1 + \cdots + \alpha_r = 0,\ \beta_1 + \cdots + \beta_c = 0)$$

とモデル化します。

[*1] $r, c$ は行（Row）と列（Column）のイメージです。

$Y_{ij}$ の観測値 $y_{ij}$ が観測されたときに、要因 A の効果がないのは、

$$H0: \alpha_1 = \alpha_2 = \cdots = \alpha_r = 0。\quad H1：H0 ではない。$$

として、H0 が真の場合です。同様に要因 B の効果がないとは、

$$H0: \beta_1 = \beta_2 = \cdots = \beta_c = 0。\quad H1：H0 ではない。$$

として、H0 が真の場合です。この 2 つの仮説検定を行うことができます。これが**繰り返しのない二元配置モデル**と呼ばれるものです。

確率変数 $Y_{ij}$ に関しての標本平均について、

$$\bar{Y}_{i.} = \frac{1}{c}\sum_{j=1}^{c} Y_{ij},\ \bar{Y}_{.j} = \frac{1}{r}\sum_{i=1}^{r} Y_{ij},\ \bar{\bar{Y}} = \frac{1}{rc}\sum_{i=1}^{r}\sum_{j=1}^{c} Y_{ij}$$

と定義し、$Y_{ij}$ の観測値 $y_{ij}$ が得られたときは、上の式の Y をすべて小文字 y に変更し、同様に $\bar{y}_{i.}, \bar{y}_{.j}, \bar{\bar{y}}$ を定義します。

モデル化が終わったので、次に結論を述べます。まずは分散分析表です。

このモデル化による二元配置モデルの分散分析表とその値は、一般的に表 19–2 の形で得られます。

| 変動要因 | 変動 | 自由度 | 分散 |
|---|---|---|---|
| 要因 A | $c\sum_{i=1}^{r}(\bar{y}_{i.} - \bar{\bar{y}})^2$ | $r-1$ | 商 A |
| 要因 B | $r\sum_{j=1}^{c}(\bar{y}_{.j} - \bar{\bar{y}})^2$ | $c-1$ | 商 B |
| 誤差 | $\sum_{i=1}^{r}\sum_{j=1}^{c}(y_{ij} - \bar{y}_{i.} - \bar{y}_{.j} + \bar{\bar{y}})^2$ | $(r-1)(c-1)$ | 商 R |
| 総変動 | $\sum_{i=1}^{r}\sum_{j=1}^{c}(y_{ij} - \bar{\bar{y}})^2$ | $rc-1$ | 略 |

表 19–2　繰り返しのない二元配置モデルの分散分析表の一例

商 A・商 B・商 R は、それぞれ一元配置と同様に左の 2 列の商、つまり「変動 / 自由度」の形で得られます。この表の値を用いて、以下のように F 分布を用いた検定が可能です。

**統計的検定の方法 19-1**

本節のここまでの記号と、表 19-2 の分散分析表の値を利用して、以下の統計的検定に関して、F 値と P 値が計算されます。

①「$H0 : \alpha_1 = \cdots = \alpha_r = 0$、H1 : H0 ではない」の検定

$$F 値 = 商 A/商 R$$

$$P 値 = Pr[F(r-1, (r-1)(c-1)) \geqq F 値]$$

②「$H0 : \beta_1 = \cdots = \beta_c = 0$、H1 : H0 ではない」の検定

$$F 値 = 商 B/商 R$$

$$P 値 = Pr[F(c-1, (r-1)(c-1)) \geqq F 値]$$

### 19-2-2　Excel を使った演習

それでは、Excel で実習してみましょう。表 19-1 が作成できるかを確かめます。ファイルの「19-2」シート B1:D21 に、元データがあります。

**練習 19-1：繰り返しのない二元配置モデル**

① [データ] → [データ分析] → [分散分析：繰り返しのない二元配置] を選択
② 入力範囲に、C2:E21 を入力し、Enter

Excel では、表 19-2 の要因 A と要因 B をそれぞれ、**行変動**と**列変動**と表します。したがって、この表の要因 A の F 値と P 値は、Excel では「行」の行にある「観測された分散比」と「P-値」にあります。また、この表の要因 B の F 値と P 値も同様に、「列」の行にある「観測された分散比」と「P-値」にあります。

個人差をコントロールしたうえでキーボードに差がないか調べたい場合は、後者を確認します。P 値は 0.0001 と 0.05 未満なので、「打ちやすさに差がない」という仮説は、有意水準 5% で棄却されます。

## 19-2-3 理論の確認

さて、次は理論の部分です。この分散分析表の意味や、どのようにして作られたかを説明します。表19-2では「要因Aによる変動＋要因Bによる変動＋誤差変動＝総変動」が成り立ちます。証明は一元配置と同様にして、総変動 $\sum_{i=1}^{r}\sum_{j=1}^{c}(y_{ij}-\bar{\bar{y}})^2$ を、

$$\sum_{i=1}^{r}\sum_{j=1}^{c}[(\bar{y}_{i.}-\bar{\bar{y}})+(\bar{y}_{.j}-\bar{\bar{y}})+\{\bar{y}_{ij}-(\bar{y}_{i.}-\bar{y}_{.j}-\bar{\bar{y}})\}]^2$$

と変形したのちに、この2乗和を計算した結果から得られます。

要因Aによる変動・要因Bによる変動・誤差変動・総変動のそれぞれのもととなる統計量をそれぞれ $SSA, SSB, SSResidual, SSTotal$ として定義したのが以下となります。

$$SSA=\sum_{i=1}^{r}c(\bar{Y}_{i.}-\bar{\bar{Y}})^2 \tag{19.1}$$

$$SSB=\sum_{j=1}^{c}r(\bar{Y}_{.j}-\bar{\bar{Y}})^2 \tag{19.2}$$

$$SSResidual=\sum_{i=1}^{r}\sum_{j=1}^{c}(Y_{ij}-\bar{Y}_{i.}-\bar{Y}_{.j}+\bar{\bar{Y}})^2 \tag{19.3}$$

$$SSTotal=\sum_{i=1}^{r}\sum_{j=1}^{c}(Y_{ij}-\bar{\bar{Y}}) \tag{19.4}$$

当然ですが、表19-2の変動の式の $y_{ij}$ を、確率変数 $Y_{ij}$ で表したものになります。

次に、これらを利用して、分散分析表の自由度について説明しましょう。18-2節と同様に、それぞれ4つの統計量は異なる自由度のカイ2乗分布と深いつながりがあります。

- $SSA$ と自由度 $(r-1)$ のカイ2乗分布
- $SSB$ と自由度 $(c-1)$ のカイ2乗分布
- $SSResidual$ と自由度 $(r-1)(c-1)$ のカイ2乗分布
- $SSTotal$ と自由度 $(rc-1)$ のカイ2乗分布

分散分析表の自由度は、この4つの自由度の値が示されるわけです。これらも $(r-1)+(c-1)+(r-1)(c-1)=(rc-1)$ と「要因Aによる変動＋要因Bによる変動＋誤差変動＝総変動」の形に一致しています。

次は、変動から自由度を割ったものを表示する理由です。18-2節と同様に、以下が成り立つことが知られています。

$$\alpha_1=\alpha_2=\cdots=\alpha_r \text{ ならば、} \frac{SSA/(r-1)}{SSResidual/[(r-1)(c-1)]} \sim F(c-1,(n-1)(r-1)) \quad (19.5)$$

$$\beta_1=\beta_2=\cdots=\beta_c \text{ ならば、} \frac{SSA/(c-1)}{SSResidual/[(r-1)(c-1)]} \sim F(c-1,(n-1)(r-1)) \quad (19.6)$$

(19.5) 式と (19.6) 式についてデータから計算した値が、表19 2での商A/商Rと商B/商Rの部分に当たるわけです。以上が、分散分析表の成り立ちと、統計的検定の方法19-1の検定の裏づけです。

# 19-3 繰り返しのある二元配置

## 19-3-1 モデルの確認

前節の場合、各個人がキーボードを触るのはA, B, Cの1回かぎりでした。より正確性が必要であれば、同じことを繰り返して結果を得たいと考えるのが普通でしょう。そこで、繰り返しのある二元配置モデルを考えます。

例として、4種類の広告（通常・2倍・3倍・4倍）と3つの店舗がある、スーパーマーケットの売り上げについて考えてみましょう。

ここでは、8日間実験して、それぞれの日の売上を見て広告の効果を測ったとします。広告と店舗の組み合わせについて、その組み合わせの効果の有無まで考えるにはどうしたらよいでしょうか。なお、売上は広告と販促以外にも関係する要素が多々ありますが、今回はその点は考えないものとします。

モデル化しましょう。$r$ 個の要素がある要因A（今回は広告）、$c$ 個の要素がある要因B（今回は店舗）は前節と同じです。そこに、合計 $p$ 回の実験（今回は8回）を行います。この $p$ は repeat からとりました。

このとき、$i$ 番目の要因A・$j$ 番目の要因B・$k$ 回目の実験で得られる確率変数を $Y_{ijk}$ で表し、

$$Y_{ijk} \sim i.i.d.\ N(\mu + \alpha_i + \beta_j + \gamma_{ij}, \sigma^2)$$

$$(\text{ただし} \textstyle\sum_{i=1}^{r} \alpha_i = 0, \sum_{j=1}^{c} \beta_j = 0,$$

$$\text{各}\ i\ \text{について} \textstyle\sum_{j=1}^{c} \gamma_{ij} = 0, \text{各}\ j\ \text{について} \sum_{i=1}^{r} \gamma_{ij} = 0)$$

を仮定します。ただし、$\gamma_{ij}$ は $i = 1, \cdots, r; j = 1, \cdots, c$ として、合計 $rc$ 個の実数 $\gamma_{ij}$ としています。この $\gamma_{ij}$ が要因 A の $i$ 番目と要因 B の $j$ 番目に関する、**交互作用**を表します。そして、すべての $\gamma_{ij}$ が 0 ならば、「要因 A と要因 B の間に交互作用がない」といいます。

$Y_{ijk}$ の観測値 $y_{ijk}$ が得られたときに、各種の標本平均を定義します。

$$\bar{y}_{i..} = \frac{1}{cp} \sum_{k=1}^{p} \sum_{j=1}^{c} y_{ijk},\ \bar{y}_{.j.} = \frac{1}{rp} \sum_{k=1}^{p} \sum_{i=1}^{r} y_{ijk}$$

$$\bar{y}_{ij.} = \frac{1}{p} \sum_{k=1}^{p} y_{ijk},\ \bar{\bar{y}} = \frac{1}{rcp} \sum_{k=1}^{p} \sum_{i=1}^{r} \sum_{j=1}^{c} y_{ijk}$$

$\bar{y}_{i..}, \bar{y}_{.j.}, \bar{\bar{y}}$ は前節とほぼ同じで、実験回数が増えただけです。

新しい点は、交互作用に関する $\bar{y}_{ij.}$ です。以上のモデル化による二元配置モデルの分散分析表とその値は、一般的に表 19-3 の形で得られます。

| 変動要因 | 変動 | 自由度 | 分散 |
| --- | --- | --- | --- |
| 要因 A | $cp \sum_{i=1}^{r} (\bar{y}_{i..} - \bar{\bar{y}})^2$ | $r - 1$ | 商 A |
| 要因 B | $rp \sum_{j=1}^{c} (\bar{y}_{.j.} - \bar{\bar{y}})^2$ | $c - 1$ | 商 B |
| 交互作用 | $p \sum_{i=1}^{r} \sum_{j=1}^{c} (\bar{y}_{ij.} - \bar{y}_{i..} - \bar{y}_{.j.} + \bar{\bar{y}})^2$ | $(r - 1)(c - 1)$ | 商 C |
| 誤差変動 | 複雑なので省略 | $rc(p - 1)$ | 商 R |
| 総変動 | $\sum_{i=1}^{r} \sum_{j=1}^{c} \sum_{k=1}^{p} (y_{ijk} - \bar{\bar{y}})^2$ | $rcp - 1$ | 略 |

表 19–3　繰り返しのある二元配置モデルの分散分析表の一例

前節と同様、「総変動 = 要因 A の変動 + 要因 B の変動 + 交互作用の変動 + 誤差変動」が成り立っています。よって、誤差変動の「複雑なので省略」とした値は、総変動から要因 A の変動 + 要因 B の変動 + 交互作用の変動を引いた値で得られます。分散の商 A から商 R もそれぞれ「変動 / 自由度」で得られるのは、前節と同様です。

この表から、以下のように F 分布を用いた検定が可能です。

**統計的検定の方法 19-2**

本節のここまでの記号と、表 19-3 の分散分析表の値を利用して、以下の統計的検定に関して、F 値と P 値が計算されます。

①「$H0:\alpha_1=\cdots=\alpha_r=0$、H1 : H0 ではない」の検定

F 値 = 商 A/商 R

$P値=Pr[F(r-1, rc(p-1))\geqq F値]$

②「$H0:\beta_1=\cdots=\beta_r=0$、H1 : H0 ではない」の検定

F 値 = 商 B/商 R

$P値=Pr[F(c-1, rc(p-1))\geqq F値]$

③「H0 : すべての$\gamma_{ij}=0$、H1 : H0 ではない」の検定

F 値 = 商 C/商 R

$P値=Pr[F((r-1)(c-1), rc(p-1))\geqq F値]$

①と②は自由度が異なるだけで、前節と同様です。③が交互作用に関する検定です。①②③の P 値について、それぞれ有意水準より下回ったならば、「要因 A の主効果が存在する」「要因 B の主効果が存在する」「交互作用効果が存在する」と呼びます。

確率変数を用いたカイ 2 乗分布についての理論的考察については、前節と同様なので省略します。

## 19-3-2 Excel を使った演習

それでは Excel で実習してみましょう。ファイルの「19-3」シートの B2:F34 に、例として述べた実験のデータがあるとします。

表 19-4 を参照してください。表の「⋮」の部分は広告の種類が同上という意味で、繰り返しを行ったデータ（いまは 7 行ずつ）が入ります。Excel での繰り返しのある二元配置モデルでは、このような形でデータセットを作る必要があります。

### 練習 19-2：繰り返しのある二元配置モデル

① ［データ］ → ［データ分析］ → ［分散分析: 繰り返しのある二元配置］ を選択

② 入力範囲に`$C$2:$F$34`を入力

③ 1 標本あたりの行数に 8 を入力して`Enter`

| 広告 | 店舗 A | 店舗 B | 店舗 C |
|---|---|---|---|
| 広告通常 | 7.5 | 5.1 | 3.1 |
| ⋮ | ⋮ | ⋮ | ⋮ |
| 広告 2 倍 | 7.8 | 9.1 | 8.2 |
| ⋮ | ⋮ | ⋮ | ⋮ |
| 広告 3 倍 | 12.2 | 11.1 | 9.7 |
| ⋮ | ⋮ | ⋮ | ⋮ |
| 広告 4 倍 | 14.1 | 15.3 | 15.3 |
| ⋮ | ⋮ | ⋮ | ⋮ |

表 19–4　Excel でのデータ記入例

繰り返しのある二元配置モデルでは、入力範囲に見出し部分を含める必要があります。結果は新しいシートの下のほう、A35 セル以下に分散分析表があります。

Excel では、表 19–3 の要因 A が「標本」で、要因 B が「列」で表されます。表の P 値は、広告要因の P 値は 0.0000、店舗要因の P 値は 0.0058、交互作用の P 値は 0.0132 となります。どれも H0 は有意水準 5% で棄却されるので、広告要因の主効果、店舗要因の主効果、交互作用の効果の 3 つすべて存在します。

交互作用には、2 つの要因の相乗効果を表す**相乗作用**と、逆に相殺する効果を表す**相殺作用**の 2 つがあります。しかし、これは分散分析表からはわかりません。平均値の折れ線グラフを用いて解釈するのが一般的です。

### 練習 19-3：交互作用をグラフで確認

① J4 に =AVERAGEIF($C:$C,$I4,D:D) を入力
② J4 をコピーして J4:L7 に貼り付け
③ I3:L7 の任意のセルに移動し［挿入］→［折れ線/面グラフの挿入］→［2D 折れ線］→［マーカー付き折れ線］を選択

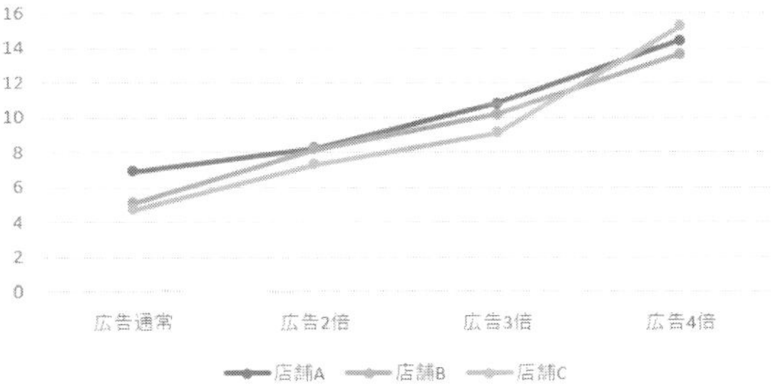


図 19–2　交互作用をグラフで確認

**AVERAGEIF 関数**

=AVERAGEIF(範囲, 検索条件, [平均範囲])
指定した範囲内で検索条件に一致するものを探し、その平均値を返す

練習 19-3 の①の ABERAGEIF 関数は、まず、第 1 引数の「広告の種類を表している C 列」の範囲内から、第 2 引数として指定された「広告通常」と一致するものを探します。その後、第 3 引数として指定された店舗 A の売上について、C 列が「広告通常」であるセルを合計して平均値を返しています。正しく操作できていれば、図 19–2 と同様のグラフができることでしょう。

もし交互作用がなければ、3 店舗の 3 つの折れ線の傾きはほぼ等しくなります。P 値が 5% 未満であることと折れ線グラフから、広告 4 倍と店舗 C の組み合わせには、相乗作用があると考えられます。

一方で、相殺作用（打ち消し合う相互作用）のある組み合わせは、グラフから読み取ることができません。

**コラム　入力範囲もキーボードで選択する**

練習 19-2 で「入力範囲に$C$2:$F$34 を入力し」とありました。このとき、マウスの左部分を押しながら複数セル選択した人が多いことでしょう。しかし練習 3-2 でも紹介したように、入力範囲を指定する画面が出たら、以下の方法で C2:F34 を選択できます。「コラム」シートを選んでください。

**練習 19-4：キーボード操作でセル範囲の自動記入**

① [データ] → [データ分析] → [分散分析：繰り返しのある二元配置] を選択

② 矢印キーで C2 に移動

③ Ctrl + Shift + → で C2:F2 が選択される

④ そのまま Ctrl + Shift + ↓

# 第 20 章

# 適合度検定について学ぼう

2 種類の適合度検定を理解しよう

chapter_20.xlsx

本章では、適合度検定について簡単な例とともに学びます。本章を学ぶことによって、大標本のときに「サイコロが歪んでいないかどうか」や「2 つの異なる要因が独立であるか否か」などの検定ができるようになります。

## 20-1 【例題 1】「そのサイコロは本当に歪んでいる？」

確率や統計の例題でサイコロ投げを扱うときは、たいていすべての目に対して等確率を仮定します。しかし、実際のサイコロは 1 の穴が大きいので、当確率ではない可能性があります。

あるサイコロを 1000 回振って観測したところ、1 の目が 200 回出て、2 から 6 の目はそれぞれ 160 回出ました。この結果を見たら、「このサイコロは出目が等確率に出ない歪んだサイコロだ」と判断する人がほとんどでしょう。

ところが、有意水準 5% で統計的検定を行うと、まったく異なる結果が出てきます。これが本章で扱う問題の 1 つです。20-3 節で説明します。

## 20-2 【例題 2】「学部ごとに男女比が違う」といえるのか？

次の例題を確認しましょう。ある大学の 2021 年 5 月 1 日時点での 3 学部の 1 年生の人数が、以下の表に示されています。

| 学部＼性別 | 男性 | 女性 | 和 | 女性比率 (%) |
|---|---|---|---|---|
| 法学部 | 309 | 88 | 397 | 22.2 |
| 経済学部 | 331 | 51 | 382 | 13.4 |
| 経営学部 | 271 | 87 | 358 | 24.3 |
| 和 | 911 | 226 | 1137 | 19.9 |

この表を見ると、なんとなく学部間で性別の差がありそうに見えます。これが統計学的に見てもそういえるかどうか、20-4 節を確認してください。

## 20-3 適合度検定

【例題 1】は、サイコロを 1000 回投げた結果です。このような「1 系列のデータに関する適合度検定」について説明します。

この節でも、モデル化や統計的検定の方法を説明したのち、Excel で実習を行い、最後に統計的検定の方法に至る理論の説明を行います。

### 20-3-1 モデルの確認

本来であれば、まずは以下のように事象について定義します。すなわち、「同時に起こることがない別々の $m$ 個の事象 $A_1, A_2, \cdots, A_m$ があって、それぞれが起こる確率は $\Pr(A_i)$ とし、$\Pr(A_1) + \Pr(A_2) + \cdots + \Pr(A_m) = 1$ が成り立つ」などです。よりイメージしやすいように、ここでは簡単化のためサイコロの出目で説明します。

出目 $1, \cdots, m$ があるサイコロがあり、$i = 1, \cdots, m$ について、その目が出る真の確率を $p_i$ とし、各 $p_i$ を未知とします。このとき、$\sum_{i=1}^{n} p_i = 1$ が成り立ちます。

このサイコロを $n$ 回独立に投げることを考えましょう。$i = 1, \cdots, m$ について、確率変数 $O_i$ は $n$ 回サイコロを投げたうち $i$ が出た回数を表します。当然 $\sum_{i=1}^{m} O_i = n$ です。確率変数 $O_i$ に関する観測値を小文字で $o_i$ と表します。このとき明らかに $E[O_i] = np_i$ です。以上をまとめたものが、表 20-1 です。

| 出目 | $1$ | $\cdots$ | $i$ | $\cdots$ | $m$ |
|---|---|---|---|---|---|
| $n$ 回中観測された回数 | $o_1$ | $\cdots$ | $o_i$ | $\cdots$ | $o_m$ |
| 期待値 | $np_1$ | $\cdots$ | $np_i$ | $\cdots$ | $np_m$ |

表 20–1　$m$ 個の出目のあるサイコロの例

**統計的検定の方法 20–1**

$n$ が十分大きいとし、また本節の記号と、表 20–1 の値を利用します。
$m$ 個の定数 $c_1, \cdots, c_m$ について、
「H0：任意の $i$ について $p_i = c_i$ である、H1：H0 ではない」
の統計的検定についての $\chi^2$ 値と P 値は、以下で得られます。

$$\chi^2\text{値} = \sum_{i=1}^{m} \frac{(o_i - nc_i)^2}{nc_i}$$

$$\text{P 値} = \Pr(\chi^2(m-1) \geqq \chi^2\text{値})$$

自由度 $m-1$ のカイ 2 乗分布を利用した検定を行います。これが **1 系列のデータに関する適合度検定**です。有意水準 5% ならば、P 値が 5% 未満のとき H0 は棄却され、5% 以上のときは、H0 は棄却されないことは、いままでどおりです。

## 20-3-2　Excel を使った演習

それでは、Excel で【例題 1】を解いてみましょう。帰無仮説と対立仮説は以下となります。

H0：1 から 6 の出目の出る確率は、それぞれ $\frac{1}{6}$ である。　H1：H0 ではない。

ファイルの「20-3」シートにある表を、以下のようにして完成させてください。

### 練習 20-1：Excel シート上での適合度検定

① B4 に =(B2-B3)^2/B3 と入力し G6 まで右方向コピー

② H4 に =SUM(B4:G4) と入力、もしくは Alt + Shift + =

③ I4 に =CHISQ.DIST.RT(H4,5) と入力

H4 が $\chi^2$ 値で 8 になり[*1]、I4 が P 値で 0.156 となります。したがって、有意水準 5% で H0 は棄却されません。感覚的にはちょっとびっくりしたかもしれませんが、統計的検定と検定手順について、なにも問題もありません。

## 20-3-3　理論の確認

では、理論について説明します。

この検定には、「$n$ が十分に大きいとき」という条件がついています。要するに、確率変数 $O_1, \cdots, O_m$ について、$n \to \infty$ のとき、確率変数

$$\sum_{i=1}^{m} \frac{(O_i - np_i)^2}{np_i}$$

は、自由度 $m-1$ のカイ 2 乗分布に近づくことを利用した検定なのです。

証明はしませんが、実験値をもとにしたシミュレーションによって「自由度 $m-1$ のカイ 2 乗分布に従いそうだな」と実感してみましょう。

ファイルの「20-3simulation」シートの D7:H10006 を見てください。これは、【例題 1】と同様の設定で、出目が 1 から 6 まで等確率に出るサイコロを 1000 回振った実験を、1 万回繰り返したものです。

その他のセルにもある程度の数式を入力済みなので、これらを利用して $\sum_{j=1}^{m} \frac{(O_i - np_i)^2}{np_i}$ の部分（J 列から P 列）などの数式を入れてグラフを完成させましょう。

### 練習 20-2：適合度検定をシミュレーションでイメージする (1)

① J7 に =(D7-D$4)^2/D$4 と入力し O7 まで右方向にコピー

② P7 に =SUM(J7:O7) と入力

③ J7:P7 を選択し■で下方向コピー

[*1] $(200 - 1000/6)^2/(1000/6) + 5((160 - 1000/6)^2/(1000/6))$

T5:V26 には数式がすでに記入されているので、P 列の値に関しての度数分布表が作成されました。

あとは、カイ 2 乗分布が各階級に入る確率（理論値）の式を求めて、$\sum_{j=1}^{m}\frac{(O_i-E_i)^2}{E_i}$ の値の相対度数と比較しましょう。比較のために、自由度 5 と自由度 6 の 2 種類を用います。

## 練習 20-3：適合度検定をシミュレーションでイメージする (2)

① Z7 に =CHISQ.DIST(U7,5,TRUE)-CHISQ.DIST(T7,5,TRUE) と入力
② AA7 に =CHISQ.DIST(U7,6,TRUE)-CHISQ.DIST(T7,6,TRUE) と入力
③ Z7:AA7 を選択して、■で下方向コピー
④ X6:AA26 の任意のセルに移動し［挿入］→［散布図のアイコン］→ 上側の中央の図 (平滑線とマーカー) を選択

なお、正数 a と正整数 n について、=CHISQ.DIST(a,n,TRUE) は、自由度 $n$ のカイ 2 乗分布が $a$ 以下の値をとる確率を意味します。その結果 Z7 の式は、自由度 $n$ のカイ 2 乗分布が T7 と U7 のあいだの値をとる確率となります。

散布図は図 20-1 のようになります。理論どおりに、$\sum_{j=1}^{m}\frac{(O_i-E_i)^2}{E_i}$ が自由度 5 のカイ 2 乗分布に従うことがイメージできることでしょう。

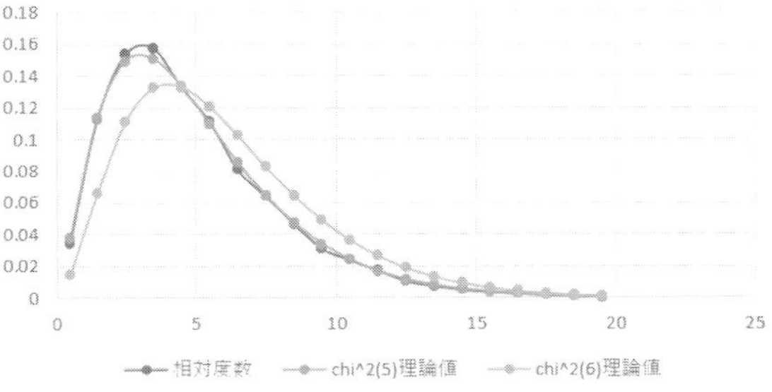


図 20-1　相対度数と、自由度 5・自由度 6 のカイ 2 乗分布の理論値

## 20-4 独立性の検定

ここでは【例題 2】のような、独立性の検定について説明します。これも適合度検定の一種です。まずモデル化から説明します。

### 20-4-1 モデルの確認

2 つのグループ A と B があり、グループ A には r 個の排他的な事象 $A_1, A_2, \cdots, A_r$ があり、グループ B には c 個の排他的な事象 $B_1, B_2, \cdots, B_c$ があるとします

この r と c という名前は、行 (row) と列 (column) からつけています。排他的なので、任意の 1 以上 r 以下の異なる正数 $s, t$ について、$Pr(A_s \cap A_t) = 0$、任意の 1 以上 c 以下の異なる正数 $s, t$ について、$Pr(B_s \cap B_t) = 0$、となります。以下、この節では、$i$ は 1 以上 r 以下の整数、$j$ は 1 以上 c 以下の整数とします。

$A_i$ がそれぞれが起こる確率は $Pr(A_i)$ で、$\sum_{i=1}^{r} Pr(A_i) = 1$ と仮定し、$B_j$ が起こる確率は、$Pr(B_j)$ で $\sum_{j=1}^{c} Pr(B_j) = 1$ と仮定します。任意の $i, j$ について、$A_i$ と $B_j$ の事象が独立であるとき、独立の定義から $Pr(A_i \cap B_j) = Pr(A_i)Pr(B_j)$ がいえます。

$n$ 回の実験を行ったときに、$A_i$ かつ $B_j$ が起こった回数を $O_{ij}$ とします。$O_{ij}$ は確率変数で、その観測値が $o_{ij}$ とします。この観測された $o_{ij}$ の数を表 20-2 のようにまとめたものを、**分割表**と呼びます。表の和の部分は、$o_{i.} = \sum_{j=1}^{c} o_{ij}, o_{.j} = \sum_{i=1}^{r} o_{ij}$ です。

| $A\backslash B$ | $B_1$ | $\cdots$ | $B_j$ | $\cdots$ | $B_c$ | 和 |
|---|---|---|---|---|---|---|
| $A_1$ | $o_{11}$ | $\cdots$ | $o_{1j}$ | $\cdots$ | $o_{1c}$ | $o_{1.}$ |
| $\vdots$ | $\vdots$ | $\vdots$ | $\vdots$ | $\vdots$ | $\vdots$ | $\vdots$ |
| $A_i$ | $o_{i1}$ | $\cdots$ | $o_{ij}$ | $\cdots$ | $o_{ic}$ | $o_{i.}$ |
| $\vdots$ | $\vdots$ | $\vdots$ | $\vdots$ | $\vdots$ | $\vdots$ | $\vdots$ |
| $A_r$ | $o_{r1}$ | $\cdots$ | $o_{rj}$ | $\cdots$ | $o_{rc}$ | $o_{r.}$ |
| 和 | $o_{.1}$ | $\cdots$ | $o_{.j}$ | $\cdots$ | $o_{.c}$ | $n$ |

表 20-2　分割表

**統計的検定の方法 20-2**

本節のここまでの記号と、表 20-2 の分割表の値を利用して、さらに $e_{i.} = o_{i.}/n, e_{.j} = o_{.j}/n$ としたとき、以下の統計的検定に関して $\chi^2$ 値と P 値が計算されます。

$H_0$ : A と B は独立である。$H_1$ : $H_0$ ではない。

$$\chi^2値 = \sum_{i=1}^{r}\sum_{j=1}^{c}\frac{(o_{ij} - ne_{i.}e_{.j})^2}{ne_{i.}e_{.j}} = \sum_{i=1}^{r}\sum_{j=1}^{c}\frac{(o_{ij} - o_{i.}o_{.j}/n)^2}{o_{i.}o_{.j}/n}$$

$$P値 = Pr(\chi^2((r-1)(c-1)) \geqslant \chi^2値)$$

カイ 2 乗値がやや複雑ですが、分割表を Excel のセルと見立てると理解しやすくなります。和記号の中は、

$$\frac{(観測値 - 期待値)^2}{期待値}$$

の形になっています。これを $i = 1, \cdots, r; j = 1, \cdots, c$ で加えています。分子は 2 乗ですが、分母は 2 乗していないことに注意してください。

このように、自由度 $(r-1)(c-1)$ のカイ 2 乗分布を利用します。

## 20-4-2　Excel を使った演習

それでは Excel で実習しましょう。「20-4」シートを開いてください。【例題 2】のデータがあるので検定してみます。帰無仮説と対立仮説は以下のとおりです。

H0：各学部の人数と男女の人数は独立である。　H1：H0 ではない。

以下の手順で、表を完成させてください。

### 練習 20-4：独立性の検定

① C10 に =$E3*C$6/$E$6 と入力してコピー

② C10:D12 を選択して貼り付け

③ C17 に =(C3-C10)^2/C10 と入力してコピー

④ C17:D19 を選択して貼り付け

⑤ E20 に =SUM(C17:D19) と入力

⑥ E21 に =CHISQ.DIST.RT(E20,2) と入力

E20 が $\chi^2$ 値 15.92 となり、E21 が P 値 0.0003 となります。$(3-1)(2-1)=2$ なので、E21 では自由度 2 のカイ 2 乗分布を利用しました。よって H0 は有意水準 5% で棄却されます。つまり有意水準 5% で、学部と性別は独立ではないという結論が得られます。

## 20-4-3　理論の確認

最後に、理論の説明です。とはいえそう深い話ではなく、自由度が $(r-1)(c-1)$ になることを直感的に理解する形です。

r 個の実数 $a_1, \cdots, a_r$ と c 個の実数 $b_1, \cdots, b_c$ があって、かつ $Pr(A_1) = a_1, \cdots Pr(A_r) = a_r$ かつ $Pr(B_1) = b_1, \cdots, Pr(B_c) = b_c$ が成り立つとします。その同時確率分布表は表 20-3 のようになります。

| $A \backslash B$ | $B_1$ | $\cdots$ | $B_j$ | $\cdots$ | $B_c$ | 和 |
|---|---|---|---|---|---|---|
| $A_1$ | $a_1 b_1$ | $\cdots$ | $a_1 b_j$ | $\cdots$ | $a_1 b_c$ | $a_1$ |
| $\vdots$ | $\vdots$ | $\vdots$ | $\vdots$ | $\vdots$ | $\vdots$ | $\vdots$ |
| $A_i$ | $a_i b_1$ | $\cdots$ | $a_i b_j$ | $\cdots$ | $a_i b_c$ | $a_i$ |
| $\vdots$ | $\vdots$ | $\vdots$ | $\vdots$ | $\vdots$ | $\vdots$ | $\vdots$ |
| $A_r$ | $a_r b_1$ | $\cdots$ | $a_r b_j$ | $\cdots$ | $a_r b_c$ | $a_r$ |
| 和 | $b_1$ | $\cdots$ | $b_j$ | $\cdots$ | $b_c$ | 1 |

表 20–3　A, B が独立な事象の場合の同時確率を表す表

さて、この実験を $n$ 回行ったとき、$A_i$ かつ $B_j$ が起こった数が確率変数 $O_{ij}$ でした。任意の $i, j$ について $A_i$ が起こることと、$B_j$ が起こることが各々独立であるとします。

この条件のとき、前節より、

$$\sum_{i=1}^{r}\sum_{j=1}^{c}\frac{(O_{ij}-na_ib_j)^2}{na_ib_j}$$

は $n$ が十分に大きいとき、自由度 $rc-1$ のカイ 2 乗分布に従います。しかし今回は、具体的に $a_1, \cdots, a_r$ と $b_1, \cdots, b_c$ を指定せずに、【例題 2】のように、単に独立性のみの検定を行いたいわけです。

独立性のみを仮定したときには、未知の $Pr(A_i), Pr(B_j)$ の値を、実験結果から推定する必要があります。確率の和が 1 であることから、$Pr(A_1), \cdots, Pr(A_r)$ を推定するには $r-1$ 個推定し、$Pr(B_1), \cdots, Pr(B_c)$ を推定するには $c-1$ 個推定する必要があります。一方で、先に挙げたカイ 2 乗分布の自由度 $rc-1$ から、推定に要した自由度の和 $(r-1)+(c-1)$ を引くと、$(r-1)(c-1)$ となります。このように、カイ 2 乗分布の自由度について直感的に理解できていればよいでしょう。

第 21 章

# t 分布と正規分布やカイ2乗分布の関係を学ぼう

正規母集団の母平均と t 分布の関係を概観しよう

chapter_21.xlsx

本章と次章では、ここまでに出てきた 4 つの分布（正規分布・カイ 2 乗分布・t 分布・F 分布）の関係を説明します。正規分布とカイ 2 乗分布は密接な関係にあるので、この章ではそれらと t 分布の関係について説明します。

なお、次節の【復習】のあとは、興味関心と統計や数学の知識によって、読み方を以下のように適宜変えるとよいでしょう。

① 定理 21-7 を読み、シミュレーションの節 (21-4 節) を中心に読む
② 順に読んでいくが定理の証明は気にせずに、流れを理解する
③ 定理も証明も読んでいく

微分積分学でガンマ関数・ベータ関数の性質に習熟し、重積分の変数変換公式も知っていれば③でもよいですが、初学の場合は①や②がおすすめです。本章と次章では第 II 部と同様に「である調」の定義・定理が出てきます。

## 21-1 【復習】正規母集団の大きさの n の標本と自由度 n − 1 の t 分布

分散未知の場合の正規母集団からの大きさ n の標本では、自由度 n − 1 の t 分布を用いて平均の区間推定を行いました。ファイルの「21-1」シートでそれを確かめましょう。

30 歳の 13 人に睡眠時間を聞いた結果が、B3:B15 で得られたとします。それぞれ以下の値が入っています。

6.2, 5.4, 5.6, 8.6, 3.7, 6.7, 6.1, 2.9, 6.8, 6.1, 2.3, 7.3, 8

30 歳の睡眠時間が $N(\mu, \sigma^2)$ に従い、$\mu, \sigma$ とも未知として、このデータから $\mu$ の 95% 信頼区間を求めたいとします。

**練習 21-1：母平均の区間推定の準備**

① E1 に =AVERAGE(B3:B15) と入力

② E2 に =STDEV.S(B3:B15) と入力

③ E4 に =T.INV(0.975,E3-1) と入力

E1 が平均（約 5.82）・E2 が標準偏差（約 1.88）・E3 がデータの大きさ（13）で、E4 は自由度 12 の t 分布の上側 2.5% 点（約 2.18）となります。E4 では、E3-1 に気をつけてください。続いて、以下の手順により信頼区間を得ます。

**練習 21-2：母平均の区間推定**

① E7 に =E1-E4*E2/SQRT(E3) と入力

② F7 に =E1+E4*E2/SQRT(E3) と入力

③ E8 に =ROUND(E7,1) と入力し、コピーして F8 に貼り付け

E8:F8 の結果から [4.7, 7.0] が 95% 信頼区間となります。なぜ t 分布の自由度で $n$ ではなく $n-1$ を用いるのか、しっかり学ぶのが本章の目的です。

なお、ROUND 関数は四捨五入する関数です。第 1 引数は四捨五入する値、第 2 引数は小数点以下のケタ数です。練習 21-2 の③の場合、小数点第 2 位が四捨五入されて小数点第 1 位までが表示されます。

**ROUND 関数**

=ROUND(数値,[桁数])

第 1 引数の数値を四捨五入して、第 2 引数で指定された桁数の数値を返す

## 21-2　正規分布とカイ 2 乗分布の関係

まず重要なのは、$Z \sim N(0,1)$ ならば $Z^2 \sim \chi^2(1)$ です。これと定理 11-6 より、以下がいえます。

**定理 21-1**

$\sigma > 0$ とする。

$$X \sim N(\mu, \sigma^2) \Longrightarrow \left(\frac{X-\mu}{\sigma}\right)^2 = \frac{1}{\sigma^2}(X-\mu)^2 \sim \chi^2(1)$$

さらに、カイ 2 乗分布は正規分布と同様に、和についての再生性をもちます。

**定理 21-2**

$m, n$ は正整数とする。

$$\begin{cases} X \sim \chi^2(m) \\ Y \sim \chi^2(n) \\ X, Y \text{ は独立} \end{cases} \Longrightarrow X + Y \sim \chi^2(m+n)$$

2 つの定理の証明は第 27 章にあります。

この 2 つの定理から、以下がいえます。

**定理 21-3**

$\sigma > 0$ で $n$ は正整数とする。$i = 1, 2, \cdots, n$ について、

$$X_i \sim \text{i.i.d. } N(\mu, \sigma^2) \Longrightarrow \frac{1}{\sigma^2}\sum_{i=1}^{n}(X_i - \mu)^2 \sim \chi^2(n)$$

上の $\mu$ の代わりに、標本平均 $\bar{X}$ で置き換えることを考えましょう。$\mu$ を推定したぶんだけ自由度が 1 減った形で、以下が成り立ちます。

**定理 21-4**

$\sigma > 0$ で $n$ は正整数とする。$i = 1, 2, \cdots, n$ について、

$$X_i \sim \text{i.i.d. } N(\mu, \sigma^2) \Longrightarrow \frac{1}{\sigma^2}\sum_{i=1}^{n}(X_i - \bar{X})^2 \sim \chi^2(n-1)$$

(ただし $\bar{X} = (X_1 + \cdots + X_n)/n$)

「自由度が 1 減った形」ときれいな形をしています。証明は第 27 章にありますが、行列についての知識が必要となります。

## 21-3 正規分布とカイ 2 乗分布と t 分布の関係

t 分布は、分子が標準正規分布で、分母が「カイ 2 乗分布を自由度で割ったものの平方根」という分数から導出されます。

**定理 21-5**

$\sigma > 0$ で $n$ は正整数とする。

$$\begin{cases} Z \sim N(0,1) \\ Y \sim \chi^2(n) \\ Z, Y \text{ は独立} \end{cases} \Longrightarrow \frac{Z}{\sqrt{Y/n}} \sim t(n)$$

証明は第 27 章にあります。前節の $X_i \sim i.i.d.\ N(\mu, \sigma^2)$ と $\bar{X}$ について、$\bar{X}$ の基準化から、

$$\frac{\bar{X} - \mu}{\sigma/\sqrt{n}} \sim N(0,1) \tag{21.1}$$

はすでに示しています。これと、定理 21-4 の関係が以下です。

**定理 21-6**

$\sigma > 0$ で、$i = 1, \cdots, n$ で $X_i \sim i.i.d.\ N(\mu, \sigma^2)$ とし、$\bar{X} = \frac{1}{n}\sum_{i=1}^{n} X_i$ とする。このとき、

① $\bar{X}$ と、任意の $i$ についての $X_i - \bar{X}$ は独立である。
② $\bar{X}$ と $\sum_{i=1}^{n}(X_i - \bar{X})^2$ は独立である。

②は①からいえます。①については $\bar{X}$ は正規分布に従い、$X_i - \bar{X}$ も定理 10–10 より正規分布に従います。よって、定理 10–11 から、共分散が 0 であることを示せば十分なので、証明は省略します。

この定理と (21.1) 式と定理 21–4 が定理 21–5 の条件を満たしているので、

定理 21-5 の式に代入して、以下が成り立ちます。

$$\frac{\frac{\bar{X}-\mu}{\sigma/\sqrt{n}}}{\sqrt{\sum_{i=1}^{n}\left(\frac{\bar{X}_i-\bar{X}}{\upsilon}\right)^2/(n-1)}} \sim t(n-1) \tag{21.2}$$

σ を約分して、不偏分散 $S^2$ を用いると、簡単な形になります。

**定理 21-7**

$\sigma > 0$ で $n$ は正整数とする。$i = 1, \cdots, n$ について

$$X_i \sim \text{i.i.d. } N(\mu, \sigma^2) \Longrightarrow \frac{\bar{X}-\mu}{S/\sqrt{n}} \sim t(n-1)$$

(ただし $\bar{X} = \sum_{i=1}^{n} X_i/n, S^2 = \sum_{i=1}^{n}(X_i - \bar{X})^2/(n-1)$)

これが、いままで何回も何回も「あとで出てくる」と述べた定理の 1 つです。正規母集団に関する分散未知の場合での、真の平均 μ に関する区間推定や統計的検定の基礎的な理論となるものです。

## 21-4 シミュレーションで感覚的に理解しよう

まずは、カイ 2 乗分布について感覚的に理解しましょう。ファイルの「21-4 no1」シートの A5:D20004 に、4 個の $\text{i.i.d.}N(1, 100^2)$ に従う乱数を 2 万回繰り返した実験結果が入っています。これを利用して、$n = 4$ の場合についての定理 21-4 を実感してみましょう。比較のために、定理 21-3 も同じく実感してみます。

### 練習 21-3：シミュレーションでカイ 2 乗分布を確認 (1)

① G5 に =SUMPRODUCT(A5:D5-F5,A5:D5-F5)/10000 と入力

② H5 に =VLOOKUP(G5,$M$5:$M$50,1,TRUE) と入力

③ I5 に =SUMPRODUCT(A5:D5-1,A5:D5-1)/10000 と入力

④ J5 は H5 をコピーして貼り付け

⑤ G5:J5 を選択して■で下方向コピー

G 列の式をよく見てください。分散が 1 万であることが既知なので、それで

変動を割っています。G 列と I 列で標本平均で引いているかと、真の値 1 で引いているかの違いをよく見てください。M:N 列はすでに記入されています。0 から 15 まで 0.5 刻みの度数分布表を書きましょう。

## 練習 21-4：シミュレーションでカイ 2 乗分布を確認 (2)

① O5 と P5 に、それぞれ =COUNTIF(H:H,M5) と=COUNTIF(J:J,M5)

② O5:P5 を選択して■で下方向コピー

グラフ用のデータの残りを書きましょう。

## 練習 21-5：シミュレーションでカイ 2 乗分布を確認 (3)

① T5 に =O5/20000 と入力

② U5 に =P5/20000 と入力

③ V5 に =CHISQ.DIST(N5,3,TRUE)-CHISQ.DIST(M5,3,TRUE) と入力

④ W5 に =CHISQ.DIST(N5,4,TRUE)-CHISQ.DIST(M5,4,TRUE) と入力

⑤ T5:W5 を選択して■で下方向コピー

あとは散布図です。ここは自分でやってみて、図 21-1 のようなグラフを作成してください（できない場合は、次の実習における最後の説明を参照）。

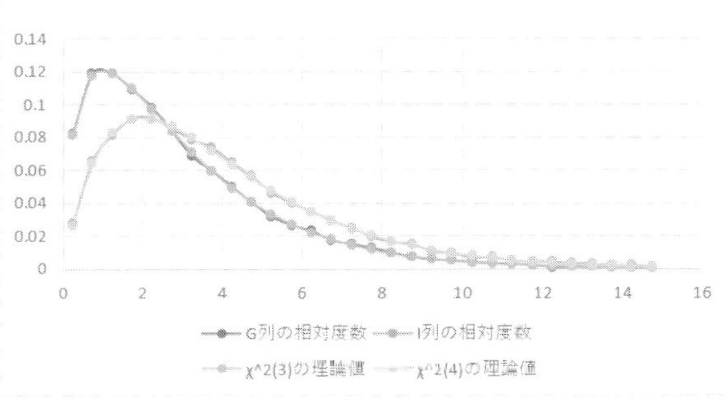


図 21−1　カイ 2 乗分布との比較

明らかに、G 列の $\frac{1}{\sigma^2}\sum_{i=1}^{n}(x_i-\bar{x})^2$ の値が自由度 3 のカイ 2 乗分布に近いことがわかります。また、I 列の $\frac{1}{\sigma^2}\sum_{i=1}^{n}(x_i-\mu)^2$ の値が自由度 4 のカイ 2

乗分布に近いことがわかるでしょう。

これらは、ともに $\sigma$ が既知なのでこのように書けるわけです。$\sigma$ の値が未知だと、どうなるかはわかりません。しかし、(21.2) 式のように割り算で $\sigma$ を約分して消したうえで、さらにそれが t 分布になるのが今回のポイントです。

そこで、次は t 分布について見てみましょう。「21-4 no2」シートの A:D 列は、カイ 2 乗分布の実験とまったく同じものです。$x_1, x_2, x_3, x_4$ という 4 個の値を用います。$\bar{x}$ は標本平均で、$s$ は標本標準偏差です。$n = 4$ として、$\frac{\bar{x}-1}{s/\sqrt{n}}$ の値の分布が自由度 $n - 1$ の t 分布に近いことを、グラフを書いてここで思い出しましょう。

### 練習 21-6：シミュレーションで t 分布の確認 (1)

① G2 に =STDEV.S(A2:D2) と入力

② H2 に =(F2-1)/(G2/2) と入力

③ G2:H2 を選択して■で下方向コピー

I 列はすでに記入されています。−4 から 4 まで 0.25 刻みの度数分布表を書きましょう。

### 練習 21-7：シミュレーションで t 分布の確認 (2)

① N3 に =COUNTIF(I:I,L3) と入力

② N3 に戻って■で下方向コピー

グラフ用のデータとグラフを書きましょう。

### 練習 21-8：シミュレーションで t 分布の確認 (3)

① S3 に =N3/20000 と入力

② T3 に =T.DIST($M3,3,TRUE)-T.DIST($L3,3,TRUE) と入力

③ U3 に =T.DIST($M3,4,TRUE)-T.DIST($L3,4,TRUE) と入力

④ S3:U3 を選択して■で下方向コピー

⑤ R2:U26 の任意のセルに移動

⑥ [挿入] → [散布図のアイコン] → 上側中央の図（平滑線とマーカー）

実験結果の相対度数とそれらの3つの分布から、$X_i \sim \text{i.i.d.}\ N(\mu, \sigma^2)$ のとき、$\frac{\bar{X}-\mu}{S/\sqrt{n}}$ が $t(n)$ ではなく $t(n-1)$ に従いそうだ、ということをイメージしてください。

### コラム　印刷時の注意点

最近では、Excelを紙に印刷することはかなり減ってきました。とはいえ仕事などでは、ExcelからPDFファイルに変換することはそれなりにあるでしょう。

Excelのシートを PDF ファイルとして保存するには、［ファイル］→［エクスポート］→［PDF/XPS ドキュメントの作成］をクリックする方法と、「ファイル」→［印刷（もしくは Ctrl + P）］→プリンターを PDF に変更して［印刷］をクリックする方法の、2通りがあります。

前者は、ある1つのシート全体を保存するときに便利です。後者でも前者と同様のことができますが、後者ならではのポイントは、あらかじめシートの複数セルを選択しておくと、その範囲のみを PDF 化することができる点です。

Excel は、プレビューで見たとおりには印刷されません。実際に印刷すると、罫線が抜けていたり、文字が切れていたり、無駄な白紙ページが印刷されたりすることが、本当によくあります。紙に印刷する機会があれば、その前には上の手順により PDF ファイルで確認しておきましょう。

# 第22章

# F分布と正規分布やカイ2乗分布の関係を学ぼう

正規母集団の一元配置モデルとF分布の関係を概観しよう　chapter_22.xlsx

この章でも引き続き、F分布・正規分布・カイ2乗分布の関係について説明します。次節の【復習】のあとは、前章同様に興味関心と統計や数学の知識によって、読み方を以下のように適宜変えるとよいでしょう。

① 定理22-1までと22-3節の表22-1でのExcelの分散分析表の読み方を読んで、シミュレーションの節(22-4節)を中心に読む
② 順に読んでいくが定理の証明は気にせずに、流れを理解する
③ 定理も証明も読んでいく

## 22-1 【復習】一元配置モデル

10人の学生に7月の1ヶ月で得たアルバイト代（単位は千円）を聞いたところ、学年別での以下の表が得られたとしましょう。

| 1年生 | 2年生 | 3年生 |
|---|---|---|
| 70 | 64 | 54 |
| 39 | 41 | 84 |
| 63 | 45 | 60 |
| | 99 | |

i年生のアルバイト代を $X_i \sim \text{i.i.d.}\ N(\mu_i, \sigma^2)$ とします。一元配置モデルでは、帰無仮説と対立仮説を以下のように設定し検定しました。

$$H0：\mu_1 = \mu_2 = \mu_3。\quad H1：H0 ではない。$$

これを Excel で実習し復習してみましょう。上記のデータが「22-1」シートの B3:D7 に入っています。

**練習 22-1：一元配置の復習**

① [データ] → [データ分析] → [分散分析：一元配置] を選択
② 入力範囲（W）が自動的に選ばれていることを確認
③ マウスやキーボードで B4:D7 を選択すると自動的に $B$4:$D$7 が記入されるので、そのまま OK ボタンを押す

正しく作業されていれば、以下のような分散分析表が得られます。

分散分析表

| 変動要因 | 変動 | 自由度 | 分散 | 観測された分散比 | P-値 | F 境界値 |
|---|---|---|---|---|---|---|
| グループ間 | 113.4833 | 2 | 56.74167 | 0.12667907 | 0.882991 | 4.737414 |
| グループ内 | 3135.417 | 7 | 447.9167 | | | |
| | | | | | | |
| 合計 | 3248.9 | 9 | | | | |

図 22-1　分散分析表結果

観測された分散比から F 値 0.1267 が、P-値から P 値 0.8830 がそれぞれ得られ、H0 は有意水準 5% で棄却できない結果となります。この理論的な背景を以下で説明していきます。

## 22-2　カイ 2 乗分布と F 分布の関係

さきほどの検定の理論的背景はいくつかあるのですが、この節では 1 つのみ紹介します。それは、「2 つのカイ 2 乗分布をその自由度で割った比が F 分布となる」ということです。

**定理 22-1**

$m, n$ は正整数とする。

$$\begin{cases} X \sim \chi^2(m) \\ Y \sim \chi^2(n) \\ X, Y \text{ は独立} \end{cases} \Longrightarrow \frac{X/m}{Y/n} \sim F(m, n)$$

証明は第 27 章にあります。

## 22-3 正規分布とカイ 2 乗分布と F 分布の関係

一元配置モデルでの正規分布とカイ 2 乗分布に関しては、以下が成り立ちます。

**定理 22-2**

$\sigma > 0$ で $c$ は正整数とし、$i$ ごとに定まる $n_i$ は正整数とする。$i = 1, \cdots, c; j = 1, \cdots, n_i$ について、$Y_{ij} \sim i.i.d.N(\mu_i, \sigma^2)$ とし、

$$SSBetween = \sum_{i=1}^{c} n_i(\bar{Y}_i - \bar{\bar{Y}})^2$$

$$SSWithin = \sum_{i=1}^{c} \sum_{j=1}^{n_i} (Y_{ij} - \bar{Y}_i)^2$$

$$SSTotal = \sum_{i=1}^{c} \sum_{j=1}^{n_i} (Y_{ij} - \bar{\bar{Y}})^2$$

とする。このとき、

$$\mu_1 = \mu_2 = \cdots = \mu_c \text{ ならば、} SSBetween/\sigma^2 \sim \chi^2(c-1) \quad (22.1)$$

$$SSWithin/\sigma^2 \sim \chi^2(n-c) \quad (22.2)$$

$$\mu_1 = \mu_2 = \cdots = \mu_c \text{ ならば、} SSTotal/\sigma^2 \sim \chi^2(n-1) \quad (22.3)$$

証明は第 27 章にあります。線形代数学の知識を駆使しているので、興味のある人のみ眺めてください。これを利用して、一元配置モデルの F 検定のため

の理論が以下で得られます。

**定理 22-3**

記号はすべて 22-2 と同じとする。このとき、

$$\mu_1 = \mu_2 = \cdots = \mu_c \text{ ならば、} \frac{SSBetween/(c-1)}{SSWithin/(n-c)} \sim F(c-1, n-c) \tag{22.4}$$

こちらの証明も第 27 章にあります。この 2 つの定理の証明について少し述べます。まず、(22.1) 式の証明は込み入っているので、多くの本では省略されています。(22.2) 式と (22.3) 式の証明は定理 21-4 を前提とすればそう難しくはないので、多くの本にはその証明があります。定理 22-3 は、$SSBetween/(c-1)$ と $SSWithin/(n-c)$ の独立さえいえれば、定理 22-1 から簡単にいえます。しかし、その独立を示すのが少し込み入っているので、多くの本でその部分は省略されています。

初学の場合は「以上の結果から、定理 22–1 へ以下を代入すると、(22.4) 式の一元配置の F 値を出す形が得られる」ということを掴んでください。

- X の部分に、$\frac{1}{\sigma^2}SSBetween$
- m の部分に、$c-1$
- Y の部分に、$\frac{1}{\sigma^2}SSWithin$
- n の部分に、$n-c$

それとともに、以下のことも分散分析表の表 22–1 とともに強く意識するとよいでしょう。

「F 値の分子が $\frac{\text{級間変動}}{c-1}$ で分母が $\frac{\text{級内変動}}{n-c}$」

| 変動要因 | 変動 | 自由度 | 分散 |
|---|---|---|---|
| グループ間 | 級間変動 | $c-1$ | 級間変動 $/(c-1)$ =F 値の分子 |
| グループ内 | 級内変動 | $n-c$ | 級内変動 $/(n-1)$ =F 値の分母 |
| 合計 | 総変動 | $n-1$ | |

・観測された分散比 =F 値

・P-値 $= Pr(F(c-1, n-c) \geqq$ F 値 $)$

表 22−1　Excel の一元配置での分散分析表の意味

## 22-4　シミュレーションで感覚的に理解しよう

ここでの目的は、F 値をたくさん計算することによって、それらが自由度 $(c-1, n-c)$ の F 分布を形作っていると知ることと、H0 の棄却域の範囲をイメージすることです。

「22-4no1」シートを開いてください。前節の F 値について、シミュレーションをしてみましょう。これは 3 つの正規母集団を第 1 群、第 2 群、第 3 群と呼び、標本の大きさをそれぞれ 3、4、3 として取り出したものです。前節での $c=3, n_1=3, n_2=4, n_3=3, n=10$ となるものです。

そして $\mu=50, \sigma=10$ の正規分布に従う乱数を発生させました。実験回数は 1 万回です。B5:K10004 にあります。

いま、$\mu, \sigma$ も未知で、かつ $\mu_1=\mu_2=\mu_3$ が成り立つとして、$\frac{\text{級間変動}/(3-1)}{\text{級内変動}/(10-3)}$ の値を計算して、自由度 $(3-1, 10-3)$ の F 分布と比較してみましょう。

L 列〜N 列は、それぞれの群の標本平均の数式が入っています。これらから、各実験におけるの級内変動と級間変動を求めましょう。

### 練習 22-2：シミュレーションで F 分布を確認 (1)

① P5 に =DEVSQ(B5:D5)、Q5 に =DEVSQ(E5:H5)、R5 に =DEVSQ(I5:K5) をそれぞれ入力

② S5 に P5:R5 の和の、=SUM(P5:R5) を入力

③ T5 に =DEVSQ(B5:K5) を入力

④ U5 に =T5-S5 を入力

i 群の級内変動は各級内での偏差の 2 乗和なので、DEVSQ 関数を用いています。

=DEVSQ 関数

=DEVSQ(数値 1, [数値 2], ...)
指定した範囲の偏差の平方和を返す

また、級間変動は総変動を DEVSQ 関数で求めて、それから級内変動を引いた値で計算しています。数式とともに、いま一度確認してください。では、続きを行いましょう。

### 練習 22-3：シミュレーションで F 分布を確認 (2)

① V5 に=(U5/2)/(S5/7) と入力
② P5:V5 を選択して■で下方向コピー

正しく入力されていれば、V5 は約 1.72362 が表示されています。W 列は V 列の値を 0.25 刻みで切り捨てする関数が入っているので、これを利用して V 列の度数分布表を完成し、さらに相対度数と理論値の散布図を完成させましょう。

### 練習 22-4：シミュレーションで F 分布を確認 (3)

① AB4 に =COUNTIF(W:W,Z4) と入力後、■で下方向コピー
② AE4 に =AB4/$AE$1 と入力
③ AF4 に =F.DIST(AA4,2,7,TRUE)-F.DIST(Z4,2,7,TRUE) と入力
④ AE4:AF4 を選択して■で下方向コピー
⑤ AD3:AF51 の任意のセルに移動し、［挿入］→［散布図のアイコン］→上側中央の図（平滑線とマーカー）を選択

これより、図 22-2 のようなグラフが得られます。理論どおりの結果となっていることが理解できるでしょう。

また、この場合、H0 : $\mu_1 = \mu_2 = \mu_3$ が真ならば、［級間変動/(3-1)］/［級内変動/(10-3)］が 0 に近い値をとりやすいこともイメージしましょう。

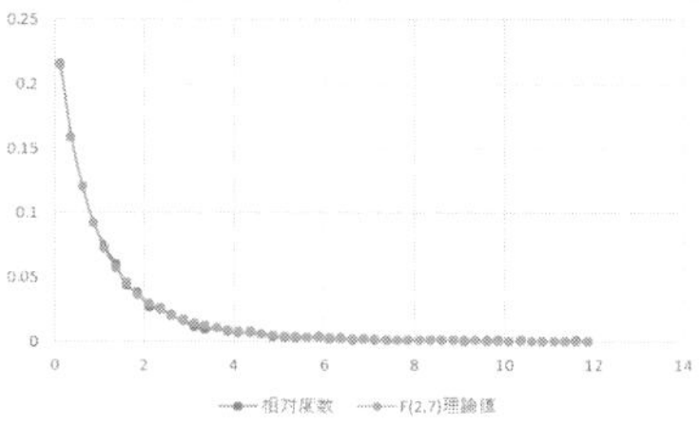


図 22–2　相対度数と自由度 (2,7) の F 分布の理論値

## 練習 22-5：H0 と F 値の関係の確認 (1)

① A1:V5 を選択してコピー
② 「22-4no2 シート」 A1 セルに移動して貼り付け
③ 「22-4no2 シート」 の B5:K5 をすべて 100 に変更
④ B5、E5、I5 の 3 つを 101 に変更

すると、V5 の値は 0.028 になります。0 に近いことがイメージできるでしょう。試しに、もう少しいろいろな値を入れてみましょう。

## 練習 22-6：H0 と F 値の関係の確認 (2)

① A5:V5 をコピーし、A6:A7 を選択して貼り付け
② B6:K6 の値を 1,2,3,1000,1001,1002,1003,100,101,102 と入力
③ 「22-1 シート」の 1 年生のデータを「22-4no2」シートの B7:D7 にコピー。同様に「22-1 シートの」2 年生のデータを「22-4no2」シートの E7:H7 にコピー。「22-1」シートの 3 年生のデータを「22-4no2」シートの I7:K7 にコピー

手順③は、学年ごとにコピーして、行と列を入れ替えた貼り付け（Windows なら Alt → H → V → T や Alt → E → S → E → Enter）が便利です。

6 行目は、H0 からかけ離れたものをイメージして、$\mu_1, \mu_2, \mu_3$ をそれぞれ 0 の近く、1000 の近く、100 の近くとイメージして作ってみました。V6 の値は 848050.6 となります。V7 の値は 0.1267 と、練習 22-1 の F 値と当然一致します。

これらを自由度を前節の $n, c$ に戻して説明します。H0 が「$\mu_1 = \mu_2 = \cdots = \mu_c$」で H1 が「H0 ではない」とすると、H0 が真ならば [級間変動/$(c-1)$]/[級内変動/$(n-c)$] が 0 に近い値が出るので、その対偶をイメージして、[級間変動/$(c-1)$]/[級内変動/$(n-c)$] が 0 より離れている値ほど、H0 を棄却しやすいと考えるわけです。

### コラム　毎日 Excel に触るなら

仕事や勉強などにおいて、ノートパソコンを使っている人はとても多いでしょう。しかし Excel を毎日触るならば、デスクトップ PC で用いるようなフルサイズのキーボードを使用するのがおすすめです。フルサイズキーボードは日本語 109 キーボードとも呼ばれていて、USB や Bluetooth などでパソコンと接続できます。

ノートパソコンのキーボードは小さいので、フルサイズと比べると以下のような制約があります。

- Ctrl キーが小さかったり、左端や右端にない
- 矢印キー ↑・→・↓・← が小さい
- 一番上のファンクションキー（F1 キー〜F12 キー）が小さい
- End キー・Home キー・Page Up キー・Page Down キーがどこにあるかわからかったり、もしくは Fn キーを押しながらでないと動作しない。

私の場合、ノートパソコンのキーボードを使うと、フルサイズの USB 接続キーボードを使う場合に比べて、Excel の作業スピードは文字どおり半減します。キーボードとは、多少の投資で大きなリターンが得られるものです。Excel をよく使う人は、ぜひ検討してみてください。

# 第 23 章

# 単回帰分析のイメージを掴もう

単回帰分析のイメージをグラフで掴もう

chapter_23.xlsx

本章から第 26 章までの 4 回で、**回帰分析**について説明します。

例として、8 月のある店のアイスクリームの売上について考えてみましょう。1 日の売上は、その日の最高気温や曜日などによって左右されるかもしれません。このように、ある数値が別の数値に影響されるかもしれない、と考えることはよくあります。回帰分析とは、こういった課題で使える手法です。「ある要因を別の要因の 1 次式で表す」と仮定して行うもので、最も基本的な手法であり、数値のビッグデータによる分析でも利用されています。

以降、最終章まで回帰分析について説明していきます。本章では、そのなかでもとくに基本的な、単回帰分析について説明します。

## 23-1 【例題】所得が増えたら消費はどのくらい増えるか？

ファイルの「23-1」シートの A5:C33 に、1992 年から 2019 年までの GDP と民間最終消費額が表示されています（日本統計年鑑：https://www.stat.go.jp/data/nenkan/71nenkan/zuhyou/y713100000.xlsx）。民間最終消費（長いので以下「消費」と表記）を、GDP で線形に近似してみましょう。つまり、

$$消費 = \alpha + \beta \cdot \mathrm{GDP}$$

を満たす $\alpha, \beta$ を推定しようというわけです。散布図と近似曲線とその数式は、G6:G33 をもとにしてすでに表示されています。近似曲線の数式を以下の手順で得てみましょう。

### 練習 23-1：分析ツールで回帰分析

① [データ] → [データ分析] → [回帰分析]
② 入力 Y 範囲に $B$6:$B$33 を入力
③ 入力 X 範囲に $C$6:$C$33 を入力
④ 残差（R）をチェックして OK ボタン

正しく操作できていれば、新しいシートに「23-1 結果」シートと同じものが作られます。係数（B17:B18）と標準誤差（C17:C18）について、切片は整数に、X 値 1 の部分は小数第 3 位までをそれぞれ表示することとし、式とその他最低限の情報をまとめたものが表 23-1 です。

$$\widehat{\text{消費}} = 71289 \quad + \quad 0.413\text{GDP}$$

$$(40067) \qquad (0.763)$$

※（ ）内は標準誤差

$$n = 28, \text{adj}.R^2 = 0.5122, \text{S.E.} = 8207$$

表 23–1　回帰分析結果

単位はともに 10 億円です。単位には常に気をつけてください。この近似した式を、**回帰式**と呼びます（次節・次々節参照）。そして回帰式を求め、このシートに出ているさまざまな数値をもとにデータを分析する手法のことを**回帰分析**といいます。

次節以降で、回帰式の係数 $\alpha, \beta$ のそれぞれの推定値 71289 と 0.413 の部分と、標準誤差と表記された 40067 と 0.763 の意味について説明していきます。

また、上記の 71300 と 0.413 の表記についてですが、経済学などでは小数点は小数第 4 位四捨五入で表すことも多いので、今回は上から 4 ケタ目を四捨五入しました。どのケタで四捨五入するかなどは、データの有効ケタ数や分野によって変わります。

## 23-2 単回帰モデル

単回帰モデルは、1 変数の母集団での母平均の推定や検定の理論を自然に拡張したものです。確率変数 $Y$ を平均 $\mu$・分散 $\sigma^2$ の独立同分布の母集団とし、そこからの大きさ $n$ の無作為標本は、

$$Y_i \sim \mathrm{i.i.d.}(\mu, \sigma^2) \quad (i = 1, \cdots, n)$$

で表しました。このモデルに**誤差項** $U_i$ という確率変数を導入して、

$$Y_i = \mu + U_i$$
$$\quad U_i \sim \mathrm{i.i.d.}(0, \sigma^2)$$

としても、意味はほぼまったく同じように考えることができます。

誤差項の $U$ は、Unknown の頭文字からとりました。大文字にしたのは確率変数であることを主張したいためで、本によっては $e_i, u_i, \varepsilon_i$ などが用いられます。

ここまで、この平均を表す $\mu$ は一定としてきましたが、それ自体がなんらかの影響を受けているとしてモデル化してみましょう。関数のなかで最も簡単な形は 1 次関数なので、$i = 1, \cdots, n$ についてある定数 $X_i$ が存在しているものとし、$\mu$ がこの $X_i$ の 1 次関数として $\alpha + \beta X_i$（ただし $\alpha, \beta$ は定数）で表されるとしましょう。さらに誤差項の仮定も独立から無相関に緩めると、

$$Y_i = \alpha + \beta X_i + U_i \quad (i = 1, \cdots, n) \tag{23.1}$$

$$\begin{cases} E[U_i] = 0 & (i = 1, \cdots, n) \\ V[U_i] = \sigma^2 & (i = 1, \cdots, n) \\ E[U_i U_j] = 0 & (\text{if } i \neq j) \end{cases} \tag{23.2}$$

となります。$E[U_i] = 0$ より、$E[U_i U_j] = 0$ と $Cov(U_i, U_j) = 0$ は同値です。(23.1) 式を**単回帰モデル**といいます。(23.2) 式は誤差項の仮定と呼ばれます。

(23.2) 式の代わりに、誤差項にさらに強い仮定として、以下のように正規分布の仮定をおく場合もあります。

$$U_i \sim \mathrm{i.i.d.}N(0, \sigma^2) \tag{23.3}$$

よって、(23.1) 式の誤差項に (23.3) 式を仮定することを、本書では「**誤差項に正規性を仮定する**」と呼び、その回帰モデルを、本書では「**誤差項に正規性を仮定した回帰モデル**」と呼ぶことにします。

このモデルは、母平均の推定や検定を行うためのモデルの自然な拡張になっています。ギリシャ文字で書かれた $\alpha, \beta, \sigma$ は未知で、$\sigma > 0$、そして確率変数 $U_i$ は観測不可能と仮定されます。確率変数 $Y_i$ は、$\alpha + \beta X_i$ の部分と観測不可能な $U_i$ の和で表されるとモデル化しています。

(23.1) 式を見ると、式の左辺 Y を式の右辺の X で説明している形なので、この回帰モデルの場合 Y を**被説明変数**、X を**説明変数**と呼びます。単回帰の「単」とは、定数項部分（今回であれば $\alpha$）以外の 1 つの説明変数（今回であれば $X_i$）を用いているため、このように名づけられています。

回帰モデルから、$\alpha, \beta$ を推定して Y も推定したという意味で、

$$\hat{Y} = 数値 + 数値\,X$$

の形で計算結果を表したものを、**回帰式**といいます。回帰式を表すときには、できるだけ表 23-1 のような形でハットをつけるようにしてください。また、$Y_i, U_i$ が確率変数であることに注意してください。

なお、$X_i$ は大文字なのに定数と仮定しています。本来は確率変数を仮定するので、そのため大文字のままにしています。初学のうちは、$X_i$ を確率変数と仮定しても単に表記が複雑になるだけです。そのため、このまま定数として扱います。

## 23-3 最小 2 乗法と係数の導出

本節では、導入・結果（(23.4) 式・(23.5) 式）・実習・結果への理論的な背景という順序で説明します。

本書では扱いませんが、Excel のグラフで近似曲線を書くときに、さらにオプションを指定すると係数の値が自動的に出力されます。それらの値は、ここで学ぶ単回帰モデルの係数から求められています。(23.1) 式の単回帰モデルで最も重要なのは、$\alpha, \beta$ の推定量 $\hat{\alpha}, \hat{\beta}$ を求めようというものです。OLS の推定量としては、誤差の 2 乗和を最小にする**最小 2 乗法**によって求めるのが一般的です。まず結果を先に書くと、

$$\hat{\alpha} = \frac{\bar{Y}\sum_{i=1}^{n} X_i^2 - \bar{X}\sum_{i=1}^{n} X_i Y_i}{\sum_{i=1}^{n}(X_i - \bar{X})^2} = \bar{Y} - \hat{\beta}\bar{X} \tag{23.4}$$

$$\hat{\beta} = \frac{\sum_{i=1}^{n}(X_i - \bar{X})(Y_i - \bar{Y})}{\sum_{i=1}^{n}(X_i - \bar{X})^2} \tag{23.5}$$

となります。$\bar{X}, \bar{Y}$ はそれぞれの標本平均です。

$\hat{\beta}$ が、重要で、かつ覚えやすいものです。分子は X と Y の偏差の積和で、分母は X の変動となっています。さらに分子分母とも $n-1$ で割ると、分子は X と Y の標本共分散の式、分母は X の標本不偏分散の式となります。

なお $\hat{\alpha}$ の式ですが、真ん中の式の分子が覚えにくいため、多くの人はその右辺の式で理解しています。回帰式 $\hat{Y} = \hat{\alpha} + \hat{\beta}X$ について、$\hat{Y}, X$ をそれぞれ $\bar{Y}, \bar{X}$ に書き換えて移項した形と一致しています。

では、実習しましょう。ファイルの「23-3」シートの A:C 列は、22-1 節と同じデータが入っています。このデータから、回帰式の GDP の係数の推定値 0.4131… を導出しましょう。

### 練習 23-2：回帰式の GDP の係数を関数で導出

① G1 に =AVERAGE(B6:B33) と入力

② G2 に =AVERAGE(C6:C33) と入力

③ G3 に =SUMPRODUCT(B6:B33-G1,C6:C33-G2) と入力

④ G4 に =SUMPRODUCT(C6:C33-G2,C6:C33-G2) と入力

⑤ G5 に =G3/G4 と入力

G3 と G4 の式によって、$\hat{\beta}$ の分子と分母の計算式をイメージできるようにしましょう。

それでは次に、最小 2 乗法によって (23.4) 式・(23.5) 式を導出します。その理論や式の導出過程を順に説明しましょう。(23.1) 式の OLS モデルを移項して 2 乗してみます。

$$U_i^2 = [Y_i - (\alpha + \beta X_i)]^2$$

この値は 0 以上の値になります。値が小さいほど当てはまりがよさそうですが、この値は $i = 1, \cdots, n$ と $n$ 個あります。

どの $i$ も平等に扱うには、このすべての和、

$$\sum_{i=1}^{n} U_i^2 = \sum_{i=1}^{n} [Y_i - (\alpha + \beta X_i)]^2 \tag{23.6}$$

をとってこれを最小化する $\alpha, \beta$ をその推定量 $\hat{\alpha}, \hat{\beta}$ とするのが自然です。この (23.6) 式の誤差の 2 乗和を最小化するものを推定量とする方法を、**最小 2 乗法**と定義します。

$\sum_{i=1}^{n} [Y_i - (\alpha + \beta X_i)]^2$ は $\alpha, \beta$ について凸関数なので、「偏微分 $= 0$」となるものがあればそれを満たす $\alpha, \beta$ が (23.6) 式を最小化します。よって、合成関数の微分を用いて「偏微分 $= 0$」の 2 式、

$$\frac{\partial}{\partial \alpha}((23.6)\text{ 式 }) = -2 \sum_{i=1}^{n} [Y_i - (\alpha + \beta X_i)] = 0$$
$$\frac{\partial}{\partial \beta}((23.6)\text{ 式 }) = -2 \sum_{i=1}^{n} [Y_i - (\alpha + \beta X_i)] X_i = 0$$

の $\alpha, \beta$ の解が $\hat{\alpha}, \hat{\beta}$ として存在すれば、それらが最適解です。−2 で割った、

$$\begin{aligned} \textstyle\sum_{i=1}^{n} [Y_i - (\hat{\alpha} + \hat{\beta} X_i)] &= 0 \\ \textstyle\sum_{i=1}^{n} [Y_i - (\hat{\alpha} + \hat{\beta} X_i)] X_i &= 0 \end{aligned} \tag{23.7}$$

を解きます。この式を、単回帰分析の**正規方程式**といいます。

和記号部分を計算し移項して、第 1 式はさらに両辺を $n$ で割ると、以下のようになります。

$$\begin{cases} \hat{\alpha} + \bar{X}\hat{\beta} = \bar{Y} \\ n\bar{X}\hat{\alpha} + \sum_{i=1}^{n} X_i^2 \hat{\beta} = \sum_{i=1}^{n} X_i Y_i \end{cases} \tag{23.8}$$

本によっては、こちらを正規方程式と呼ぶ場合もあります。この式の第 1 式を移項すれば、(23.4) 式の $\hat{\alpha} = \bar{Y} - \hat{\beta}\bar{X}$ が得られます。

さらに、この (23.8) 式を見ると、$\hat{\alpha}, \hat{\beta}$ の連立一次方程式なので、中学生で習った連立方程式の加減法で解くことができます。ただし、それよりも線形代数学のクラメールの公式が便利です。どちらにしても、

$$\hat{\alpha} = \frac{\bar{Y} \sum_{i=1}^{n} X_i^2 - n\bar{X} \sum_{i=1}^{n} X_i Y_i}{\sum_{i-1}^{n} X_i^2 - n\bar{X}^2}, \ \hat{\beta} = \frac{\sum_{i=1}^{n} X_i Y_i - n\bar{X}\bar{Y}}{\sum_{i=1}^{n} X_i^2 - n\bar{X}^2}$$

となります。あとは $\hat{\beta}$ の分子と分母を整理するために、

$$i = 1, \cdots, n \text{ の } a_i, b_i \quad \text{について} \quad \bar{a} = \frac{1}{n}\sum_{i=1}^{n} a_i, \bar{b} = \frac{1}{n}\sum_{i=1}^{n} b_i$$

としたときに、

$$\sum_{i=1}^{n}(a_i - \bar{a})(b_i - \bar{b}) = \sum_{i=1}^{n} a_i b_i - n\bar{a}\bar{b}$$

が成り立つことを知っているとしましょう。これを利用することにより、$\hat{\beta}$ の分子と分母の式が、(23.5) 式の右辺の分子と分母にそれぞれ一致します。

なお、$\hat{\alpha}, \hat{\beta}$ の式は確率変数の関数なので、**OLS 推定量**や**回帰係数**と呼ばれます。実際のデータ $(x_1, y_1), \cdots, (x_n, y_n)$ を用いて計算した $\hat{\alpha}, \hat{\beta}$ の値は、**OLS 推定値**と呼ばれます。

## 23-4 回帰係数の解釈

回帰式の形 $\hat{Y} = \hat{\alpha} + \hat{\beta}X$ から、切片が $\hat{\alpha}$ で傾きが $\hat{\beta}$ の直線をイメージしましょう。すると X が 1 単位増えると Y の推定量 $\hat{Y}$ が $\hat{\beta}$ 単位増えることとなります。$\hat{\alpha}$ は $X = 0$ のときの $\hat{Y}$ の推定量です。このように回帰係数を解釈できます。

無論、$\hat{Y}$ を推定するのに $\hat{\alpha}, \hat{\beta}$ ともに必要なのですが、どちらかというと $\hat{\beta}$ が重要視されることが多いです。

## 23-5 回帰係数の標準誤差と区間推定

各 $Y_i$ が確率変数であることと、(23.4) 式と (23.5) 式から、$\hat{\alpha}$ と $\hat{\beta}$ は確率変数になります。よって、それらの標準偏差の推定量 $\sqrt{\hat{V}[\hat{\alpha}]}, \sqrt{\hat{V}[\hat{\beta}]}$ をデータから計算したものが、それぞれ $\hat{\alpha}, \hat{\beta}$ の標準誤差となります。

結果を先に書くと、

$$\sqrt{\hat{V}[\hat{\alpha}]} = \hat{\sigma}\sqrt{\frac{\sum_{i=1}^{n} X_i^2/n}{\sum_{i=1}^{n}(X_i - \bar{X})^2}}$$

$$\sqrt{\hat{V}[\hat{\beta}]} = \frac{\hat{\sigma}}{\sqrt{\sum_{i=1}^{n}(X_i - \bar{X})^2}}$$

となります。これらをデータをもとに計算したものが、Excel の回帰分析表の「切片」「X 値 1」の行にある「標準誤差」の列の 2 つの値になるわけです。

以下では簡単な形の $\sqrt{\hat{V}[\hat{\beta}]}$ のみを説明します。ただし、先に述べた $\hat{\beta} = \frac{\sum_{i=1}^{n}(X_i-\bar{X})(Y_i-\bar{Y})}{\sum_{i=1}^{n}(X_i-\bar{X})^2}$ とその導出方法のほうが、ずっと重要です。そちらを先にマスターしてから、こちらを読むとよいでしょう。

まず、$\hat{\beta}$ の平均と分散を計算して、

$$\hat{\beta} \sim \left(\beta, \frac{\sigma^2}{\sum_{i=1}^{n}(X_i - \bar{X})^2}\right) \tag{23.9}$$

と書けます（証明略）。分散 $V[\hat{\beta}]$ については、分子の $\sigma^2$ が未知なので、

$$\hat{\sigma}^2 = \frac{1}{n-2}\sum_{i=1}^{n}(Y_i - \hat{Y}_i)^2 \tag{23.10}$$

で点推定して置き換えたものを $\hat{V}[\hat{\beta}]$ で表します。つまり、

$$\hat{V}[\hat{\beta}] = \frac{\hat{\sigma}^2}{\sum_{i=1}^{n}(X_i - \bar{X})^2}$$

あとは、両辺の平方根をとったわけです。この $\sqrt{\hat{V}[\hat{\beta}]}$ の計算方法でデータから計算した値が、Excel の回帰分析表の「X 値 1」の行の「標準誤差」の列の値になります。

次は、区間推定です。ここまでの議論では、誤差項に関する弱い仮定の (23.2) 式でも成り立ちますが、ここからは (23.3) 式を仮定して、誤差項に正規性を仮定した単回帰モデルの話になります。

その場合、$Y_i \sim \mathrm{i.i.d.}\ N(\alpha + \beta X_i, \sigma^2)$ と、各 $i$ について各々独立な正規分布に従います。$\hat{\beta}$ は (23.5) 式から $Y_i$ の線形結合となっていて、そして正規分布の線形結合も正規分布（定理 10–9）ですから、(23.9) 式よりもさらに強く、

$$\hat{\beta} \sim N\left(\beta, \frac{\sigma^2}{\sum_{i=1}^{n}(X_i - \bar{X})^2}\right) \tag{23.11}$$

と $\hat{\beta}$ は正規分布に従います。

さらに、証明は省きますが、母平均の区間推定や検定と同様に以下が成り立ちます。

$$\frac{\hat{\beta} - \beta}{\sqrt{\hat{V}[\hat{\beta}]}} \sim t(n-2) \tag{23.12}$$

ただし、母平均の区間推定の場合は自由度が $n-1$ でしたが、今回は $n-2$ です。今回はデータから $\alpha, \beta$ の 2 つの値を推定しているので、1 ではなく 2 の値を引いた形となります。あとは母平均の区間推定と同様に自由度 $n-2$ の t 分布の上側 2.5% 点を $t^*$ で表せば、

$$\Pr\left(-t^* \leqslant \frac{\hat{\beta}-\beta}{\sqrt{\hat{V}[\hat{\beta}]}} \leqslant t^*\right) = 0.95$$

となります。確率部分の括弧内の連立不等式を $\beta$ について解くことによって、$\beta$ の 95% 信頼区間は、$\left[\hat{\beta} - t^* \cdot \sqrt{\hat{V}[\hat{\beta}]},\ \hat{\beta} + t^* \cdot \sqrt{\hat{V}[\hat{\beta}]}\right]$ となります。ひとまとめにしてデータから計算した値で表すと、

「$\hat{\beta}$ の OLS 推定値」$\pm\, t^* \cdot$「$\hat{\beta}$ の標準誤差」

となります。母平均の区間推定と同じ形をしていることを確認してください。また $n$ が十分大きければ、$t^*$ は同じように約 2（より正確には 1.96）となります。この式をもとにデータから計算した値が、Excel の回帰分析表の「X 値 1」行の、「下限 95%」と「上限 95%」の列の 2 数です。

## コラム　Excel での回帰分析の注意点①

Excel で回帰分析をするとき、注意するべき点は 2 つあります。回帰分析表が最も重要であることと、残差（R）をチェックしてから OK ボタンを押すことです。

1 つずつ説明していきましょう。1 つ目の回帰分析表は、表示される場所がかなり下側（多くは A17 セル以降）で見づらいのですが、最も重要な要素です。そのなかでもとくに、係数・標準誤差・t 値・P 値の 4 列が重要です。

2 つ目の残差をチェックすることは、$(X_i, Y_i), (X_i, \hat{Y}_i)$ の散布図を書いて、各データでどのくらい離れているかなどを図示するためです。

「コラム」シートで実習しましょう。23-1 節でのデータと回帰分析で計算された「予測値: Y」と「残差」をコピーしたものです。「予測値: Y」が $\hat{Y}_i = \hat{\alpha} + \hat{\beta} X_i$ の値を示し、「残差」が $Y_i - \hat{Y}_i$ の値です。

C3:E31 のどこかに移動して、［挿入］→［散布図］で点のみ表示される散布図を書いてください。$(X_i, \hat{Y}_i)$ の散布図は当然回帰直線上にあります。

点 $(X_i, Y_i)$ が回帰直線より上側にあれば、そのときの残差が $Y_i - \hat{Y}_i > 0$ より正となっていますし、下側なら残差は負です。点 $(X_i, Y_i)$ が回帰直線の上下でどのように散らばっているかを見てください。

誤差項の仮定から、ある程度一定の散らばり具合になってほしいのですが、今回は横軸 X の値が 52500 を境目に散らばり具合が違っていそうなので、少し工夫が必要かもしれません。このような推論のために、残差（R）にチェックを入れて、回帰分析を実行してください。

# 第 24 章

# 単回帰分析の係数の検定を学ぼう

回帰分析表の読み方を理解しよう

chapter_24.xlsx

本章では、回帰分析の係数についての検定を行います。母平均の t 検定とほぼ同様の結果となっていることを理解してください。そうすれば、次章以降の重回帰分析での検定も理解しやすくなります。

まず、記号の説明をします。正整数 $m$ と実数 $c$ について、$\Pr(t(m) \leqslant c), \Pr(t(m) \geqslant c)$ はそれぞれ、自由度 $m$ の t 分布に従う確率変数が $c$ 以下、$c$ 以上の値をとる確率を表すとします。$\Pr(|t(m)| \geqslant c)$ は、その確率変数の絶対値が $c$ 以上の値をとる確率を表します。

## 24-1 【例題】「係数の真の値= 0」を検定する

「24-1」シートを選んでください。都道府県別で $i = 1, \cdots, 47$ として、

$$(1\text{ 人当たり国民医療費})_i = \alpha + \beta(65\text{ 歳以上人口比率})_i + U_i$$

とモデル化します。誤差項 $U_i$ には (23.3) 式の正規性の仮定をおいて、$H0 : \beta = 0$、$H1 : \beta \neq 0$ について検定したいとしましょう。1 人当たり国民医療費と人口比率の単位は、それぞれ万円と % とします。

### 練習 24-1：元データの加工の練習

① E6 に =D6/B6*10000 と入力

② F6 に =C6/B6*100 と入力

③ E6:F6 を選択し■で下方向コピー

散布図は、K:L 列を利用して書いてください。では、回帰分析を行いましょう。

**練習 24-2：回帰分析**

① [データ] → [データ分析] → [回帰分析]

② 入力 Y 範囲に E6:E52 を選択し、入力 X 範囲に F5:F52 を選択し、残差 (R) ボタンを押して Enter

すると、図 24-1 の結果が得られることでしょう。その結果、H0 は有意水準 5% で棄却されます。おもにこの仮説検定について、次節以降で説明しましょう。

| | 係数 | 標準誤差 | t | P-値 |
|---|---|---|---|---|
| 切片 | 12.00884 | 4.58747 | 2.617747 | 0.012014 |
| X 値 1 | 0.790414 | 0.151815 | 5.20643 | 4.61E-06 |

図 24−1　Excel 回帰分析の結果の一部

## 24-2　回帰係数の標準誤差と t 検定

この節では、(23.1) 式と (23.3) 式の、誤差項に正規性を仮定した単回帰モデルを説明します。$\alpha$ についても同様にできるので、ここでは係数 $\beta$ についての仮説検定についてのみ説明します。

まず、ある定数 c について、$\beta = c$ が真ならば前章の (23.12) 式から以下が成立します。

$$\frac{\hat{\beta} - c}{\sqrt{\hat{V}[\hat{\beta}]}} \sim t(n-2) \tag{24.1}$$

この式を $(Y, X)$ のデータ $(y_1, x_1), \cdots, (y_n, x_n)$ から計算した値が t 値です。

$$t\ 値 = \frac{\hat{\beta}\text{の OLS 推定値} - c}{\hat{\beta}\text{の標準誤差}} \tag{24.2}$$

ここで、帰無仮説 H0 : $\beta = c$ と、3 通りの対立仮説 H1 と、t 値を用います。母平均の検定と同様の考え方で、対立仮説それぞれについて以下の手順で P 値が定まります。

① H0 : $\beta = c$、H1 : $\beta > c$ のとき、P 値 $= \Pr(t(n-2) \geqslant t$ 値 $)$
② H0 : $\beta = c$、H1 : $\beta < c$ のとき、P 値 $= \Pr(t(n-2) \leqslant t$ 値 $)$
③ H0 : $\beta = c$、H1 : $\beta \neq c$ のとき、
P 値 $= \Pr(|t(n-2)| \geqslant |t$ 値 $|) = 2\Pr(t(n-2) \geqslant |t$ 値 $|)$

Excel 関数ではそれぞれ、=1-t.dist(t 値,n-2,true)、=t.dist(t 値,n-2,true)、=2*(1-t.dist(abs(t 値),n-2,true) の形で得られます。3 番目の両側検定の場合には絶対値を用いるので、注意してください。

さて、回帰分析では、このなかでも H0 : $\beta = 0$ の検定がとくに重要です。もし H0 が真であれば、回帰モデルは $Y_i = \alpha + U_i$ となり、X の値や動きが Y に影響を与えないためです。この場合の t 値は、(24.2) 式に $c = 0$ を代入して、

$$t\text{ 値} = \frac{\hat{\beta}\text{の OLS 推定値}}{\hat{\beta}\text{の標準誤差}}$$

となります。Excel での回帰分析表の「X 値 1」行の t 値がこれに当たります。その右横にある P 値は、両側検定 H0 : $\beta = 0$、H1 : $\beta \neq 0$ に関するものです。

この t 値については、結果としては単なる割り算なのですが、検定に関するこのような意味があることを理解しておきましょう。

## 24-3 表に出てくる 2 つの標準誤差の違い

(23.1) 式・(23.2) 式を仮定します。前章では誤差項の分散の $\sigma^2$ の推定量として (23.10) 式の $\hat{\sigma}$ を用いることを簡単に紹介しました。その正の平方根を取って、$\hat{\sigma}$ は誤差項の標準偏差の推定量とします。

計算したものが標準誤差ですから、この値を「**回帰式の標準誤差**」「**誤差項の標準誤差**」と呼びます。Excel の回帰分析では、「概要」の表にある「標準誤差」の部分に書いてあります。初学の場合は回帰係数の標準誤差と混乱する人が非常に多いので、注意してください。

## 24-4 分散分析表と決定係数

「24-4」シートに 2 つのデータセット（B:C 列と J:K 列）があります。[データ] → [データ分析] → [回帰分析] によって Y を X で回帰した結果から、それぞれ以下のような図が得られます。

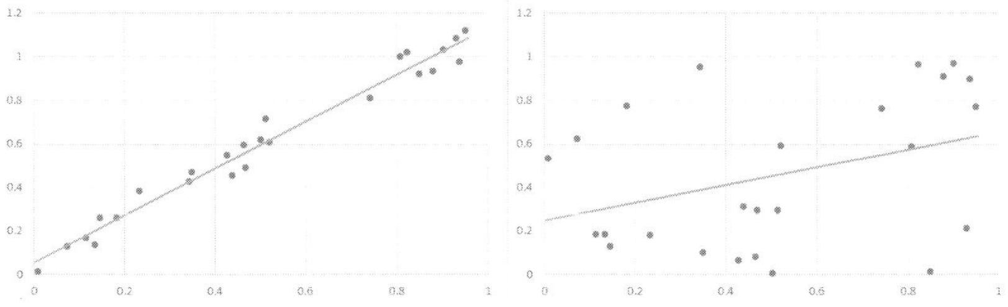

図 24–2　2 つのデータセットの $(x, y)$ 散布図と回帰式
左のデータ（data1）の回帰式：$\hat{Y} = 0.0569 + 1.077x$
右のデータ（data2）の回帰式：$\hat{Y} = 0.2476 + 0.407x$

なお、「24-4」シートの y1hat や y2hat の値は、回帰分析の残差出力の「予測値：Y」の列からコピーしたもので、各データの $x_i$ を回帰式に代入したときの $\hat{Y}$ の値となります。

### 練習 24-3：回帰式の正しさを確認

① E5 に =0.0569+1.077*B5 を入力し、■で下方向コピー
② M5 に =0.2476+0.407*J5 を入力し、■で下方向コピー

回帰式の係数を四捨五入しているので、ぴったり同じ値にはなりませんが、それぞれ左隣の値とほぼ同じになっていることを確かめてください。

さて、図 24–2 の 2 つの散布図と回帰式のグラフを見ると、左のほうが回帰式の当てはまりがよさそうです。その当てはまりのよさを数値として表すものを**決定係数**といい、$R^2$ で表します。決定係数は、0 から 1 の値をとり、大きいほど回帰式の当てはまりがよいという尺度です。その導出のためには、分散分析表を説明したほうがよいので、そちらから先に説明します。

記号をもう一度確認しておきましょう。確率変数 $Y_i$、単回帰モデル $Y_i = \alpha + \beta X_i + U_i$ での $\alpha, \beta$ の OLS 推定量をそれぞれ $\hat{\alpha}, \hat{\beta}$ とします。$Y_i$ の推定量を $\hat{Y}_i = \hat{\alpha} + \hat{\beta} X_i$、誤差項の推定量を $\hat{U}_i = Y_i - \hat{Y}_i$ とします。

まず、前章の正規方程式 (23.7) 式に $\hat{U}_i$ を代入して、

$$\sum_{i=1}^{n} \hat{U}_i = 0, \quad \sum_{i=1}^{n} X_i \hat{U}_i = 0 \tag{24.3}$$

がいえます。さて、この式を利用すると、

$$\sum_{i=1}^{n} (Y_i - \bar{Y})^2 = \sum_{i=1}^{n} (\hat{Y}_i - \bar{Y})^2 + \sum_{i=1}^{n} \hat{U}_i^2 \tag{24.4}$$

が得られます（証明略）。

一元配置モデルと $y_i$ は確率変数 $Y_i$ の観測値、$\hat{y}_i$ と $\hat{u}_i$ はそれぞれ確率変数 $\hat{Y}_i, \hat{U}_i$ をデータから計算した値です。とくに $\hat{u}_i = y_i - \hat{y}_i$ を残差といいます。練習 24-2 で出てきたように残差 (R) ボタンを押した回帰分析での結果表では、「残差出力」で $i = 1, \cdots, n$ について $\hat{y}_i$ は「予測値: Y」の列に、$\hat{u}_i$ は「残差」の列に表記されています。

次に変動については、分散分析と同様に以下のように定義します。

$$総変動 = \sum_{i=1}^{n} (y_i - \bar{y})^2 \tag{24.5}$$

$$回帰変動 = \sum_{i=1}^{n} (\hat{y}_i - \bar{y})^2 \tag{24.6}$$

$$残差変動 = \sum_{i=1}^{n} \hat{u}_i^2 \tag{24.7}$$

(24.3) 式を利用すると、一元配置モデルと同様に、

$$総変動 = 回帰変動 + 残差変動$$

が成り立ちます（証明略）。また本来変動とは平均からの偏差の 2 乗和なので、もともと回帰変動と残差変動はそれぞれ $\sum_{i=1}^{n} (\hat{y}_i - \bar{\hat{y}})^2$ と $\sum_{i=1}^{n} (\hat{u}_i - \bar{\hat{u}})^2$ と定義されています。これらがそれぞれ (24.6) 式と (24.7) 式のように表されるのは、(24.3) 式を利用すると、それぞれの平均について $\bar{\hat{y}} = \bar{y}, \bar{\hat{u}} = 0$ が成り立つためです。

分散分析表

| | 自由度 | 変動 | 分散 | 観測された分散比 | 有意 F |
|---|---|---|---|---|---|
| 回帰 | 1 | 253.0301 | 253.0301 | 27.10691447 | 4.61E-06 |
| 残差 | 45 | 420.0535 | 9.334522 | | |
| 合計 | 46 | 673.0836 | | | |

図 24–3 【例題】の分散分析表

この総変動・回帰変動・残差変動の 3 つの式をもとにして、データから計算してまとめた表が、回帰モデルにおける分散分析表です。【例題】の分散分析表は、図 24–3 です。

自由度に注目すると、やはり一元配置モデルの分散分析表と同様になっています。一元配置モデルの分散分析表と、よく似ていることを確認してください。

なお、最近の統計ソフトでは分散分析表が表示されないものが多いのですが、初学者には Excel のように表示されているほうがよいでしょう。

では、「当てはまりのよさ」についての決定係数 $R^2$ を、この表から導出しましょう。結論から書くと以下になります。

$$R^2 = \frac{回帰変動}{総変動} = 1 - \frac{残差変動}{総変動} \tag{24.8}$$

なぜこの式が定義されるかを説明しましょう。「総変動 = 回帰変動 + 残差変動」について左辺は正が仮定され（$y_i$ がすべて同じ数なら回帰分析をする意味がないので）、右辺は 2 項とも 0 以上です。次に XY 平面に $(x_i, y_i)$ の点をとったとき、その $n$ 個の点がすべてある直線 $Y = a + bX$ 上に存在する場合は、$\hat{\alpha} = a, \hat{\beta} = b, \hat{u}_i = 0$ となります。このとき、第 2 項の残差変動が 0 になりますから、直感的には、以下の 3 つが同値のようにイメージできます。

- データに対して回帰式の当てはまりがよい
- 残差変動が小さい
- 回帰変動の値が大きい

残差変動も回帰変動も 0 以上という条件で上限はないのですが、これらを総変動で割った相対的な以下の割合は、ともに 0 以上と 1 以下になります。

$$\frac{\text{回帰変動}}{\text{総変動}}, \frac{\text{残差変動}}{\text{総変動}}$$

すると、$\frac{\text{回帰変動}}{\text{総変動}}$ は、「総変動の動きのうち、どのくらいを回帰変動が説明しているか」という割合を表す、と解釈できるわけです。また、上で示したイメージにもぴったり合うわけです。

このように、回帰変動/総変動が直線の当てはまりの尺度として直感的でわかりやすいので、決定係数と名付けられ、一般には $R^2$ や R − squared などで表記されます。

とはいえ、$R^2$ の値ばかりに囚われてはいけません。「式の当てはまりのよさの 1 つの目安」と理解しておくとよいでしょう。

## 24-5 決定係数と標本相関係数

初学の場合、データ $(x_1, y_1), \cdots, (x_n, y_n)$ から計算した単回帰分析の決定係数の値や傾き $\hat{\beta}$ と、標本相関係数 $\sum_{i=1}^{n}(x_i - \bar{x}_i)(y_i - \bar{y})/(n-1)$ の違いについて混乱する人もいるので、少し説明しましょう。

単回帰分析 $Y_i = \alpha + \beta X_i + U_i$ は、Y を X で説明するという因果のイメージがあります。しかし相関係数には、どちらがどちらを説明するなどの因果のイメージはまったくありません。2 つの確率変数 X, Y があり、その真の相関係数が存在すると仮定し、$(X_1, Y_1), \cdots, (X_n, Y_n)$ という大きさ $n$ の標本から真の相関係数を点推定したものが標本相関係数 $\sum_{i=1}^{n}(x_i - \bar{x}_i)(y_i - \bar{y})/(n-1)$ というわけです。

とはいえ、まったく似ていないかというとそうでもありません。データから計算した決定係数 $R^2$ の値は、標本相関係数 $\sum_{i=1}^{n}(x_i - \bar{x})(y_i - \bar{y})/(n-1)$ の 2 乗になります。$R^2$ の 2 にはそのような意味が含まれています。回帰分析と相関との違いはぜひおさえておきましょう。

## コラム　分数や小数には注意しよう

Excel を使っていて分数で $\frac{1}{4}$ の値がほしいときに、セルに直接 1/4 と入力すると、多くの場合「1 月 4 日」とセルが表示されることでしょう。すぐに気づいた場合は Ctrl + Z で入力前の状態に戻ればよいのですが、しばらくしてから気づいた場合は Ctrl + Z では戻れません。

多くの人は、この時点で正しく =1/4 と数式で入力し直しますが、セルが「1 月 0 日」となっているせいで混乱してしまう人もいます。この表示は、セルの書式が「日付」もしくは「ユーザー定義」となっているためです。図のように、[ホーム] → [数値] を選んで、ユーザー定義部分をクリックしたあとに [標準] を選択してください。標準に戻せば、きちんと 0.25 と表示されます。

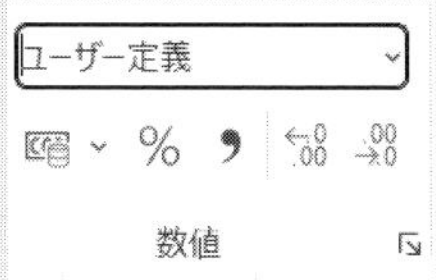


図 24–4　ホームリボンの数値

小数については、$\frac{m}{2^n}$（m は整数で n は正整数）の形のもの以外は、すべて近似値であることに気をつけましょう。これは Excel にかぎらず、PC を扱う場合の心得です。

=1/10 と入力して 0.1 と表示されていても、それは PC 内部では近似値として扱われています。ここまでの VLOOKUP 関数を用いた集計で、階級の集計幅を小数にしたい場合に 0.5、0.25、0.125 など $1/2, 1/2^2, 1/2^3$ の形にしてきたのは、これが理由です。

では、近似値となっていることを「コラム」シートで確かめてみましょう。B2:B1000 には、増分が A1 セルの値になるような等差数列になるように数式が記入されています。初項は B1 で、最初は 1 が記入されています。

## 練習 24-4：Excel 上の数値の確認

①B1 に移動し Ctrl ＋ ↓ で B1000 に移動

②B1000 をコピーし、C1000 に移動して値貼り付け

値貼り付けは、Windows なら Alt → H → V → V もしくは Alt → E → S → V → Enter が楽です。

C1000 セルだけを見ると 100.9 が入力されているように見えますが、画面上側にある数式ボックスを見ると、下図のように近似値となっていることがわかります。

図 24-5　C1000 セルの小数について

これは、そもそも誤差があるうえに、それを 1000 回足すあいだに誤差が累積したためです。では、このあと A1 に移動して（Ctrl ＋ Home が楽）、A1 の値を 0.25 に変えて、B1000 セルに移動して（Ctrl ＋ End が楽）、B1000 セルを D1000 セルに値貼付けしてみましょう。こちらは問題なく 250.75 が表示されていることでしょう。

# 第 25 章

# 重回帰分析のイメージを掴もう

Excel で重回帰分析を体験しイメージを掴もう

chapter_25.xlsx

単回帰分析では、被説明変数を定数項以外に 1 つの説明変数だけで、つまり 1 次式で説明しようとしました。**重回帰分析**ではそれを拡張して、複数変数（定数項をあわせて k 変数）で説明しようというものです。当然、単回帰分析よりも深い分析が可能となります。第 23 章で述べたように、数値を数値で説明するモデルのなかでは基本的なものです。

## 25-1 【例題】被説明変数を複数の変数で説明しよう

ファイルの「25-1」シートには、B:D 列をもとに、F・G・H の 3 列に 3 つのデータがあります。いずれも 2015 年の各都道府県別データです。前章とは異なり、定数項以外に複数の説明変数で回帰分析します。

1 人当たり付加価値額（民営）（教育、学習支援業）、大学生比率（大学生/人口）、1 人当たり県内総生産額（平成 17 年基準）の変数を作り、1 人当たりの付加価値額（民営）（教育、学習支援業）を残りの 2 つの変数で回帰して分析してみましょう。3 変数の単位はそれぞれ、千円/人・%・百万円/人とします。

### 練習 25-1：重回帰分析

① F10:H10 に、それぞれ=B10/E10*1000、=C10/E10*100、=D10/E10 を入力

② F10:H10 を選択し、■で下方向コピー

③ [データ] → [データ分析] → [回帰分析] を選択

④ 入力 Y 範囲に$F$10:$F$56 を、入力 X 範囲に$G$10:$H$56 を指定して、残差 (R) にチェックを入れて、OKボタン

正しく入力されていれば、新しいシートに結果が表示されます。B17:B19 あたりの係数の結果を見てください（図 25–1 参照）。

| | 係数 | 標準誤差 | t | P-値 |
|---|---|---|---|---|
| 切片 | 5.072645 | 2.968413 | 1.708874 | 0.09452 |
| X 値 1 | 14.31652 | 0.730218 | 19.6058 | 2.27E-23 |
| X 値 2 | 4.002333 | 0.860437 | 4.651509 | 3.02E-05 |

図 25−1　Excel 回帰分析の結果の一部

回帰分析表より、小数第 4 位を四捨五入すると、

$$\widehat{(\text{教育業付加価値/人})} = 5.073 + 14.317(\text{大学生比}) + 4.002(\text{GDP/人})$$

と回帰式が得られることを確認してください。この係数の意味や、回帰分析で得られた結果について学んでいきましょう。のちのちのために、以下の作業を行ってから次節に進みます。

**練習 25–2：シート名の変更と変数名のメモ**

① このシート名を「25-1 結果」に変更する
② L16 に「教育業付加価値/人」と入力するか、「25-1」シートからコピー
③ L18 に「大学生比」と入力
④ L19 に「GDP/人」と入力

## 25－2　重回帰モデル

前章と前々章とで、単回帰分析について説明してきました。これをもとに、さらに説明変数を増やしたものが**重回帰分析**です。重回帰分析は、単回帰分析を拡張した手法です。重回帰分析は単回帰分析も含めますから、これらを区別せずに、**回帰モデル**や **OLS モデル**と呼びます。

$i = 1, \cdots, n$ について、$X_{1i}, X_{2i}, X_{3i}, \cdots, X_{ki}$ を定数とし、標本の大きさ $n$ での $k$ 変量 OLS モデルと誤差項の仮定が、以下の 2 式になります。

$$Y_i = \beta_1 X_{1i} + \beta_2 X_{2i} + \cdots + \beta_k X_{ki} + U_i \quad (i = 1, \cdots, n) \tag{25.1}$$

$$\begin{cases} E[U_i] = 0 \\ V[U_i] = \sigma^2 \\ Cov(U_i, U_j) = 0 \quad (\text{if } i \neq j) \end{cases} \tag{25.2}$$

(25.1) 式を **$n$ 標本 $k$ 変量 OLS モデル**ともいいます。$X_{1i} = 1$ を仮定することがほとんどです。$X_{1i} = 1$ を仮定するときは、**定数項のある OLS モデル**と呼びます。なお、誤差項に関する (25.2) 式は、(23.2) 式とまったく同じです。

## 25-3 回帰係数の推定と係数の意味

重回帰モデルでの回帰係数の推定方法は、単回帰と同様に最小 2 乗法です。誤差の 2 乗和、

$$\sum_{i=1}^{n} [Y_i - (\beta_1 X_{1i} + \beta_2 X_{2i} + \cdots + \beta_k X_{ki})]^2$$

を最小にするような $\beta_1, \cdots, \beta_k$ を、それぞれ $\hat{\beta}_1, \cdots, \hat{\beta}_k$ で表し、最小 2 乗推定量とします。単回帰の場合の (23.4)・(23.5) 式とは違い、それぞれの $\hat{\beta}_j$ の値は、簡単には表記できません。Excel の回帰分析の場合、データから $\hat{\beta}_j$ を計算したものが、【例題】で見たように回帰分析表の「係数」の列に表示されます。

OLS 推定量 $\hat{\beta}_j (j = 1, \cdots, k)$ が得られたら、$i = 1, \cdots, n$ についての、$Y_i$ の推定量 $\hat{Y}_i$ と $\hat{U}_i$ は OLS の式から、

$$\hat{Y}_i - \hat{\beta}_1 X_{1i} + \hat{\beta}_2 X_{2i} + \cdots + \hat{\beta}_k X_{ki}$$

$$\hat{U}_i = Y_i - \hat{Y}_i = Y_i - (\hat{\beta}_1 X_{1i} + \hat{\beta}_2 X_{2i} + \cdots + \hat{\beta}_k X_{ki})$$

となります。単回帰モデルから変数が増えただけということで、ほぼ変わりません。「25-1 結果」シートで、【例題】の OLS の結果が以下で表されていることを確認してください。

### 練習 25-3：回帰係数と Y の予測値と残差の確認

① B17:B19 が $\hat{\beta}_j$ の推定値 $(j = 1, \cdots, 3)$
② B26:B72 が $\hat{Y}_i$ の推定値 $(i = 1, \cdots, 47)$
③ C26:C72 が $\hat{U}_i$ の推定値 $(i = 1, \cdots, 47)$

次に、推計された $\hat{\beta}_j$ $(j = 1, \cdots, k)$ の意味を説明しましょう。これは、第 j 変数 $X_j$ 以外の変数を一定とした場合、変数 $X_j$ を 1 単位増加させたときに $\hat{Y}$ が $\hat{\beta}_j$ 増加する、ということです。単回帰モデルの推定式 $\hat{Y} = \hat{\alpha} + \hat{\beta}X$ での係数 $\hat{\beta}$ と同様ですが、ほかの変数を一定とするという条件が必要となります。

「25-1 結果」シートや【例題】での推計式から、以下を確かめてください。

- 1 人当たり県内総生産額が一定のとき、大学生比率が 1% 増加すると、1 人当たり教育価値額は、14.317 千円増加する。
- 大学生比率が一定のとき、1 人当たり GDP が百万円増加すると、1 人当たり教育価値額は、4.002 千円増加する。

このあと、多様な説明が続くので、なにが重要かわからなくなる場合があると思います。しかし、この係数が最小 2 乗法で導出されることと、係数の意味と解釈が最も重要なので、まずはここまでしっかり理解してください。

## 25-4 回帰係数の t 検定

まず、誤差項の分散 $\sigma^2$ の推定量 $\hat{\sigma}^2$ を、

$$\hat{\sigma}^2 = \frac{1}{n-k}\sum_{i=1}^{n}\hat{U}_i^2 \tag{25.3}$$

とします。単回帰の場合ならば $k = 2$ とすれば一致するので、この式は単回帰モデルの拡張となっていることがわかります。

そして、この $\hat{\sigma}^2$ と各説明変数 $X_{ji}$ から、各 $j = 1, \cdots, k$ について、$\hat{\beta}_j$ の標準誤差である $\sqrt{\hat{V}[\hat{\beta}_j]}$ が得られます。Excel の回帰分析の場合、この $\sqrt{\hat{V}[\hat{\beta}_j]}$ をデータから計算したものが、【例題】で見たように、回帰分析表の 2 列目の標準誤差の列に縦に k 個並んでいます。図 25-1 では $2.968, 0.730, 0.860$（四捨五入済）の 3 つに当たります。

係数についての区間推定や検定に関する t 分布については、24-2 節で述べた自由度 $n-2$ の部分を、$n-k$ に変更するだけです。誤差項に正規性を仮定したとき、$j=1,\cdots,k$ について、

$$\frac{\hat{\beta}_j-\beta_j}{\sqrt{\hat{V}[\hat{\beta}_j]}} \sim t(n-k)$$

となります。単回帰分析の考え方とまったく同様にできるので、区間推定は省略し、検定についてのみ説明しましょう。

ある値 c について、帰無仮説 $H0:\beta_j=c$ についての t 値は、データを用いて計算した以下となります。

$$t\text{値}=\frac{\hat{\beta}_j-c}{\sqrt{\hat{V}[\hat{\beta}_j]}}$$

単回帰の (24.2) 式を、その下の①②③のある表と比べてください。今回は $\beta$ が各 $\beta_j$ に、そして自由度 $n-2$ が $n-k$ になっているだけです。したがって、この H0 に対する 3 通りの対立仮説の P 値も、(24.2) 式の下の表の $n-2$ を $n-k$ に変更するだけです。

① $H0:\beta_j=c$、$H1:\beta_j>c$ のとき、$P\text{値}=Pr(t(n-k)\geqslant t\text{値})$

② $H0:\beta_j=c$、$H1:\beta_j<c$ のとき、$P\text{値}=Pr(t(n-k)\leqslant t\text{値})$

③ $H0:\beta_j=c$、$H1:\beta_j\neq c$ のとき、

$P\text{値}=Pr(|t(n-k)|\geqslant|t\text{値}|)=2Pr(t(n-k)\geqslant|t\text{値}|)$

Excel の回帰分析表の t 値は、それぞれの j についての、$H0:\beta_j=0$ の検定に関する t 値です。Excel の回帰分析表の P 値は、それぞれの j についての両側検定 $H0:\beta_j=0$、$H1:\beta_j\neq 0$ の P 値です。これらも単回帰の場合と同じです。

有意水準 5% の場合で係数の P 値が 0.05% 未満の変数の場合、「この変数の係数は 5% 有意である」や、もっと簡単に「この変数は 5% 有意である」などといいます。

ここまでの説明について、「25-1 結果」シートで確かめましょう。OLS 推計での $H0:\beta_j=0$、$H1:\beta_j\neq 0$ に関して、3 つの t 値（適宜四捨五入済）、

1.709, 19.606, 4.652

が、図 25-1 の t 値の部分にあることを確かめてください。さらに、それぞれが $\frac{係数}{標準誤差}$ になっていることと、P 値を Excel 関数で導出しましょう。

**練習 25-4：t 値と P 値の導出**

① 「25-4」シートを開く

② J17 に =B17/C17 と入力して、■で下方向コピー

③ K17 に =T.DIST.RT(ABS(D17),44)*2 と入力して、■で下方向コピー

正しく入力されていれば、J17:J19 が D17:D19 と一致し、K17:K19 が回帰分析表の P 値（E17:E19）と一致します。以上から、重回帰の係数に関する検定は、「単回帰の場合の自由度を $n-2$ から $n-k$ に変えるだけ」のことになります。

t 値と自由度 d が所与のとき、T.DIST.RT(t 値,d) で、右側確率 $Pr(t(d) \geqslant$ t 値 ) を返します。一方、T.DIST(t 値,d,TRUE) が左側確率 $Pr(t(d) \leqslant$ t 値 ) を表すことはすでに述べましたから、T.DIST.RT(t 値,d) は、1-T.Dist(t 値,d,TRUE) と同じ値となります。

そして、この P 値の結果から、「大学生比も GDP/人も 5% 有意である」といえます。定数項については言及しないことが多いです。

## 25-5 自由度修正済み決定係数

本節では、**定数項のある OLS モデル**を考えます。

決定係数 $R^2$ は、どんなに変な説明変数を増やしたとしても値は減りません。そこで、変な説明変数を増やすと値を減らす（変な変数を減らすと値を増やす）という考え方で、**自由度修正済み決定係数**（adjusted R squared）が定義されました。

まず、決定係数は単回帰とまったく同様に以下のとおりです。

$$R^2 = 1 - \frac{残差変動}{総変動}$$

自由度修正済み決定係数は、第 2 項の分子と分母のそれぞれを、回帰分析表にあるそれぞれの自由度で割るというものです。つまり、

$$adj.\ R^2 = 1 - \frac{残差変動/(n-k)}{総変動/(n-1)}$$

が自由度修正済み決定係数です。文字では adjusted の省略形を用いて、$adj.\ R^2$ や $\bar{R}^2$ で表します。Excel の回帰分析では、「補正 R2」で表示されます。ほかの PC ソフトでは adj. R^2 や adj. R-squared などで表されます。

「25-5」シートで実習してみましょう。データの大きさは 20 で、$y$ を定数項と $x, u, v$ で回帰することを考えます。データを見てわかるように、ほとんど $y = 10x$ に近い推計式が得られて、$u, v$ はほぼ不要な変数であろうことが予想されます。

$y$ を $x$ で単回帰した場合と、$y$ を $x, u, v$ で重回帰した場合との 2 パターンの回帰分析を行います。

### 練習 25-5：単回帰分析と重回帰分析

① [データ] → [データ分析] → [回帰分析] を選択

② 入力 Y 範囲に $B$3:$B$23、入力 X 範囲に $C$3:$C$23 を指定して、ラベル (L) にチェックを入れて Enter

③ 新しいシート名を「25-5 単回帰」に変更

④「25-5」シートに戻って [データ] → [データ分析] → [回帰分析] を選択

⑤ 入力 X 範囲のみ $C$3:$E$23 を変更して Enter

⑥ 新しいシート名を「25-5 重回帰」に変更

2 つのシートの結果が正しく得られていれば、小数第 7 位四捨五入で以下のような値が得られます。

| | $y$ を $x$ で単回帰 | $y$ を $x,u,v$ で重回帰 |
|---|---|---|
| 重決定 R2（つまり $R^2$） | 0.999635 | 0.999638 |
| 補正 R2（つまり $adj.R^2$） | 0.999615 | 0.999570 |

下 3 ケタを見てみましょう。単回帰から変数を増やしたときに、決定係数 $R^2$ は増えていますが、自由度修正済み決定係数 $adj.R^2$ は減っています。

このように、自由度修正済み決定係数には、あまり意味のない変数を説明変数に加えると罰則が与えられるようになっています。なお、$R^2$ は常に 0 以上 1 以下の値をとりますが、$adj.\ R^2$ は 0 以下や 1 以上の値をとることもあります。

## 25-6 回帰分析表の外側にあるF値とP値の意味

本節では、回帰式は (25.1) 式を仮定して、誤差項には正規性の仮定 (23.3) 式をおいた、定数項のある OLS モデルを考えます。

ここで説明する F 値と P 値は、Excel の回帰分析では、分散分析表の「観測された分散比」と「有意 F」の 2 つの値になります。前者が F 値で後者が P 値と呼ばれます。これについて説明しましょう。これらは、

H0：定数項以外の係数がすべて 0 である。　H1：H0 ではない。

について検定を行った結果です。

仮にこの H0 が棄却できなかったら、被説明変数が定数項と誤差項のみで説明されることを否定できないわけです。すると、「いろいろ説明変数を入れて推計したけど、結局あまり意味がないのでは？」という疑念を晴らすことができません。そのため、多くの分析では、この P 値は 0.05 より小さいことが望ましいとされます。

では、この P 値を導出しましょう。回帰変動と残差変動のもととなるそれぞれの確率変数の式を、

$$\mathrm{SSRegress} = \sum_{i=1}^{n} (\hat{Y}_i - \bar{Y})^2$$

$$\mathrm{SSResidual} = \sum_{i=1}^{n} \hat{U}_i^2$$

と定義します。誤差項に正規性を仮定した場合、一元配置モデルと同様に、

$$\frac{\mathrm{SSRegress}/(k-1)}{\mathrm{SSResidual}/(n-k)} \sim F(k-1, n-k)$$

が成り立ちます（証明略）。上の値をデータから計算したものを F 値とします。つまり、

$$\text{F 値} = \frac{\text{回帰変動}/(k-1)}{\text{残差変動}/(n-k)}$$

となります。P 値は自由度 $(k-1, n-k)$ の F 分布に従う確率変数が、この F 値 以上の値をとる確率です。つまり、以下のようになります。

$$\text{P 値} = \Pr(F(k-1, n-k) \geqslant \text{F 値})$$

ではこれらを、「25-6」シートでの Excel の回帰分析表から確かめましょう。分散分析表にある「有意 F」の値が、この節で説明した方法で得られることを確かめます。$n = 20, k = 4$ なので、$k - 1 = 3, n - k = 16$ となります。これが A14 と A15 セルの自由度の値となります。

**練習 25-6：重回帰分析の分散分析表**

① H14 に =C14/B14 を入力し、コピーして H15 に貼り付け
② I14 に =H14/H15 と入力
③ J14 に =F.DIST.RT(I14,B14,B15)

①では、H14:H15 が C14:C15 と一致していることを確かめてください。②では、その結果が上で定義した F 値になっていることと、E14 の値と一致していることを確かめてください。③では、その結果が上で定義した P 値になっていることと、F14 の値と一致していることを確かめてください。なお、F 値,m,n が所与の F.DIST.RT(F 値,m,n) 関数は 1-F.DIST(F 値,m,n,TRUE) を意味し、T.DIST.RT 分布と同様に自由度 $(m, n)$ の F 分布について、その右側確率 $\Pr(F(m, n) \geqslant F$ 値 $)$ を返します。

このF検定は、仮定したように説明変数に定数項のある OLS 分析にのみ意味があります。もし定数項が含まない OLS 推計を行った場合には、このF値やP値が表示されても同じ意味ではありません。気をつけてください。

## 25-7 「統計的に有意だが○○学的にほぼ無意味」とは？

【例題】の OLS から、「大学生比」の係数も「GDP/人」の係数も 5% 有意でした。しかし各都道府県の「教育業付加価値/人」の値がそれぞれの係数の推定値 14.317 や 4.002 よりもずっと大きければ、「統計的に有意だが経済学的にはほぼ無意味な結果」となります。このあたりの値は、それぞれの分野によって異なる感覚的なものになります。

別の分野の例を考えてみましょう。人間の最高血圧（単位 mmHg）は、だいたい 2 ケタ後半以上です。そのため、たとえば血圧の新薬の実験結果から「これを飲んだら平均して最高血圧が 0.0123mmHg 下がるという有意な結果が得られた」と結論が得られたとしても、それを聞いた人のほとんどは「それは確

かに統計的には有意かもしれないけど、薬学的にはほぼ無意味でしょう」と感じることは間違いありません。

このように、統計的に有意であることと、その解釈は別物になります。

そういった疑念を他人にもたせないために、回帰分析をはじめとする統計処理の結果を卒論・セミナー・論文などで発表する前には、変数の記述統計量を発表することが義務となっています。久しぶりになりますが、Excel で基本統計量を求めてみましょう。

## 練習 25-7：分析ツールの基本統計量

① 「25-1」シートを開く

② ［データ］→［データ分析］→［基本統計量］を選択し、入力範囲に `$F$10:$H$56` を指定

③ 統計情報（S）をチェックして、Enter

④ 表示されたシート名を「25-7」に変更

おもだったものを四捨五入すると、以下のようになります。

| 変数名 | 教育業付加価値/人 | 大学生比 | GDP/人 |
|---|---|---|---|
| (単位) | (千円/人) | (%) | (百万円/人) |
| $n$ | 47 | 47 | 47 |
| 平均 | 42.092 | 1.503 | 3.874 |
| 中央値 | 37.613 | 1.218 | 3.778 |
| 標準偏差 | 15.249 | 0.904 | 0.768 |
| 最小値 | 25.88 | 0.688 | 2.614 |
| 最大値 | 111.517 | 5.352 | 7.733 |

この表を見たあとに回帰係数の推定値 14.317 や 4.002 を見ると、「統計的に有意だが経済学的にはほぼ無意味」ということはなさそうだな、と他人にも自分自身にも明示できるわけです。なお、今回の OLS 推定はあくまでも例題のためのものです。精度の高い結果を得るためには、統計的手法・データ収集・データの性質の解釈など、いろいろと考えることがあります。

## コラム　Excel での回帰分析の注意点②

Excel で重回帰分析を行うときには、以下の 3 点が重要です。

- 説明変数の範囲は連続したセル範囲にまとめておく
- 説明変数は定数項以外で 16 個までしか推計できない
- 変数名のメモ書きをしておく

1 点目については、コピー・貼り付けを駆使してください。

2 点目については、17 個以上の説明変数で回帰分析を行いたい場合には、別の統計ソフトを用いるしかありません。無料のものなら、コマンド入力に慣れている場合は R や Python、慣れていない場合は Gretl が個人的にはおすすめです。回帰分析以外にも使いたいならば R がよいでしょう。有料のものは省略します。

3 点目については、練習 25-1 での OLS の回帰分析表での説明変数の表記は、「切片、X 値 1、X 値 2、…」となるためです。これでは、あとで見たときに、なにをなにで回帰したかわからなくなります。そのため、「25-1 結果」シートのように、変数名のメモ書きをしておくことが重要です。また、練習 25-4 のように「ラベル」を利用すれば、メモ書きの手間が省けます。利用するときには、選択部分の最初の行は、ラベルの文字列として認識されることに気をつけてください。また、分析ツールの基本統計量などでも「ラベル」は利用可能です。

# 第 26 章

# 重回帰分析の係数について学ぼう

重回帰分析で気をつけるべき問題を理解しよう

chapter_26.xlsx

本章では、重回帰分析においていくつか注意すべき事項のなかでも最も基本的な、多重共線性と変数選択について説明しています。これらをある程度理解しておけば、さらに応用的な統計手法を学ぶときの手助けとなります。

## 26-1 【例題】初任給と給与の伸びの両方について性差が見られるか？

「26-1」シートの B:F 列に、30 人に性別・所得・勤続年数のアンケート結果があり、所得を勤続年数で単回帰した結果が H:P 列にまとめられています。端的にまとめると以下のようになります。

$$\widehat{\text{所得}} = 407.134 + 4.129\ \text{勤続年数}$$

$$(40.919) \quad (1.845)$$

(括弧内は標準誤差)

$$n = 30,\ \bar{R}^2 = 0.1214,\ \text{S.E.} = 66.887,\ \text{P 値} = 0.0334$$

表 26–1 【例題】の単回帰の結果

括弧内は t 値で表すこともあります。表記するときの最低限の情報がこのような形です。S.E. は回帰式の標準誤差です。最後の P 値は Excel では分散分析表の右端にある F 検定に関する数値です。これは本章の最後で説明します。

この式には、性別の情報が入っていません。そこで男性ダミーという変数と、男性ダミーと勤続年数の交互作用の変数（男性ダミー × 勤続年数）という変数を作りましょう。

## 練習 26-1：ダミー変数の作成

① E8 に、=IF(B8="男",1,0) と入力し、■で下方向コピー
② F8 に、=D8*E8 と入力し、■で下方向コピー

文字列は " でくくることに気をつけてください。正しく入力されていれば、E 列は男ならば 1、女ならば 0 が表示されます。交互作用の項は、簡単に**クロス項**とも呼ばれます。その意味は次節で説明します。

では、回帰分析を行いましょう。

## 練習 26-2：重回帰分析 (1)

① [データ] → [データ分析] → [回帰分析] をクリック
② 入力 Y 範囲に、$C$7:$C$37 と入力
③ 入力 X 範囲に、$D$7:$F$37 と入力しラベルをチェックして、[OK] ボタン

先の結果とこの結果をまとめると、以下のような形になります。

| 被説明変数：所得 | OLS(1) | | OLS(2) | |
|---|---|---|---|---|
| n=30 | 係数 | 標準誤差 | 係数 | 標準誤差 |
| 定数項 | 407.134 | 40.919 *** | 373.816 | 42.539 *** |
| 勤続年数 | 4.129 | 1.845 *** | 4.391 | 1.875 *** |
| 男性ダミー | | | 62.093 | 76.078 |
| 男性ダミー × 勤続年数 | | | 0.666 | 3.509 |
| adj. $R^2$ | 0.1214 | | 0.3561 | |
| std. error | 66.886 | | 57.259 | |
| P-value | 0.0334 | | 0.0023 | |

(＊＊＊、＊＊、＊はそれぞれ P 値が 0.01 未満、0.05 未満、0.1 未満)

表 26–2　2 つの OLS 推計

形式が定まっているわけではありませんが、被説明変数が一定で、説明変数を変更して比較する場合には、大体このような形式で表されます。学術誌など

では、もう少し罫線が少なめです。

さて、このOLS(2)の結果から、男性ダミーも、男性ダミー × 勤続年数も、両方とも5%有意ではないことがわかります。これを以下のOLSモデルで説明しましょう。なお、「男性ダミー」とは、次節で説明するダミー変数です。

$$\text{所得}_i = \beta_1 + \beta_2\text{勤続年数}_i + \beta_3\text{男性ダミー}_i + \beta_4(\text{男性ダミー}\times\text{勤続年数})_i + u_i \quad (26.1)$$

$$(i = 1, \cdots, 30)$$

$\beta_3 = 0$ は初任給のあいだに性差が見られないことを表し、$\beta_4 = 0$ は年ごとの昇給金額に性差がないことが表されます。そしてこの場合、

検定その1　$H0 : \beta_3 = 0$、$H1 : \beta_3 \neq 0$

検定その2　$H0 : \beta_4 = 0$、$H1 : \beta_4 \neq 0$

の2つの統計的検定ともに、H0が棄却されないわけです。したがって、一見して男女差がみられないということになります。はたしてその解釈でよいのでしょうか。ダミー変数（次節）の説明も含めて、この章で学びましょう。

## 26-2　ダミー変数の作成と利用法

**ダミー変数**とは、条件式を用いて、条件を満たすなら1、そうでなければ0という、どちらかの値をとる変数です。【例題】のように男性ダミー（や女性ダミー）のほかにも、居住地ダミー、大卒ダミーなどのいい方で、さまざまな使われ方をします。

【例題】では、男性ダミーのみを用いて女性ダミーを用いませんでした。例題のOLSの説明変数に、さらに女性ダミーを用いるとどうなるかを試してみましょう。「26-2」シートを開いてください。［データ］>［データ分析］>［回帰分析］を使います。

### 練習 26-3：重回帰分析 (2)

① ［データ］→［データ分析］→［回帰分析］をクリック

② 入力Y範囲の`$C$7:$C$37`とチェックボックスは練習26-2のまま

③ 入力X範囲を`$D$7:$G$37`に変更後、[OK]ボタンを押す

その結果、回帰分析表のどれかの行の、最初の4列（係数・標準誤差・t・P-値）の欄が`0,0,65535,#NUM!`のように表記されていることでしょう。この表記が出ている場合は、説明変数間に完全な多重共線性が存在します。**多重共線性**とは、説明変数の列ベクトルのなかで線形関係に近いものが存在することを意味します。

シートのK列・M列・O列に、定数項の列ベクトル・男性ダミーの列ベクトル・女性ダミーの列ベクトルを表しました。これにより、大きさ30のすべての成分が0の列ベクトル **0** を用いて、

$$-1\cdot\text{「K8:K37」}+1\cdot\text{「M8:M37」}+1\cdot\text{「O8:O37」}=\mathbf{0}$$

と、データに完全な線形関係が成り立っています。この場合、そのままではOLS推計ができないので、Excelの場合ではX3もしくはX4を落として推計します。とはいえ、このままの表記では問題があるので、このような表記が出たら説明変数を自分で減らして推計をやり直しましょう。

ダミー変数がすべて0のグループを、**参照グループ**（reference group）や**基準グループ**といいます。【例題】の場合は、女性が基準グループです。基準グループの意味は、前節の回帰分析をまとめた表の推計(2)からダミー変数にすべて0を入れたときの回帰式、

$$\widehat{\text{所得}}=373.815+4.391\ \text{勤続年数}$$

がサンプルが基準グループの場合（この場合は女性）の推計式となることです。ダミー変数にすべて1を代入した場合は、

$$\widehat{\text{所得}}=(373.815+76.078)+(4.391+0.666)\ \text{勤続年数}$$

となります。このように、ダミー変数に0と1を入れることによって、性別の推計式が得られます。男性ダミーの係数76.078は定数項での女性との差を表し、男性ダミーと勤続年数のクロス項の係数0.666は勤続年数の係数での女性との差を表しています。前節の回帰分析をまとめた表から、上の2式のように読み取れるようにしましょう。

## 26-3 変数選択と自由度修正済み決定係数

【例題】の場合、男性ダミーと男性ダミー × 勤続年数の両方を落とした推計 (1) の自由度修正済み決定係数 adj. $R^2$ は、0.1214 でした。これは推計 (2) の 0.3561 より小さくなっています。よって、自由度修正済み決定係数を基準とすると、推計 (2) のほうが望ましいことが示唆されます。つまり t 検定で、男性ダミーや男性ダミー × 勤続年数の係数が 5% 有意ではないにもかかわらず、変数を落とさない推計 (2) のほうが (1) よりもよいモデルであることが示唆されています。次節でこれを実際に検定してみましょう。

## 26-4 変数選択に関する検定：F 検定の利用

この節では、誤差項に正規性を仮定します（(23.3) 式を仮定）。そして (26.1) 式の OLS モデルのもとでの、

$$H0 : \beta_3 = 0, \beta_4 = 0。\quad H1 : H0 ではない。$$

を検定します。H0 に $\beta_3 = 0$ かつ $\beta_4 = 0$ と 2 本の式があることが、いままでとの違いです。この検定について一般の形で書くと、H0 の $\beta_1, \cdots, \beta_k$ に関しての意味ある一次連立方程式[*1]が J 本あったとき（この場合 2）、

$$\frac{(\text{H0 のもとでの回帰分析した残差変動} - \text{いまの残差変動})/J}{\text{いまの残差変動}/(n-k)} \sim F(J, n-k) \tag{26.2}$$

となることが知られています（証明略）。

上の値をデータから計算したものを F 値とし、P 値は自由度 $(J, n-k)$ の F 分布に従う確率変数がこの F 値 以上の値をとる確率、すなわち確率 $Pr(F(J, n-k) \geqslant F 値)$ で得られます。

これを「26-4」シートで確認しましょう。このシートには、推計 (1) と推計 (2) の分散分析表をコピーしてきました。この両方の残差変動を用いて、上の式に当てはめて F 検定を行いましょう。

---

*1 H0 : $\beta_3 = 1, 10\beta_3 = 10$ は一見方程式が 2 つありますが、実際に意味があるのは 1 つです。

### 練習 26-4：変数選択の F 検定

① C16 に =(C6-C13)/2 と入力
② C17 に =C13/(30-4) と入力
③ C18 に =C16/C17 と入力
④ C19 に =F.DIST.RT(C18,2,26) と入力

正しく記入されていれば、C18 セルの F 値が約 6.1033、C19 セルの P 値が約 0.0067 となります。0.05 未満なので、H0 は有意水準を 5% で棄却されます。つまり性差がないことは棄却され、推計 (1) よりも推計 (2) のほうが望ましいことが示唆されました。回帰分析表の t 検定や、その横にある * のみに頼ってはいけない、という好例です。

さて、ここまで Excel のシートで作業してきましたが、計算はなかなか大変でした。統計ソフトなどでは、もっと簡単に F 検定ができるようになっています。そこで、この変数を落とす F 検定を行う関数を VBA で作りました。1 度 Excel ファイルを作ればそれで作業できるので、実習してみましょう。

### 練習 26-5：ユーザー定義関数で重回帰分析の F 検定

① 【例題】の「26-1」シートの A:F 列をコピーする
② 新しい Excel ファイルを開いて (Ctrl+N)、Sheet1 に貼り付け
③ [ファイル] → [名前をつけて保存] をクリック（ファイルの種類 (T) は Excel マクロ有効ブック形式 (xlsm) とする）
④ いま作った xlsm ファイル以外のすべての Excel ファイルについて、それぞれ保存して閉じる (Ctrl+W)
⑤ VBAEditor を開く (Alt+F11 か [開発] → [Visual Basic] )
⑥ [ファイル] → [ファイルのインポート] を選択し、26-4jis.bas ファイルを選択すると標準モジュールにプログラムがインポートされる。うまくいかなかった場合は、26-4jis.txt か 26-4utf8.txt をテキストエディタで開いて、練習 13-6 と練習 13-7 と同様にして、標準モジュールにプログラムをコピー
⑦ いつもの Excel の画面に戻り、コピーしたデータのある Sheet1 に戻る
⑧ 上書き保存 (Ctrl+S)

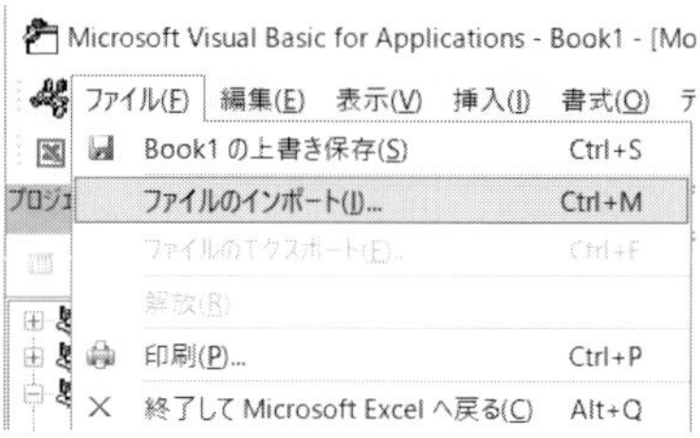


図 26–1　VBEditor の［ファイル］→［ファイルのインポート］

これで、F 検定を行う関数を使う準備ができました。関数名は OLSdropVarsFtest です。第 1 引数に被説明変数 y の範囲、第 2 引数に説明変数 X の範囲、第 3 引数以降に、X の列の中で係数が 0 であるという検定を行いたい変数の列番号をすべて書き込みます。まずはさきほどのデータをコピーしましょう。chapter_26.xlsx を開いて、「26-2」シートの A:G 列をコピーして、いま作った xlsm ファイルの Sheet1 の A:G 列に貼り付けてください。関数名が長いですが、入力補助を使えば簡単です。適当なセル、たとえば G1 セルに、以下の操作を行います。

## 練習 26–6：長い関数名の入力補助

① =olsd と入力
② 補助画面にこの関数のみ表示されているので Tab で選択
③ =OLSdropVarsFtest( と表示されるので、C8:C37,D8:F37 などはマウスや Shift ＋矢印キーなどで選択しながら、
=OLSdropVarsFtest(C8:C37,D8:F37,2,3)
と入力して Enter

正しく入力されていれば、今回の数値どおり「F 値=6.1033、自由度（2,26）の F 分布より P 値=0.0067」と出力されます（小数第 4 位四捨五入）。

定数項以外の説明変数がすべて 0 であることに関する F 検定は、前章で行いました。それに関する P 値は、表 26–2 の OLS(2) の P-value の 0.0023 です。それが得られるか見てみましょう。

## 練習 26-7：Excel の回帰分析結果の概要表の P 値の導出

① G1 セルに移動して F2 キーかマウス左クリックで編集状態にする
② 式を =OLSdropVarsFtest(C8:C37,D8:F37,2,3,1) に変更して、Enter

関数の引数の「2, 3, 1」は、「1, 2, 3」にしなくても正常に動作します。正しく入力できていれば、P 値が一致していることがわかるでしょう。F 値は表 26–2 には表記していませんが、Excel での回帰分析の結果表を見て、一致していることを確認するとよいでしょう。

### コラム　基本のものは古くても覚えやすい

Excel は、過去の互換性をけっこう残してくれます。関数にしても、キーシーケンスにしてもそうです。

たとえば標本不偏分散や標本標準偏差を返す関数として VAR.S と STDEV.S を紹介しましたが、昔からある VAR 関数や STDEV 関数でも同様の処理が可能です。Excel 2010 以降のバージョンでは非推奨にすると宣言したにも関わらず、結局 10 年以上経ったいまでも利用可能となっています。非推奨ではありますが、VAR は Variance の頭文字、STDEV は standard deviation の略字なので覚えやすくなっています。ちなみに、.S の S は Sample からきています。

Windows 版にかぎられますが、一部のキーシーケンスも昔のものが残っています。何回か紹介していたのは Alt → E → S で、形式を貼り付けダイアログが出てきて、V を押して Enter でした。これは、Edit → Special Paste → Value の略です。ほかにも、

- Alt → I → C
- Alt → I → R

はそれぞれ、列全体挿入と行全体挿入が現在でも利用可能になっています。Insert Column と Insert Row の略語だったので、すぐに覚えられました。いまのキーシーケンスだとそれぞれ、

- Alt→H→I→C
- Alt→H→I→R

で、一手間かかります。古いもののほうがシンプルで覚えやすいわけです。

Web 系のプログラミング言語などは、流行り廃りもあっていろいろと大変ですが、Excel はこの 20 年以上表計算ソフトの分野で Top を走っていましたし、今後も大きく廃れることはないでしょう。さらに、このように過去のものを残してくれていますから、本書で覚えた操作が無駄になることは決してないでしょう。VBA はさすがに古くなってきましたし、セキュリティも厳しくなってきましたが、そう大きく深入りしなければ初心者でも楽しめます。本書でもいろいろ操作して、楽しんでもらえたらと思います。

# 第 27 章

# 数学注

理科系でも 1 年次後半以降で出てくるような微分積分学や線形代数学を用いたため、本文で飛ばしたものをまとめました。一見無味乾燥に見える微分積分や線形代数が、生き生きと応用される様子を見て楽しんでください。

## 27-1 分布収束の定義

確率変数 $Y_n$ $(n = 1, \cdots)$ の分布関数を $F_n(y)$ としたときに、微分積分学で学ぶ関数列の収束を用いて定義します。つまり、ある $y$ の関数 $F(y)$ が存在して、$F(y)$ の任意の連続点 $c$ について、

$$\lim_{n\to\infty} F_n(c) = F(c)$$

が成り立つとき、「確率変数 $Y_n$ は $F(y)$ を分布関数とする確率分布に分布収束する」と定義します。

## 27-2 定理 8-3 の証明

① $g' > 0$ のとき。$g$ は定義域で狭義単調増加となるので、

$$\Pr(Y \leqslant y) = \Pr(g(X) \leqslant y) = \Pr(X \leqslant h(y)) = \int_{-\infty}^{h(y)} f_X(x)dx$$

$x$ に関する $f_X(x)$ の連続点では、両辺とも $y$ で微分可能なので微分すると、左辺は $f_Y(y)$ となり、右辺は合成関数の微分より、

$$f_Y(y) = f_X(h(y)) \cdot h'(y)$$

② $g' < 0$ のとき。このとき $g$ は定義域で狭義単調減少となるので、

$$\Pr(Y \leqslant y) = \Pr(g(X) \leqslant y) = \Pr(X \geqslant h(y)) = \int_{h(y)}^{\infty} f_X(x)dx$$

①と同様に両辺を $y$ で微分すると、

$$f_Y(y) = -f_X(h(y)) \cdot h'(y)$$

①②をまとめると命題が成り立ちます。

（証明終）

## 27-3 定理 10-8 の証明

数学的帰納法と $\mathrm{Bin}(1, p)$ がパラメータ $p$ のベルヌーイ分布であることから、①の $n = 1$ のとき証明すれば十分なので $n = 1$ を仮定します。$x = 0, 1, \cdots, m$ と $y = 0, 1$ について、$X, Y$ の同時確率関数は、

$$f(x, y) = {}_m C_x q^{m-x} p^x \cdot q^{1-y} p^y$$

となります。$S = X + Y$ とすると、$S$ の確率関数は $s = 0, 1, \cdots, m+1$ で、$f_S(s) = \sum_{x+y=s} {}_m C_x q^{m-x} p^x \cdot q^{1-y} p^y$ となります。これより、$1 \leqslant s \leqslant m$ では

$$\begin{aligned} f_S(s) &= {}_m C_s q^{m-s} p^s \cdot q^{1-0} p^0 + {}_m C_{s-1} q^{m-(s-1)} p^{s-1} \cdot q^{1-1} p^1 \\ &\quad ({}_m C_s + {}_m C_{s-1} = {}_{m+1} C_s \text{より}) \\ &= {}_{m+1} C_s q^{m+1-s} p^s \end{aligned}$$

また、$f_S(0) = {}_m C_0 q^{m-0} p^0 \cdot q = q^{m+1} = {}_{m+1} C_0 q^{m+1} p^0$ で、$f_S(m+1) = {}_m C_m q^{m-m} p^m \cdot p = p^{m+1} = {}_{m+1} C_{m+1} q^0 p^{m+1}$ となります。

以上より、任意の $s = 0, 1, \cdots, m+1$ で $f_S(s) = {}_{m+1} C_s q^{m+1-s} p^s$ が言えます。これは $S \sim \mathrm{Bin}(m+1, p)$ を意味します。

（証明終）

## 27-4 定理 10-9 の証明

(10.2) 式をもとに (10.1) 式を示します。仮定より $S = X + Y$ の密度関数 $f_S(s)$ は、

$$f_S(s) = \frac{1}{2\pi c d} \int_{-\infty}^{\infty} \exp\left[-\frac{x^2}{2c^2} - \frac{(s-x)^2}{2d^2}\right] dx$$

$$= \frac{1}{2\pi cd}\int_{-\infty}^{\infty} \exp\left[-\frac{(c^2+d^2)x^2 - 2c^2sx + c^2s^2}{2c^2d^2}\right] dx$$

$$= \frac{\exp\left[\frac{-s^2}{2(c^2+d^2)}\right]}{\sqrt{2\pi(c^2+d^2)}}\int_{-\infty}^{\infty} \frac{1}{\sqrt{2\pi c^2d^2/(c^2+d^2)}} \exp\left[-\frac{\left(x-\frac{sc^2}{c^2+d^2}\right)^2}{2\frac{c^2d^2}{c^2+d^2}}\right] dx$$

積分の部分は、平均 $\frac{sc^2}{c^2+d^2}$ で分散 $\frac{c^2d^2}{c^2+d^2}$ の正規分布の密度関数を $-\infty$ から $\infty$ まで積分した形になり 1 となるので、

$$= \frac{1}{\sqrt{2\pi}\sqrt{c^2+d^2}} \exp\left[-\frac{s^2}{2(c^2+d^2)}\right]$$

これは S に関して平均 0 分散 $c^2+d^2$ の正規分布の密度関数となります。

（証明終）

## 27-5 定義 10-12 の同時正規分布から、X, Y の周辺分布の導出

X, Y とも基準化（11-2 節参照）して取り直して結局 $\mu_x = \mu_y = 0, \sigma_x = \sigma_y = 1$ のときを証明すれば十分です。よって、

$$f_{X,Y}(x,y) = \frac{1}{2\pi\sqrt{1-\rho^2}} \exp\left(-\frac{x^2 - 2\rho xy + y^2}{2(1-\rho^2)}\right)$$

とします。Y の周辺密度関数 $f_y(y)$ を求めると、

$$f_Y(y) = \frac{1}{2\pi\sqrt{1-\rho^2}}\int_{-\infty}^{\infty} \exp\left(-\frac{(x-\rho y)^2 + (1-\rho^2)y^2}{2(1-\rho^2)}\right) dx$$

$$= \frac{e^{-y^2/2}}{\sqrt{2\pi}}\int_{-\infty}^{\infty} \frac{1}{\sqrt{2\pi}\sqrt{1-\rho^2}} \exp\left(-\frac{(x-\rho y)^2}{2(1-\rho^2)}\right) dx$$

被積分部分は、平均 $\rho y$・分散 $(1-\rho^2)$ の正規分布の密度関数を $-\infty$ から $\infty$ で積分した形なので、1 となります。よって、

$$= \frac{e^{-y^2/2}}{\sqrt{2\pi}}$$

これは $Y \sim N(0,1)$ を表します。X についても同様に $X \sim N(0,1)$ がいえます。

（証明終）

## 27-6 定義 10-12 の同時正規分布から、X, Y の相関係数が ρ になることの導出

前節と同様に、$\mu_x = \mu_y = 0, \sigma_x = \sigma_y = 1$ の場合で示せば十分ですので、記号もすべて前節と同じとします。まず以下が成り立ちます。

$$\mathrm{Cov}(X, Y) = \iint_{(x,y)\in R^2} xy f_{X,Y}(x, y)dxdy$$

$\sigma_x = \sigma_y = 1$ なので、これが ρ になることを示せばよいのです。

ここで $u = \frac{1}{\sqrt{1-\rho^2}}(x - \rho y), v = y$ とすると、$x = \sqrt{1-\rho^2}u + \rho v, y = v$ から、$\frac{\partial x}{\partial u} = \sqrt{1-\rho^2}, \frac{\partial x}{\partial v} = \rho, \frac{\partial y}{\partial u} = 0, \frac{\partial y}{\partial u} = 1$ が得られます。重積分の変数変換の公式より、

$$\begin{aligned}
&\mathrm{Cov}(X, Y)\\
&= \frac{1}{2\pi\sqrt{1-\rho^2}}\iint_{(u,v)\in R^2}(\sqrt{1-\rho^2}u + \rho v)v \exp\left(-\frac{u^2+v^2}{2}\right)\cdot\sqrt{1-\rho^2}dudv\\
&= \frac{1}{2\pi}\iint_{(u,v)\in R^2}(\sqrt{1-\rho^2}u + \rho v)v \exp\left(-\frac{u^2+v^2}{2}\right)dudv
\end{aligned}$$

$u = r\cos\theta, v = r\sin\theta$ で極座標変換すると、公式より、

$$\begin{aligned}
&= \frac{1}{2\pi}\iint_{r>0,0\leqslant\theta<2\pi}(\sqrt{1-\rho^2}r\cos\theta + \rho r\sin\theta)r\sin\theta\exp\left(-\frac{r^2}{2}\right)\cdot rdrd\theta\\
&= \frac{1}{2\pi}\int_0^{2\pi}(\sqrt{1-\rho^2}\sin\theta\cos\theta + \rho\sin^2\theta)d\theta\int_0^{\infty}r^3\exp\left(-\frac{r^2}{2}\right)dr\\
&= \frac{1}{2\pi}(0 + \rho\pi)\cdot 2\\
&= \rho
\end{aligned}$$

（証明終）

## 27-7 定理 12-1 の証明

連続型で証明します。X の密度関数を f(x) とすると、

$$
\begin{aligned}
\sigma^2 &= E(|X-\mu|^2) \\
&= \int_{|x-\mu|/\sigma<k} |X-\mu|^2 f(x)\,dx + \int_{|x-\mu|/\sigma \geqslant k} |X-\mu|^2 f(x)\,dx \\
&\geqslant 0 + \int_{|x-\mu|/\sigma \geqslant k} k^2\sigma^2 f(x)\,dx \\
&= k^2\sigma^2 \Pr(|X-\mu|/\sigma \geqslant k)
\end{aligned}
$$

両辺を $k^2\sigma^2$ で割って、命題が成り立ちます。

（証明終）

## 27-8 定理 12-2 の証明

$\bar{X}_n \sim (\mu, \sigma^2/n)$ となるので、チェビシェフの不等式に代入すると、

$$
\Pr\left(|X-\mu| \geqslant k\frac{\sigma}{\sqrt{n}}\right) \leqslant \frac{1}{k^2}
$$

左辺から $\epsilon = k\frac{\sigma}{\sqrt{n}}$ とすると、右辺については $\frac{1}{k^2} = \frac{\sigma^2}{n^2\epsilon^2}$ なので、上の式の $k$ を消去すると、

$$
\begin{aligned}
\Pr(|X-\mu| \geqslant \epsilon) &\leqslant \frac{\sigma^2}{n\epsilon^2} \\
&\to 0 \quad (n \to \infty)
\end{aligned}
$$

（証明終）

## 27-9 定理 21-1 の証明

正規分布の線形変換の性質（定理 8-4）から $Z \sim N(0,1)$ について証明すればば十分です。正の実数 $x$ のときは、

$$
\Pr(Z^2 \leqslant x) = \Pr(-\sqrt{x} \leqslant Z \leqslant \sqrt{x}) = 2 \cdot \frac{1}{\sqrt{2\pi}} \int_0^{\sqrt{x}} e^{-z^2/2}\,dz
$$

左辺を $x$ で微分すると $Z^2$ の密度関数となり、右辺を $x$ で微分すると積分を用いた合成関数の微分より，

$$
2 \cdot \frac{1}{\sqrt{2\pi}} e^{-x/2} \cdot \frac{1}{2\sqrt{x}}
$$

$x$ が 0 以下の場合 $\Pr(Z^2 \leqslant x) = 0$ なので $Z^2$ の密度関数も 0 となります。これより $Z^2$ の密度関数は自由度 1 のカイ 2 乗分布の密度関数と一致します。

（証明終）

## 27-10 定理 21-2 の証明

独立なので $X, Y$ の同時密度関数 $f(x, y)$ は、$x > 0, y > 0$ のとき、

$$f(x, y) = \frac{1}{\Gamma(m/2)2^{m/2}\Gamma(n/2)2^{n/2}} x^{m/2-1} e^{-x/2} y^{n/2-1} e^{-y/2}$$

で $x \leqslant 0$ または $y \leqslant 0$ のときは $f(x, y) = 0$ となります。よって $X + Y = S$ として $S$ の密度関数 $g(s)$ は、$s > 0$ の場合は $g(s) = \int_0^s f(x, s-x)dx$ で得られます。$C = \frac{1}{\Gamma(m/2)2^{m/2}\Gamma(n/2)2^{n/2}}$ として計算すると、

$$g(s) = C\int_0^s x^{m/2-1}(s-x)^{n/2-1}e^{-s/2}dx$$

$x = st$ で、$x$ を $t$ で変数変換して

$$= Ce^{-s/2}\int_0^1 s^{m/2-1}t^{m/2-1}s^{n/2-1}(1-t)^{n/2-1} \cdot s dt$$

微分積分学で学ぶベータ関数とガンマ関数の関係の (7.1) 式より、

$$= Ce^{-s/2}s^{(m+n)/2-1}\frac{\Gamma(m/2)\Gamma(n/2)}{\Gamma((m+n)/2)}$$

$$= \frac{1}{\Gamma((m+n)/2) \cdot 2^{(m+n)/2}} s^{(m+n)/2-1} e^{-s/2}$$

$s \leqslant 0$ のときは明らかに $g(s) = 0$。以上より、$g(s)$ は自由度 $(m+n)$ のカイ 2 乗分布の密度関数と一致するので、$Z^2 \sim \chi^2(1)$。

（証明終）

## 27-11 定理 21-4 の証明

行列については単位行列を $\mathbf{I}$、ゼロ行列を $\mathbf{O}$、すべての成分が 1 の行列を $\mathbf{J}$ で表し、$\mathbf{I}_n, \mathbf{O}_n, \mathbf{J}_n$ はそれぞれの $n$ 次正方行列を表すとします。$\mathbf{0}$ はすべての成分が 0 の列ベクトル、$\mathbf{1}$ はすべての成分が 1 の列ベクトルで、$\mathbf{0}_n, \mathbf{1}_n$ はそれぞれ大きさ $n$ の列ベクトルを表すとします。また $\mathbf{A}$ についての転置行列を $\mathbf{A}'$ で、トレースを $\mathrm{tr}(\mathbf{A})$ であらわします。まずは以下の定理を示したのちに、定理 21-4 を示します。

**定理 27-1**

$\sigma > 0$ で $i = 1, \cdots, n$ について $X_i \sim i.i.d.N(\mu_i, \sigma^2)$ とし、$\boldsymbol{x} = \begin{pmatrix} X_1 & \cdots & X_n \end{pmatrix}'$、$\boldsymbol{\mu} = \begin{pmatrix} \mu_1 & \cdots & \mu_n \end{pmatrix}'$ とする。$\mathbf{A}$ は $n$ 次のべき等対称行列で、$\mathbf{A}\boldsymbol{\mu} = \mathbf{0}$ ならば、$\frac{1}{\sigma^2}\boldsymbol{x}'\mathbf{A}\boldsymbol{x} \sim \chi^2(\mathrm{tr}(\mathbf{A}))$。

（証明）簡単化のため $\mathrm{tr}(\mathbf{A}) = a$ とします。$\boldsymbol{z} = \frac{\boldsymbol{x} - E[\boldsymbol{x}]}{\sigma}$ とすると、$\boldsymbol{z}$ の各成分は各々独立な標準正規分布に従い、また、

$$\frac{1}{\sigma^2}\boldsymbol{x}'\mathbf{A}\boldsymbol{x} = (\frac{\boldsymbol{x} - E[\boldsymbol{x}]}{\sigma})'\mathbf{A}(\frac{\boldsymbol{x} - E[\boldsymbol{x}]}{\sigma}) = \boldsymbol{z}'\mathbf{A}\boldsymbol{z} \tag{27.1}$$

が成り立ちます。$\mathbf{A}$ がべき等行列なので $\mathbf{A}$ の固有値は 0 か 1 のどちらかとなるので、$\mathbf{A}$ のランクは $a$ となります。また $\mathbf{A}$ が対称行列なので、$\mathbf{A}$ は直交行列で対角化可能となります。以上より、ある直交行列 $\mathbf{P}$ が存在して、

$$\mathbf{A} = \mathbf{P}\begin{pmatrix} \mathbf{I}_a & \mathbf{O} \\ \mathbf{O} & \mathbf{O}_{n-a} \end{pmatrix}\mathbf{P}'$$

が成り立ちます。(27.1) 式の右辺の $\mathbf{A}$ に代入して、

$$\frac{1}{\sigma^2}\boldsymbol{x}'\mathbf{A}\boldsymbol{x} = \boldsymbol{z}'\mathbf{P}\begin{pmatrix} \mathbf{I}_a & \mathbf{O} \\ \mathbf{O} & \mathbf{O}_{n-a} \end{pmatrix}\mathbf{P}'\boldsymbol{z}$$

$\boldsymbol{y} = \mathbf{P}'\boldsymbol{z}$ とすると、$= y_1^2 + y_2^2 + \cdots + y_a^2$

$\boldsymbol{y} = \mathbf{P}'\boldsymbol{z}$ と $\mathbf{P}'\mathbf{P} = \mathbf{I}$ から、$\boldsymbol{y}$ の各成分も各々独立な標準正規分布に従います。定理 21-3 より、上の式の右辺は自由度 $a$ のカイ 2 乗分布に従います。

（証明終）

定理 21-4 の証明：

$X_i$ を縦に並べた列ベクトルを $\boldsymbol{x}$ とします。$\mathbf{M} = \mathbf{I}_n - \frac{1}{n}\mathbf{J}_n$ とすると、$\mathbf{M}$ はべき等対称行列で、

$$\frac{1}{\sigma^2}\sum_{i=1}^{n}(x_i - \bar{x})^2 = \frac{1}{\sigma^2}(\mathbf{M}\boldsymbol{x})'(\mathbf{M}\boldsymbol{x}) = \frac{1}{\sigma^2}\boldsymbol{x}'\mathbf{M}\boldsymbol{x}$$

がいえます。$X_i$ の仮定より $E[\boldsymbol{x}] = \mu\mathbf{1}_n$ となるので、$\mathbf{M}E[\boldsymbol{x}] = \mu\mathbf{M}\mathbf{1}_n = \mathbf{0}_n$ が成り立ちます。$\mathrm{tr}(\mathbf{M}) = n-1$ から、定理 21-1 より、$\frac{1}{\sigma^2}\boldsymbol{x}'\mathbf{M}\boldsymbol{x} \sim \chi^2(n-1)$ が成り立ちます。

（証明終）

## 27-12 定理 21-5 の証明

$Z, Y$ の同時密度関数 $f_{Z,Y}(z,y)$ は、$y>0$ のとき、

$$f_{Z,Y}(z,y)=\frac{e^{-z^2/2}}{\sqrt{2\pi}}\cdot\frac{y^{n/2-1}e^{-y/2}}{\Gamma(n/2)2^{n/2}}$$

で $y\leqslant 0$ のときは 0 です。まず $y>0$ のときを考えます。2 つの確率変数 $U=Z/\sqrt{Y/n}, V=Y$ としたとき、$Z=U\cdot\sqrt{V/n}, Y=V$ で、$Z, Y$ はそれぞれ $U, V$ で偏微分可能で、ヤコビ行列式

$$\det\begin{pmatrix}\frac{\partial Z}{\partial U} & \frac{\partial Z}{\partial V}\\ \frac{\partial Y}{\partial U} & \frac{\partial Y}{\partial V}\end{pmatrix}=\det\begin{pmatrix}\sqrt{V/n} & U\frac{1}{2\sqrt{nV}}\\ 0 & 1\end{pmatrix}=\sqrt{V/n}$$

は非 0 かつ定符号 (今の場合正) なので、$u, v$ の同時密度関数は、重積分の変数変換公式から以下で表されることが知られています。

$$f_{U,V}(u,v)=f_{Z,Y}(u\sqrt{v/n},v)\cdot|\sqrt{v/n}|$$

$v\leqslant 0$ のときは $f_{U,V}(u,v)=0$ となります。$U$ の密度関数 $g(u)$ はこの $U$ の周辺分布なので、$f_{U,V}(u,v)$ を $v$ で積分して、

$$\begin{aligned}g(u)&=\int_{-\infty}^{\infty}f_{Z,Y}(u\sqrt{v/n},v)|\sqrt{v/n}|dv=\int_0^{\infty}f_{Z,Y}(u\sqrt{v/n},v)\cdot\sqrt{v/n}\,dv\\&=\int_0^{\infty}\frac{e^{-u^2v/(2n)}}{\sqrt{2\pi}}\cdot\frac{v^{n/2-1}e^{-v/2}}{\Gamma(n/2)2^{n/2}}\cdot\frac{v^{1/2}}{\sqrt{n}}dv\\&=\frac{1}{\sqrt{n}\sqrt{2\pi}\Gamma(n/2)2^{n/2}}\int_0^{\infty}v^{(n+1)/2-1}\exp\left[-\left(\frac{1}{2}+\frac{u^2}{2n}\right)v\right]dv\end{aligned}$$

ここでガンマ関数の置換積分から $\int_0^{\infty}x^{p-1}e^{-qx}dx=q^{-p}\cdot\Gamma(p)$ (ただし $p>0, q>0$) がいえるので、

$$=\frac{1}{\sqrt{n}\sqrt{\pi}\Gamma(n/2)2^{(n+1)/2}}\left(\frac{1}{2}+\frac{u^2}{2n}\right)^{-(n+1)/2}\Gamma((n+1)/2)$$

$\sqrt{\pi}=\Gamma(1/2)$ と、ベータ関数とガンマ関数の関係から、

$$\begin{aligned}&=\frac{1}{\sqrt{n}B(1/2,n/2)2^{(n+1)/2}}\left(\frac{1}{2}+\frac{u^2}{2n}\right)^{-(n+1)/2}\\&=\frac{1}{\sqrt{n}B(1/2,n/2)}\left(1+\frac{u^2}{n}\right)^{-(n+1)/2}\end{aligned}$$

$u \leqslant 0$ のときは明らかに $g(u) = 0$ となりますので、結局 $g(u)$ は $u$ についての自由度 $n$ の $t$ 分布の密度関数と一致します。

（証明終）

## 27-13 定理 22-1 の証明

独立なので $X, Y$ の同時密度関数 $f(x, y)$ は、$x > 0, y > 0$ のとき、

$$f(x, y) = \frac{1}{\Gamma(m/2)2^{m/2}\Gamma(n/2)2^{n/2}} x^{m/2-1} e^{-x/2} y^{n/2-1} e^{-y/2}$$

で $x \leqslant 0$ または $y \leqslant 0$ のときは $f(x, y) = 0$ となります。$U = \frac{X/m}{Y/n}, V = Y$ とすると、$X = \frac{m}{n}UV, Y = V$ となり、$X, Y$ はそれぞれ $U, V$ で偏微分可能で、ヤコビ行列式

$$\det \begin{pmatrix} \frac{\partial X}{\partial U} & \frac{\partial X}{\partial V} \\ \frac{\partial Y}{\partial U} & \frac{\partial Y}{\partial V} \end{pmatrix} = \det \begin{pmatrix} \frac{mV}{n} & \frac{mU}{n} \\ 0 & 1 \end{pmatrix} = \frac{mV}{n}$$

は非 0 かつ定符号（この場合正）となります。よって、$U, V$ の同時密度関数 $g_{U,V}(u, v)$ は、$u > 0, v > 0$ のとき、重積分の変数変換公式から以下で表されることが知られています。

$$g_{U,V}(u, v) = f(muv/n, v) \cdot |mv/n|$$

$u \leqslant 0$ または $v \leqslant 0$ のときは $g_{U,V}(u, v) = 0$ となります。$U$ の密度関数 $g_U(u)$ はこの周辺分布を求めればよいので、$u > 0$ の場合は $v$ で同時密度関数を積分して、$A = \Gamma(m/2)\Gamma(n/2)2^{(m+n)/2}$ とすると、

$$\begin{aligned} g_U(u) &= \int_{-\infty}^{\infty} g_{U,V}(u, v) dv = \int_0^{\infty} g_{U,V}(u, v) dv \\ &= \frac{1}{A} \int_0^{\infty} (muv/n)^{m/2-1} e^{-muv/(2n)} v^{n/2-1} e^{-v/2} \cdot |mv/n| dv \\ &= \frac{(m/n)^{m/2}}{A} u^{m/2-1} \int_0^{\infty} v^{(m+n)/2-1} e^{-(1/2+mu/2n)v} dv \\ &= \frac{(m/n)^{m/2}}{A} u^{m/2-1} (1/2 + mu/2n)^{-(m+n)/2} \Gamma((m+n)/2) \\ &= \frac{(m/n)^{m/2}}{B(m/2, n/2)} u^{m/2-1} \left(1 + \frac{mu}{n}\right)^{-(m+n)/2} \end{aligned}$$

$u \leqslant 0$ の場合は明らかに $g_U(u) = 0$ です。以上より $U$ の密度関数が自由度 $(m, n)$ の F 分布の密度関数と一致するので、$U$ つまり $\frac{X/m}{Y/n}$ が自由度 $(m, n)$ の F 分布に従います。

（証明終）

## 27-14 定理 22-2 と定理 22-3 の証明

行列の記号については 27-11 節を参照してください。まず以下の定理を示します。

**定理 27-2**

$\sigma > 0$ で $i = 1, \cdots, n$ について $X_i \sim i.i.d.N(mu_i, \sigma^2)$ とし、$\mathbf{x} = \begin{pmatrix} X_1 & \cdots & X_n \end{pmatrix}'$、$\boldsymbol{\mu} = \begin{pmatrix} \mu_1 & \cdots & \mu_n \end{pmatrix}'$ とする。

① $\mathbf{A}, \mathbf{B}$ ともに $n$ 次べき等対称行列で $\mathbf{A}\boldsymbol{\mu} = \mathbf{B}\boldsymbol{\mu} = 0$ と $\mathbf{AB} = \mathbf{O}$ ならば、$\mathbf{x}'\mathbf{Ax}$ と $\mathbf{x}'\mathbf{Bx}$ は各々独立である。

② $\mathbf{A}, \mathbf{B}, \boldsymbol{\mu}$ が①を満たすとき、$\frac{\mathbf{x}'\mathbf{Ax}/(tr(\mathbf{A}))}{\mathbf{x}'\mathbf{Bx}/(tr(\mathbf{B}))} \sim F(tr(\mathbf{A}), tr(\mathbf{B}))$

（証明）①は、$\mathbf{Ax}$ の任意の成分と $\mathbf{Bx}$ の任意の成分が独立であることが理由です。それは、定理 27-1 と $\mathbf{Ax}$ の各成分も $\mathbf{Bx}$ の各成分も各々正規分布に従うことと、$\mathbf{A}, \mathbf{B}$ の仮定から、$\mathbf{Ax}$ の任意の成分と $\mathbf{Bx}$ の任意の成分の共分散が 0 となることより得られます。②は、①と定理 22-1 から成り立ちます。

（証明終）

定理 22-2 の証明：

仮定では $i$ 群 $(i = 1, \ldots, c)$ の第 $j$ サンプル $(j = 1, \ldots, n_i)$ について $Y_{ij} \sim i.i.d.N(\mu_i, \sigma^2)$ とモデル化されています。これを 1 群のサンプル $n_1$ 個、2 群のサンプル $n_2$ 個、...、c 群のサンプル $n_c$ 個の順に、$Y_{ij}$ を縦に並べて列ベクトル化したものを $\mathbf{y}$ とし、それぞれの期待値を列ベクトル化したものを $\boldsymbol{\mu}$ とします。ブロック対角行列 $\mathbf{D} = diag(\frac{1}{n_1}\mathbf{J}_{n_1}, \frac{1}{n_2}\mathbf{J}_{n_2}, \ldots, \frac{1}{n_c}\mathbf{J}_{n_c})$ を用いて、$\mathbf{B} = \mathbf{D} - \frac{1}{n}\mathbf{J}_n$、$\mathbf{W} = \mathbf{I}_n - \mathbf{D}$、$\mathbf{T} = \mathbf{I}_n - \frac{1}{n}\mathbf{J}_n$ とします。3 つともべき等対称行列であり、$SSBetween = \mathbf{y}'\mathbf{By}, SSWithin = \mathbf{y}'\mathbf{Wy}, SSTotal = \mathbf{y}'\mathbf{Ty}$ が成り立ちます。

$\boldsymbol{\mu}$ は c 個の列ベクトル $\mu_1\mathbf{1}_{n_1}, \mu_2\mathbf{1}_{n_2}, \ldots, \mu_c\mathbf{1}_{n_c}$ を縦に並べた列ベクトルなので、計算して $\mathbf{W}\boldsymbol{\mu} = \mathbf{0}$ が成り立ちます。トレースは $\mathrm{tr}(\mathbf{W}) = n - c$ なので、定理 27-1 から、$\frac{1}{\sigma^2}\mathbf{y}'\mathbf{W}\mathbf{y} \sim \chi^2(n-c)$。つまり、$SSWithin/\sigma^2 \sim \chi^2(n-c)$ が成り立ちます。

$\mu_1, \ldots, \mu_c$ がすべてある値 $\mu$ と等しい場合は、$\boldsymbol{\mu} = \mu\mathbf{1}_n$ となります。その結果 $\mathbf{B}\boldsymbol{\mu} = \mathbf{T}\boldsymbol{\mu} = \mathbf{0}$ が成り立ちます。トレースはそれぞれ $\mathrm{tr}(\mathbf{B}) = c-1, \mathrm{tr}(\mathbf{T}) = n-1$ なので、定理 27-1 から、$\frac{1}{\sigma^2}\mathbf{y}'\mathbf{B}\mathbf{y} \sim \chi^2(c-1)$、$\frac{1}{\sigma^2}\mathbf{y}'\mathbf{T}\mathbf{y} \sim \chi^2(n-1)$ 。よって $SSBetween/\sigma^2 \sim \chi^2(c-1)$、$SSTotal/\sigma^2 \sim \chi^2(n-1)$ が成り立ちます。

（証明終）

定理 22-3 の証明：

上記の定理の証明において、$SSBetween$ と $SSWithin$ に関する部分と、$\mathbf{B}\mathbf{W} = \mathbf{O}$ が成り立つことより、定理 27-2②から命題が成り立ちます。

（証明終）

# 参考文献・あとがき

## 参考文献

### 和書（統計関係）


① 稲垣宣生「数理統計学（改訂版）」裳華房（2003）
② 久保川達也「現代数理統計学の基礎」共立出版（2017）
③ 隅田和人・岡本基・岩澤政宗・金燕春・水村陽一・吉田崇紘「Excel と R ではじめる やさしい 経済データ分析入門」オーム社（2020）
④ 森棟公夫・照井伸彦・中川満・西埜晴久・黒住英司「統計学」（第 2 版）有斐閣（2015）
⑤ 道工勇「確率と統計」数学書房（2012）


### 和書（数学関係）


① 猪狩惺「実解析入門」岩波書店（1996）
② 川久保勝夫「線形代数学」（新装版）日本評論社（2010）
③ 杉浦光夫「解析入門Ⅰ・Ⅱ」東京大学出版会（1985）
④ 斎藤正彦「線型代数入門」東京大学出版会（1966）
⑤ 斎藤正彦「線型代数演習」東京大学出版会（1985）
⑥ 宮島静雄「微分積分学Ⅰ・Ⅱ」共立出版（2003）

## 洋書


① R. J. Freund, W. J. Wilson, and D. L. Mohr. "Statistical Methods" (3rd edition), Academic Press, (2010).

② W. Greene. "Econometric Analysys" (6th edition), Peason, (2008).

③ R. V. Hogg, J. W. McKean, and A. T. Craig. "Mathematical Statistics" (6th edition), Prentice Hall, (2004).

④ K. M. Ramachandran and C. P. Tsokos. "Mathematical Statistics with R" (2nd edition), Academic Press, (2015).

⑤ C. R. Rao. "Linear Statistical Inference and Its Applications" (2nd edition), John Wiley & Sons, Inc, (1973).

⑥ J. Shao. "Mathematical Statistics" (2nd edition), Springer, (2003).

# あとがき

本書を執筆した理由は、「日本全体の生産性と統計知識を底上げするため」です。私は大東文化大学で、おもに2年生や3年生を対象に、Excelを使いながら確率と統計を学ぶ科目を長年受け持っています。結果として、「大東の経済の学生って、けっこうPCや数学に慣れている」と、学内外でそれなりに評価されています。

もちろん、これは私だけの成果ではなく、経済学部の教育における総合的な評価です。いずれにせよ、このように一定の評価を得られていたので、私立大学の教員としてはそこそこ満足していました。

その私の感覚を変えたのが、ここ数年の出生数の急激な減少です。コロナ下という状況もあると思いますが、2021年の日本の出生数は、なんと18年前の約3/4となっています。執筆する少し前の時点で「18年後の18歳人口は現在の3/4になる」ことがほぼ確定したわけです。

それをきっかけに、長いあいだ大学のみで教えてきた統計学とExcel作業を混合したノウハウを発表すれば、少しでも一人当たり生産性の向上に貢献できるのではないかと考え始めました。そんなときに、ちょうどタイミングよくオーム社から声を掛けてもらい、本書が完成しました。

本文の随所で、関連する内容を過去に学んだことがあるかや、将来どこで学ぶかなどを示しています。また、各所で「初学なら読み飛ばしても構いません」などのガイドもつけました。これらをのちのち復習することも含めて、大学での専門科目への橋渡しとして、十分応えられる内容になっています。

それぞれの専門科目の内容というと、たとえば経済学部なら計量経済学、医学・薬学・保健系統の学部なら多重比較、経営学部なら多変量解析学あたりでしょう。これらの専門の科目を学んだときに基礎知識が欠けていると感じたら、本書に戻るとほぼそれが得られることでしょう。

その他の要素としては、Excel VBAについてもかなり言及しました。プログラムに興味が出てきたら、いろいろな言語にチャレンジするとよいでしょう。本文でも触れたPythonや、もしくはRやGretlなどがおすすめです。

最後になりますが、本書の発行にあたりまして、オーム社編集局には大変お世話になりました。御礼申し上げます。

# 索引

## さ行

## た行



## な行



## は行

## ま行



## や行



## ら行



## わ行

## 本書で使用するおもな関数

| 関数 | 意味 | ページ |
| --- | --- | --- |
| AVERAGE | 引数の範囲（もしくは引数の値）の平均値を返す | 5 |
| AVERAGEIF | 指定した範囲内で検索条件に一致するものを探しその平均値を返す | 211 |
| CHISQ.DIST | 指定した条件においてカイ2乗分布の関数を返す | 85 |
| CORREL | 指定した2つのデータの相関係数を返す | 42 |
| COUNTIF | 第1引数の範囲のなかで第2引数の条件を満たすものが何個あるかを返す | 20 |
| DEVSQ | 指定した範囲の偏差の平方和を返す | 235 |
| FILTER | 指定した条件に従って指定範囲にフィルターをかける | 170 |
| F.DIST | 指定した条件においてF分布の関数を返す | 85 |
| IF | 引数の真偽を返す | 63 |
| MATCH | 指定した条件に合致するものを範囲内で検索し相対的な位置を返す | 139 |
| MAX | 指定された範囲の最大値を返す | 33 |
| MEDIAM | 指定された範囲の中央値を返す | 33 |
| MIN | 指定された範囲の最小値を返す | 34 |
| NORM.DIST | 指定した条件において正規分布の関数を返す | 81 |
| POWER | 第1引数の第2引数べき乗を返す | 67 |
| RANDBETWEEN | 最小値から最大値までの範囲から乱数を返す | 138 |
| ROUND | 指定した条件に従って四捨五入する | 223 |
| SORT | 指定した範囲を指定した条件で並べ替える | 170 |
| SQRT | 引数の平方根を求める | 32 |
| STDEV.S | 指定された範囲の標本標準偏差の値を返す | 33 |
| SUM | 引数の範囲（もしくは引数の値）の和を返す | 4 |
| SUMPRODUCT | 指定した範囲について配列と配列を掛け合わせた合計値を返す | 43 |
| T.DIST | 指定した条件においてt分布の関数を返す | 83 |
| VAR.S | 指定された範囲の標本不偏分散の値を返す | 33 |
| VLOOKUP | 指定された条件で垂直方向にデータの検索を行い該当する値を返す | 19 |
| XLOOKUP | 指定された範囲を検索し最初に一致するものに対応する項目を返す | 64 |

## 本書で使用するおもなショートカットキー

| ショートカットキー | 機能 | ページ |
|---|---|---|
| Ctrl + C | コピー | 6 |
| Ctrl + X | 切り取り | — |
| Ctrl + V | 貼り付け | 6 |
| Ctrl + S | 上書き保存 | 6 |
| Ctrl + Z | やり直し | 10 |
| Ctrl + Y | 繰り返し | 35 |
| Ctrl + G | 参照先に移動 | 136 |
| Ctrl + 矢印キー | セル移動 | 7 |
| Ctrl + Space | 列全体選択 | 117 |
| Shift + 矢印キー | 範囲選択 | 6 |
| Tab | 入力補助画面でのメニュー確定 | 74 |
| F2 | 編集可能化 | 17 |
| F4 | 繰り返し、参照形式変更 | 11, 35 |
| Alt + F1 | 標準グラフ作成 | 87 |
| Alt + Shift + = | オートサム | 106 |
| Alt → H → V → V<br>Alt → E → S → V | 値貼り付け | 182, 255 |
| Alt → H → V → T<br>Alt → E → S → E | 行と列を入れ替えて貼り付け | 236 |

- Windowsのショートカットキーです。macOSのショートカットキーの紹介は省きますが、表上部などにあるCtrlキーを使うショートカットキーは、CtrlキーをCommandキーに置き換えれば使用できます。
- 短期間で変わる可能性があるものは掲載していません。

〈著者略歴〉
角田　保（かどだ　たもつ）
1991 年　一橋大学経済学部 卒業
1999 年　法政大学大学院社会科学研究科経済学専攻博士課程 単位取得満期退学
2000 年　大東文化大学経済学部経済学科 専任講師
2001 年　大東文化大学経済学部現代経済学科 専任講師
2006 年　大東文化大学経済学部現代経済学科 助教授
2007 年　大東文化大学経済学部現代経済学科 准教授
現在に至る



Excel 統計学超入門

2023 年 5 月 20 日　　第 1 版第 1 刷発行

著　者　角田　保
発行者　村上和夫
発行所　株式会社 オーム社
郵便番号　101　8460
東京都千代田区神田錦町 3-1
電話　03(3233)0641(代表)
URL　https://www.ohmsha.co.jp/



印刷・製本　三美印刷
ISBN978-4-274-23032-5　Printed in Japan